信息技术项目化教程

主　编　吕健伟　张晓伟　刘　颖
副主编　邱　铮　闫鹏飞　蔡宗慧
　　　　娄　雨　李旺彦　宋天栋

北京理工大学出版社
BEIJING INSTITUTE OF TECHNOLOGY PRESS

内 容 简 介

本书旨在为学生提供全面且系统的信息技术知识，培养学生的信息素养和实践操作能力。依据《高等职业教育专科信息技术课程标准（2021 年版）》，本书内容包含提升信息处理能力和信息素养的基础模块与涵盖大数据、物联网、云计算、区块链等多个信息技术重要领域的拓展模块两部分。本书注重理论与实践相结合，通过丰富的案例和实践项目，让学生在实际操作中巩固所学知识，提高信息技术的应用能力。每个任务均配有学习资源、课后练习和拓展训练，以帮助学生加深对知识点的理解和掌握。

本书适合作为信息技术类公共基础课程配套教材，也可作为各类计算机培训教材和自学参考书。

版权专有　侵权必究

图书在版编目（CIP）数据

信息技术项目化教程 / 吕健伟，张晓伟，刘颖主编. --北京：北京理工大学出版社，2024.2
ISBN 978-7-5763-3657-3

Ⅰ.①信… Ⅱ.①吕…②张…③刘… Ⅲ.①电子计算机-高等职业教育-教材 Ⅳ.①TP3

中国国家版本馆 CIP 数据核字（2024）第 046358 号

责任编辑：王玲玲　　**文案编辑**：王玲玲
责任校对：周瑞红　　**责任印制**：施胜娟

出版发行 / 北京理工大学出版社有限责任公司
社　　址 / 北京市丰台区四合庄路 6 号
邮　　编 / 100070
电　　话 / （010）68914026（教材售后服务热线）
　　　　　　（010）63726648（课件资源服务热线）
网　　址 / http://www.bitpress.com.cn

版 印 次 / 2024 年 2 月第 1 版第 1 次印刷
印　　刷 / 河北盛世彩捷印刷有限公司
开　　本 / 787 mm×1092 mm　1/16
印　　张 / 21
字　　数 / 490 千字
定　　价 / 69.80 元

图书出现印装质量问题，请拨打售后服务热线，负责调换

前　　言

党的二十大报告明确指出，要加快建设网络强国、数字中国。信息化在全面建设社会主义现代化国家新征程中具有重要地位和作用，为加快实施创新驱动发展战略、以中国式现代化全面推进中华民族伟大复兴提供新动能。信息技术已经成为构筑国际竞争新格局的重要力量，成为大国综合国力较量的制高点，成为我国经济社会转型发展的主要驱动力，是建设创新型国家、制造强国、网络强国、数字中国、智慧社会的基础支撑。

本教材全面贯彻党的教育方针，落实立德树人根本任务，满足国家信息化发展战略对人才培养的要求，以促进学生全面发展为目标，以支撑专业学习和岗位实际工作需求为出发点，对信息的获取、表示、传输、存储、加工、应用等各种信息技术进行全面解读，通过学知识、练技能、拓应用，全面提升学生信息素养及信息技术应用能力。

本教材注重系统性，岗课赛证全面融通，充分发挥教学作用。

依据《高等职业教育专科信息技术课程标准（2021年版）》，对接各专业人才目标及培养规格，融入教育部、人社部等权威部门举办的学生职业技能大赛和职业技能等级证书考核大纲，遵循高职学生认知规律，打破原有章节构成，重构深入浅出、循序渐进的知识体系。课程共分两大模块，内含18个主题。基础模块以技能训练和素质提升为目标，包括文档处理、电子表格处理、演示文稿制作、信息检索、新一代信息技术概述、信息素养与社会责任；拓展模块以知识学习和思维培养为目标，包括信息安全、项目管理、机器人流程自动化、程序设计基础、大数据、人工智能、云计算、现代通信技术、物联网、数字媒体、虚拟现实、区块链。每个主题以技能训练项目为主线，开展情景化教学，明确学生主体地位，通过任务驱动的方式培养学生解决实际问题的能力，真正实现了做中学，学中做，知行合一。

本教材注重科学性，统筹协调知识案例，充分展现实践作用。

结合信息技术课程教学目标和教学内容，搭载企业真实项目案例，反映最近科技发展水平，基于中国特色学徒制理念对教学内容进行设计与编排，从工作本位学习的角度设计目标明确、重难点分明的学习任务。以地方特色文化引领，使课程案例（任务）内容情景化，引导学生在地方文化下实践探索。

本教材注重灵活性，内容分布点面结合，充分体现工具作用。

以适应不同学生学情和硬件条件为出发点，在办公软件介绍中以WPS Office为主，辅以Office 2016提示，帮助学生提升不同版本软件的使用能力，实现办公软件工具化。依据新课标全面介绍各项新一代信息技术，以项目为单位活页存储学习任务，教材使用者可灵活选取学习内容自由组合。

本教材注重教育性，有机融合思政元素，充分发挥育人作用。

教材以"崇德尚能，求真创优"为宗旨，以实战演练任务为基础，自然融入思政元素，构建了践行社会主义核心价值观的课程思政体系，帮助学生树立正确的信息社会价值观和责任感，为其职业发展、终身学习和服务社会奠定基础，实现"知识+能力+思想"全面育人，构筑育人大格局，真正做到"学思用贯通　知信行统一"。

本教材由吕健伟、张晓伟、刘颖担任主编，确立教材编写指导思想，确定教材框架结构、编写内容并统稿；邸铮、闫鹏飞、蔡宗慧、娄雨、李旺彦、宋天栋担任副主编。其中，主题1、主题6由张晓伟编写，主题10、主题16由刘颖编写，主题2、主题4、主题8由邸铮编写，主题3、主题5、主题11、主题12、主题13由闫鹏飞编写，主题14、主题15由蔡宗慧编写，主题7、主题9由娄雨编写，主题17、主题18由李旺彦编写，宋天栋负责指导岗位分析，遴选企业真实项目案例。此外，朱娜、祁小檬参与了部分主题讲解视频的录制工作，杨颖参与了课程体系设计。

由于编者水平有限，信息技术也在飞速发展，教材中难免存在不足之处，敬请广大读者批评指正，编者将及时修订完善。

编　者

目　　录

主题 1　处理文档

项目 1　开启 WPS 文档制作之旅 ································ 2
　　任务 1　认识 WPS 文字 ································ 3
　　任务 2　操作文档 ································ 5
　　任务 3　发布文档 ································ 10
　　任务 4　打印文档 ································ 13

项目 2　制作商务文档 ································ 17
　　任务 1　制作投标承诺函 ································ 18
　　任务 2　制作进度计划表 ································ 22
　　任务 3　添加并引用题注 ································ 26
　　任务 4　用样式快速排版 ································ 29
　　任务 5　插入并编辑目录 ································ 32

项目 3　制作航天知识手册 ································ 36
　　任务 1　制作封面和封底 ································ 37
　　任务 2　制作前序页面 ································ 42

项目 4　提高办公效率 ································ 50
　　任务 1　多人在线云办公 ································ 50
　　任务 2　批量制作工作证 ································ 54
　　任务 3　拆分合并做计划 ································ 58

主题 2　电子表格处理

项目 1　分析员工工资 ································ 64
　　任务 1　创建和保存文档 ································ 65
　　任务 2　录入数据和设置数据有效性 ································ 69

任务 3	使用日期函数统计出勤	73
任务 4	使用公式计算实发工资	76
任务 5	使用函数计算工资总额、平均值、最大值和最小值	78
任务 6	套用表格样式和设置条件格式	80
任务 7	制作工资分析柱形图	83

项目 2　分析学生综合测评数据　88

任务 1	查找并删除重复数据	89
任务 2	使用数据有效性设置下拉菜单	90
任务 3	使用 RANK 函数计算排名	92
任务 4	使用 IF、SWITCH 函数分别填充等级和奖学金	95
任务 5	按获奖等级和学号排列数据	99
任务 6	筛选分数	101
任务 7	建立各系平均分数据透视表	104
任务 8	建立平均分对比组合图	107

项目 3　分析农机作业数据　110

任务 1	使用数据分列填充乡镇数据	111
任务 2	使用 VLOOKUP 函数查找用时	114
任务 3	使用条件求和函数统计每日作业时长	116
任务 4	使用计数函数统计每日作业地块数	118
任务 5	分类汇总每日作业时长	121
任务 6	建立每日作业时长透视图	123

主题 3　演示文稿制作

项目　旅行社业务实习　128

任务 1	制作旅游景点介绍演示文稿	129
任务 2	制作研学旅行报告演示文稿	148
任务 3	制作个人工作总结演示文稿	156

主题 4　信息检索

项目 1　在搜索引擎高效搜索招聘信息　180

任务 1	指定网站搜索招聘信息	180
任务 2	指定文档类型或网页标题搜索招聘信息	182

项目 2　搜索"人工智能"相关文献资料　185

任务 1	搜索"人工智能"相关的期刊论文	186

| 任务 2 | 搜索"人工智能"相关的书籍 | 188 |

项目 3　搜索生活信息　190
| 任务 1 | 搜索有关水稻的专利和商标 | 190 |
| 任务 2 | 社交媒体搜索"北戴河旅游景区"实时信息 | 192 |

主题 5　新一代信息技术概述

项目　用新一代信息技术看世界　194
任务 1	量子信息重塑信息观念	195
任务 2	移动通信服务各行各业	196
任务 3	人工智能实现人机交融	197
任务 4	区块链提高行业公信力	199
任务 5	用云计算造福国计民生	200
任务 6	立足物联网看智能社会	202
任务 7	虚拟现实加强真实体验	203

主题 6　信息素养与社会责任

项目 1　提升信息素养　208
任务 1	拥抱信息时代	209
任务 2	梳理信息	211
任务 3	规划流程	214

项目 2　明确信息社会责任　219
任务 1	辨是非	220
任务 2	守法规	222
任务 3	树新风	224

主题 7　信息安全

项目　企业网络操作系统用户安全配置　230
任务 1	创建用户和组	231
任务 2	配置本地安全策略	232
任务 3	对用户设置文件访问权限	233
任务 4	备份和还原数据	234

主题 8　项目管理

项目 1　创建并管理迎新晚会项目 ⋯⋯ 238
　　任务 1　创建项目需求范围思维导图 ⋯⋯ 239
　　任务 2　分解项目工作 WBS ⋯⋯ 240
　　任务 3　编制计划进度图 ⋯⋯ 242
　　任务 4　创建项目质量管理鱼骨图 ⋯⋯ 244
　　任务 5　了解项目风险登记册 ⋯⋯ 246

项目 2　用 Project 管理农产品追溯系统开发项目 ⋯⋯ 248
　　任务 1　创建项目并添加任务 ⋯⋯ 249
　　任务 2　分配项目资源 ⋯⋯ 250

主题 9　机器人流程自动化

项目　开发"采购申请处理"机器人 ⋯⋯ 254
　　任务 1　读取采购申请 ⋯⋯ 255
　　任务 2　汇总采购申请 ⋯⋯ 256
　　任务 3　完成需审批采购清单 ⋯⋯ 257

主题 10　程序设计基础

项目　开发"商品价格竞猜游戏"应用程序 ⋯⋯ 260
　　任务 1　搭建 Python 开发环境 ⋯⋯ 261
　　任务 2　了解 Python 应用开发的基础知识 ⋯⋯ 264
　　任务 3　开发"商品价格竞猜游戏"应用程序 ⋯⋯ 266

主题 11　大数据

项目　大数据建设数字强国 ⋯⋯ 272
　　任务 1　了解大数据知识 ⋯⋯ 273
　　任务 2　搭建 Hadoop 开发环境 ⋯⋯ 277

主题 12　人工智能

项目　人工智能改善国计民生 ⋯⋯ 286
　　任务 1　了解人工智能的基本概念 ⋯⋯ 287

任务 2　熟悉人工智能的核心技术 ········· 287
 任务 3　人工智能实际应用 ············· 287

主题 13　云计算

项目　用云计算解决实际问题 ············· 290

 任务 1　初识云计算 ················· 291
 任务 2　了解云计算技术 ············· 291
 任务 3　体验阿里云服务 ············· 291

主题 14　现代通信技术

项目 1　认识通信技术 ················· 294

 任务 1　了解通信技术的相关概念 ········· 295
 任务 2　现代通信技术的发展与融合 ······· 295
 任务 3　了解移动通信技术 ············· 295

项目 2　了解 5G 技术 ··················· 297

 任务 1　了解 5G 的概念及特点 ··········· 298
 任务 2　了解 5G 的应用场景 ············· 298
 任务 3　了解 5G 的关键技术 ············· 298

主题 15　物联网

项目 1　初识物联网 ··················· 300

 任务 1　了解物联网的概念 ············· 301
 任务 2　了解物联网的应用领域 ········· 301
 任务 3　物联网的发展前景 ············· 301

项目 2　物联网的体系架构及关键技术 ······· 303

 任务 1　了解物联网的体系架构 ········· 303
 任务 2　了解物联网的关键技术 ········· 303

主题 16　数字媒体

项目　制作秦东志升科技有限公司宣传片 ····· 306

 任务 1　熟悉剪映的基本操作 ··········· 307
 任务 2　制作秦东志升科技有限公司宣传片片头 ·· 309

任务 3　制作秦东志升科技有限公司宣传片 ……………………………………… 312

主题 17　虚拟现实

项目　认识虚拟现实 ……………………………………………………………………… 318

任务 1　了解虚拟现实 ……………………………………………………………… 319
任务 2　简单应用 Unity …………………………………………………………… 319

主题 18　区块链

项目　认识区块链 ………………………………………………………………………… 322

任务 1　认识区块链 1.0（比特币系统） ………………………………………… 323
任务 2　认识区块链 2.0（以太坊系统） ………………………………………… 323

主题 1

处理文档

　　随着信息社会的不断发展，日常办公中处理的信息越来越多，这就要求编辑各种文件、计划、总结、书信、通知、报告等文字处理工作要更加快速、准确。相比于传统的纸质文档，办公软件可以更快速、准确地处理信息，大大提高了工作效率，节约时间成本，并且方便管理与存储。熟练掌握一款处理文档工具的使用方法已经成为做好日常办公的基本要求。本主题包括开启 WPS 文档制作之旅、制作商务文档、制作航天知识手册、提高办公效率四个项目，着重培养学习者处理办公文档的能力，帮助学习者掌握办公技巧、提高工作效率。

项目 1
开启 WPS 文档制作之旅

项目介绍

WPS 文字是一款由中国金山软件公司开发的文字编辑软件,可用于创建、编辑和格式化文档,支持多种文本格式、图像、表格、图表等。它可以轻松地实现文本编辑、排版、打印、导出等常见操作,并且具有丰富的功能和工具。本项目将对 WPS 文字功能进行介绍,帮助学习者认识 WPS 文字,为以后的文档编辑奠定基础。

知识导图

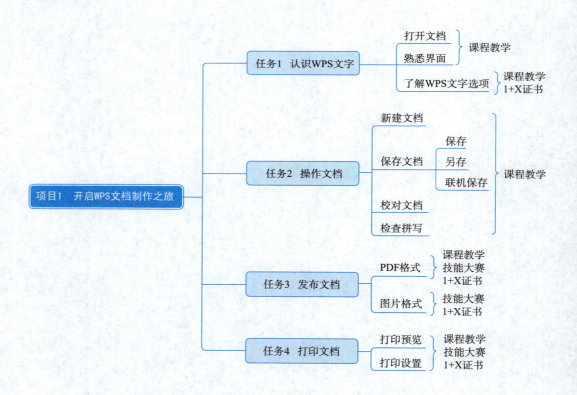

任务 1　认识 WPS 文字

任务引入

工欲善其事，必先利其器。为了更快、更好地完成办公文档处理工作，必须先认识 WPS 文字工具，学会打开文档，熟悉 WPS 文字界面布局以及各个选项卡内容及功能。

任务目标

1. 能够使用 WPS 文字打开文档；
2. 掌握 WPS 文字界面布局；
3. 能够设置 WPS 文字选项；
4. 树立软件正版化、国产化意识。

认识 WPS

知识准备

WPS 文字与 Microsoft Office 中的 Word 相对应，特有文件格式为".wps"，应用 XML 数据交换技术无障碍兼容".docx"文件格式，将中文特色和人性化易用设计融入日常办公，尊重中文使用者习惯，增强了办公舒适感。WPS 文字文件与 Word 2016 文件在文件夹中的显示对比如图 1-1-1-1 所示。

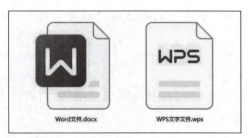

图 1-1-1-1　WPS 文字文件与 Word 2016 文件在文件夹中的显示对比

任务实施

步骤 1：打开文档

在安装 WPS Office 的电脑中，双击文档即可使用 WPS 文字将其打开。

步骤 2：熟悉界面

WPS Office 每打开一个文件，都会在窗口顶端标题栏建立一个带有文件名的选项卡，界面如图 1-1-1-2 所示，单击文件名选项卡切换文档。

窗口上侧白色区域为功能区，由"文件"按钮、快速访问工具栏和"开始""插入""页面布局""引用""审阅""视图""章节""开发工具""会员专享"多个功能按钮组成。每个功能按钮下的功能区具有不同的功能选项。

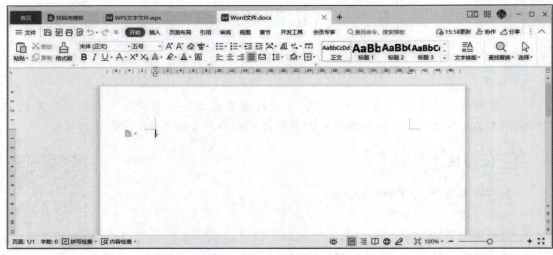

图 1-1-1-2　WPS 文字界面

> 小贴士：
> ◇ WPS 2019 窗口管理模式有"整合模式"和"多组件模式"两种。
> ◇ 默认为"整合模式",即打开多个文档时,默认是在同一窗口以多个标签的形式打开。该模式支持多窗口多标签自由拆分与组合,支持标签列表保存为工作区跨设备同步。
> ◇ 在"首页"中单击"设置"按钮进入"设置中心",在"其他"组中可以切换窗口管理模式。

步骤 3：了解 WPS 文字选项

单击"文件"按钮,在打开的列表中选择"选项",打开"选项"对话框,进入左侧不同选项卡对 WPS 文字进行设置。

任务单

查看并填写任务单。

任务评价

查看并填写任务评价表。

任务单

任务评价表

任务拓展

知识拓展

完成题目,加深知识理解和记忆。

知识拓展答案

【单选题】

1. WPS 文字特有的文件格式为（　　）。
   A．.docx　　　　B．.dotx　　　　C．.wps　　　　D．.wpt
2. WPS Office 每打开一个文件，都会在（　　）建立一个带有文件名的选项卡。
   A．窗口顶端标题栏　　　　　　　B．左侧导航栏
   C．右侧任务窗格　　　　　　　　D．窗口状态栏

【判断题】

1. WPS 文字不能修改保存文件的路径。
2. WPS 文字无障碍兼容".docx"文件格式。
3. WPS 文字功能区不可以隐藏。

能力拓展

打开 WPS 文字的中文拼写检查，设置双击选项卡时隐藏功能区，启动即点即输功能。

能力拓展视频

任务 2　操作文档

任务引入

在日常办公中，除打开并修改现有文档外，还经常创建并保存新的文档。WPS 文档的创建、保存是对文档的基础操作；检查与校对功能是对文档的规范化处理。

任务目标

1. 能够创建文档；
2. 能够根据工作需要保存文档；
3. 能够利用文档校对功能快速对文档纠错；
4. 能够利用拼写检查功能检查文档拼写错误；
5. 培养认真、严谨的工作态度。

任务资源

知识准备

1. 空白文档

空白文档是没有使用过的、没有任何信息的文档，用户可以在空白文档中任意编写自己的内容。

2. 模板资源

WPS 文字的稻壳资源是一款既有免费资源又有会员特有资源的办公资源库，提供了丰富的文字模板材资源，可以帮助用户快速创建一个美观大方的文档。

3. 联机文档

WPS Office 提供了云服务，通过将文件保存到云，用户可以从任何位置进行访问，并且

可轻松地与家人和朋友进行共享。联机文档需要使用网络连接服务器保存、获取文档。

4. 文档校对

WPS 文字的"文档校对"功能可以快速对文档内容进行专业校对纠错,精准解决错词、标点遗漏等问题。

📖 任务实施

步骤1：新建文档

(1) 新建空白文档

单击 WPS 窗口标题行的"+"进入新建页面,如图 1-1-2-1 所示。在左侧列表中选择"新建文字",单击右侧"空白文档"按钮,新建一个名为"文字文稿1"的空白文档。

图 1-1-2-1　WPS 新建页面

> 小贴士：
> ◇ 在菜单中单击"文件"→"新建",也可以打开新建页面。

(2) 使用模板创建文档

在新建页面上侧搜索框中输入"免费",在搜索结果中根据需要选择分类,并在分类中选择相应模板,单击"免费下载"按钮打开使用。

步骤2：保存文档

(1) 直接保存

➤ 保存打开的文档

对于打开并修改的文档关闭前,单击快速访问工具栏上的"保存"按钮,以原文件名保存在原位置,即覆盖保存。

➢ 保存新文档

对于新建的文档,将打开"另存文件"对话框,如图1-1-2-2所示。更改文件名,选择文件类型,选择文件保存位置,单击"保存"按钮。

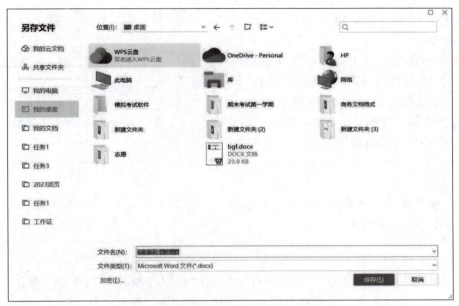

图1-1-2-2 "另存文件"对话框

➢ 加密保存

为文件加密是一种最常见的保护数据方法。

单击"另存文件"对话框中的"加密…"选项,打开"密码加密"对话框,如图1-1-2-3所示。为打开权限和编辑权限设置密码,单击"应用"按钮。

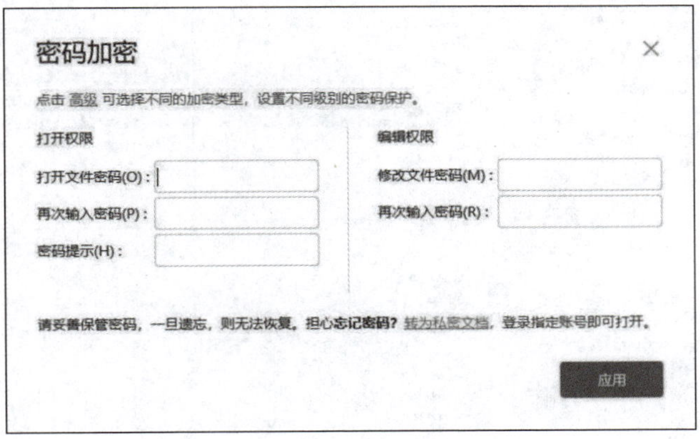

图1-1-2-3 "密码加密"对话框

(2)另存

在保存修改的文档时,如果需要保存原版本并对修改内容进行保存,则单击"文件"→"另存为",打开"另存文件"对话框,修改文件名,选择文件类型,选择文件保存位置进行保存。此时修改前的文档没有任何变化,修改后的文档进行了新的保存。

（3）联机保存

在保存文档时,"另存文件"对话框中保存位置选在"我的云文档",将文档保存为 WPS 云文档,随时随地编辑办公文档,并实现多人协作办公。

登录 WPS 账号,单击操作系统状态栏应用程序图标区 WPS 云按钮,打开"WPS 云盘",进入"设置"界面,在"同步设置"中将"文档云同步"打开,如图 1-1-2-4 所示,可以将 WPS 文档自动保存到云盘。

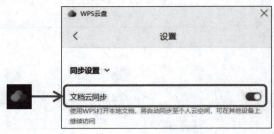

图 1-1-2-4　"设置"界面

> 小贴士：
> ◇ 在"首页"中单击"设置"按钮进入"设置中心",在"工作环境"组中也可以设置"文档云同步"。

步骤 3：校对文档

单击"审阅"选项卡中的"文档校对"按钮打开"文档校对"窗口,单击"立即校对"按钮,WPS 文字开始对文档进行校对并给出校对结果,单击"开始修改文档"按钮后,根据窗口提示进行问题的修改。文档校对过程如图 1-1-2-5 所示。

图 1-1-2-5　文档校对过程

步骤4：检查文档拼写错误

单击"审阅"选项卡中的"拼写检查"按钮，WPS 文字开始检查拼写错误，检查完成后给出检查结果。检查拼写发现的错误是不在词典中的单词，如果不是真正的错误，可以忽略；当拼写无误时，提示"拼写检查已完成"。

任务单

查看并填写任务单。

任务单　　　任务评价表

任务评价

查看并填写任务评价表。

任务拓展

知识拓展答案

知识拓展

完成题目，加深知识理解和记忆。

【单选题】

1. WPS Office 提供了（　　），通过将文件保存到云，用户可以从任何位置进行访问，并且可轻松地与家人和朋友进行共享。
    A. 云服务　　　　B. 共享云　　　　C. 在线服务　　　　D. 协作办公
2. WPS 文字的（　　）功能可以快速对文档内容进行专业校对纠错，精准解决错词、标点遗漏等问题。
    A. 拼写检查　　　B. 文档校对　　　C. 文档对比　　　　D. 论文查重
3. WPS 文字可以通过设置（　　）限定文档的打开权限和编辑权限。
    A. 编辑密码　　　B. 打开密码　　　C. 密码加密　　　　D. 使用密码
4. 在 WPS 云盘设置中打开（　　）功能，可以将 WPS 文档自动保存到云盘。
    A. 自动保存　　　B. 文档云同步　　C. 云服务　　　　　D. 定时存盘
5. 可以在（　　）选项卡中找到"文档校对""拼写检查"功能。
    A. 审阅　　　　　B. 引用　　　　　C. 视图　　　　　　D. 开始
6. 使用 WPS 文字编辑文档后，保留原始文件的同时保存编辑后的文件，需要将文档进行（　　）操作。
    A. 自动保存　　　B. 直接保存　　　C. 另存为　　　　　D. 覆盖保存
7. 日常办公中使用 WPS 文字时，没有任何信息的文档是（　　）。
    A. 空白表格　　　B. 空白页面　　　C. 空白演示　　　　D. 空白文档

能力拓展

下载并打开"素材：中国航天强国路－数字说"，检查拼写错误，判断后忽略或修正，完成操作后，保存文档为"中国航天强国路－数字说"。

能力拓展视频

任务3 发布文档

任务引入

根据不同使用场景将文档进行不同格式的输出与发布,能够提高文档的可读性,保护文档的版权。

任务目标

1. 能够将文档输出为PDF文件;
2. 能够将文档输出为图片;
3. 树立知识产权保护意识。

知识准备

1. PDF文件

PDF(Portable Document Format)是由Adobe Systems开发,用于以与应用程序、操作系统、硬件无关的方式进行文件交换所发展出的可移植文档格式。将WPS文档输出为PDF文件有如下优点:

> 能够保留文档的原始格式、字体、图像和布局,实现真正的所见即所得,不受软件版本、电脑机型影响。
> 能够保证文本与图形可以无限放大而不模糊。
> 能够保护文档内容不被修改或复制。
> 能够通过加密方式限定用户访问权限,并且很难通过暴力破解密码的方式获得有效信息。
> 能够减少文件所占用的内存空间,便于传输。
> 能够添加水印防止盗版。

2. 水印

水印原指中国传统的用木刻印刷绘画作品的方法。在文件中添加水印是指在图片、各种文档上添加半透明logo、图标、文字等信息,以防止他人盗用。

任务实施

步骤1:将文档输出为PDF文档

(1)直接输出

单击"会员专享"选项卡中的"输出为PDF"按钮,打开对话框,勾选要输出的文档,单击"开始输出"按钮完成输出,过程如图1-1-3-1所示。

(2)添加水印

在"输出为PDF"对话框中单击"添加水印"按钮,打开"水印设置"对话框,如

图1－1－3－1　文档输出为PDF过程

图1－1－3－2所示。选择"添加水印"选项并输入水印文字，根据需要修改水印文字格式。

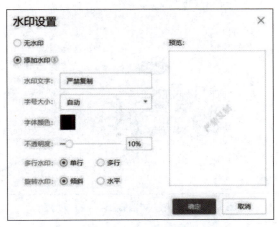

图1－1－3－2　"水印设置"对话框

（3）加密输出

在"输出为PDF"对话框中单击"设置"按钮，打开"设置"对话框，在左侧列表中选择"输出结果加密"，如图1－1－3－3所示，在右侧设置"文件打开密码"和"编辑文件及内容提取密码"。

步骤2：将文档输出为图片

单击"会员专享"选项卡中的"输出为图片"按钮，打开"批量输出为图片"对话框，在左侧列表中勾选要输出的文档，在右侧设置输出图片的属性，单击"开始输出"按钮完成输出，如图1－1－3－4所示。

图 1-1-3-3 "设置"对话框

图 1-1-3-4 文档输出为图片过程

其中,输出方式有"逐页输出"和"合成长图",默认为"合成长图"方式;无水印效果,输出所有页;输出图片默认为便携式网络图形格式 PNG;输出目录与原文件相同。

任务单

查看并填写任务单。

任务评价

查看并填写任务评价表。

任务单　　　任务评价表

任务拓展

知识拓展

完成题目,加深知识理解和记忆。

【单选题】

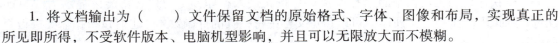

知识拓展答案

1. 将文档输出为( )文件保留文档的原始格式、字体、图像和布局,实现真正的所见即所得,不受软件版本、电脑机型影响,并且可以无限放大而不模糊。

   A..doc   B..wps   C..pdf   D..jpg

2. WPS 文字将文档输出为 PDF 文档时,可以添加( )来保护知识产权。

   A. 密码   B. 水印   C. 背景   D. 说明

3. WPS 文字将文档输出为 PDF 文档时,通过( )操作可以设置"文件打开密码"和"编辑文件及内容提取密码"。

   A. 输出方式设置   B. 输出文件设置   C. 添加文件设置   D. 输出结果加密

4. WPS 文字将文档输出为图片时,默认的图片格式为( )。

   A. TIF   B. BMP   C. JPG   D. PNG

5. WPS 文字将文档输出为图片时,默认的输出方式为( )。

   A. 合成长图   B. 逐页输出

   C. 选页输出   D. 单页输出

能力拓展

能力拓展视频

将任务 2 能力拓展任务检查后保存的文档"中国航天强国路 – 数字说"输出为 PDF 文档,并添加编辑权限密码"a123"。

任务 4 打印文档

任务引入

在商务洽谈、办公会议等工作开始前,需要将编辑好的资料文档进行打印,形成清晰的纸质文件,方便阅读、标注、留存。在打印时,要注意打印的质量、效率、成本和环保问题。

任务目标

1. 能够打印预览文档;
2. 能够进行打印设置;
3. 能够根据实际情况处理打印问题;
4. 能够降低打印成本,提升环保意识。

知识准备

文档进行打印设置后,可以通过"打印预览"来查看文档的打印效果。文档的纸张方向、页面边距等设置都可以通过预览区域查看效果，避免直接打印后发现问题而产生资源浪费。

任务实施

步骤1：打印预览

单击快速访问工具栏中的"打印预览"按钮进入打印预览窗口，功能区显示为"打印预览"，如图1-1-4-1所示。可以预览文档中每一页的打印效果，也可以根据需要进行页面设置。

图1-1-4-1 "打印预览"选项卡

步骤2：打印设置

WPS文字提供"反片打印""打印到文件""双面打印"三种打印输出方式。"反片打印"是WPS Office提供的一种独特的打印输出方式。以"镜像"显示文档，能够满足印刷等行业中特殊排版印刷的需求；"打印到文件"实现把文档作为一个文件输出，以电脑文件形式保存；"双面打印"在满足正规文档打印需求的同时节省纸张，减少资源消耗。

在打印预览状态下单击"打印预览"功能区的"更多设置"按钮，或者在页面视图下单击"打印"按钮，打开"打印"对话框。根据需要选择要打印的页码范围；如果实际纸张和文档页面设置不符，单击"按纸型缩放"下拉按钮，选择纸张大小；如果要分奇偶页打印，单击"打印"下拉按钮选择具体范围。更多打印设置如图1-1-4-2所示。

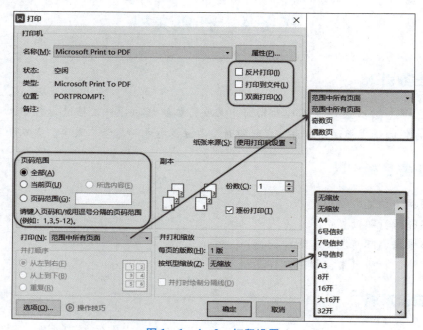

图1-1-4-2 打印设置

步骤3：打印

单击"文件"→"打印"，打开"打印"对话框，进行打印设置并打印；选择"批量打印"能够打开"批量打印"对话框进行设置并打印；选择"高级打印"将文档发送到"WPS 高级打印"进行设置并打印。WPS 高级打印是 WPS Office 特色功能，在不改变原文档状态的同时修改页面设置、添加打印效果、插入对象等，如图 1-1-4-3 所示。

图 1-1-4-3　WPS 高级打印

任务单

查看并填写任务单。

任务评价

查看并填写任务评价表。

任务单　　任务评价表

任务拓展

知识拓展

完成题目，加深知识理解和记忆。

知识拓展答案

【单选题】

1. WPS 文字打印文档时，默认的打印范围是（　　）。
   A. 全部　　　　　B. 当前页　　　　C. 页码范围　　　　D. 奇偶页
2. 文档进行打印前，可以通过（　　）来查看文档的打印效果。
   A. 打印查看　　　B. 打印效果　　　C. 打印设置　　　　D. 打印预览
3. 打印文档时，如果实际纸张和文档页面设置不符，可以设置（　　）。
   A. 按比例缩放　　B. 自动缩放　　　C. 按纸型缩放　　　D. 自动调整
4. 设置打印页码范围时，使用英文（　　）分隔页码范围。
   A. 分号　　　　　B. 逗号　　　　　C. 冒号　　　　　　D. 顿号

5. WPS 文字特有的打印输出方式是（　　）。

A. 单面打印　　　B. 双面打印　　　C. 打印到文件　　　D. 反片打印

能力拓展

将任务 2 能力拓展任务检查后保存的文档"中国航天强国路－数字说"双面打印到 B5 纸张上。

项目总结

能力拓展视频

本项目通过对国产办公软件 WPS 文字功能进行介绍，帮助学习者掌握 WPS 文字文稿的创建与操作环境设置，提高自主知识产权保护意识，用自己的思维逻辑、知识体系建立属于自己的工作环境。

项目 2　制作商务文档

项目介绍

企业在经营运作、贸易往来、开拓发展等一系列商务活动中所使用的各种文书统称为商务文档。一个结构清晰、格式规范、内容流畅的商务文档会给工作锦上添花。本项目结合企业真实案例"数字孪生城市全要素场景加工技术服务项目"标书中的文档进行讲解。通过学习使用 WPS 文字工具制作项目商务部分文档"投标承诺函",让大家学会文档排版基本方法;通过学习"制作进度计划表",让大家学会创建和编辑表格;通过为项目技术部分"项目进度保障措施"添加表格、题注和目录,创建并使用样式,让大家掌握长文档的排版技巧。

知识导图

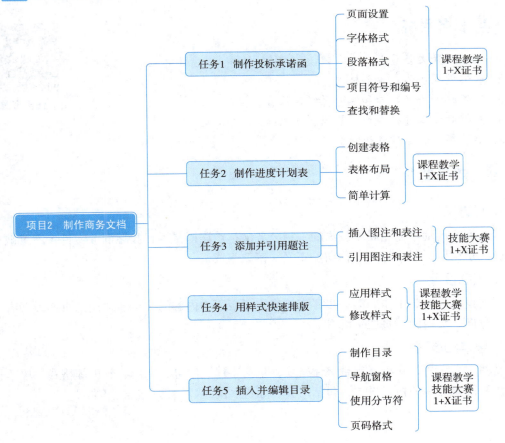

任务 1　制作投标承诺函

任务引入

在正式提交投标承诺函之前,需要进行格式设置。打开"数字孪生城市全要素场景加工技术服务项目承诺函.docx"原始文件,按照投标承诺函格式要求对承诺函内容进行排版。要求如下:

1. 设置页面:A4 纸张,页边距采用默认值,纵向纸张方向;
2. 设置标题格式:采用宋体、二号字,水平居中,段前和段后距离各 1 行;
3. 设置称谓格式:采用仿宋、四号字,行距固定值 28 磅,左对齐;
4. 设置正文格式:采用仿宋、四号字,行距固定值 28 磅,首行缩进 2 字符;
5. 设置落款格式:采用仿宋、四号字,行距固定值 28 磅,右对齐,承诺人与日期中线对称;
6. 为承诺条款添加编号:编号样式为"1.""2.""3."…,编号之后,段落首行缩进 2 字符;
7. 查找和替换:将承诺函中所有的"本公司"修改为"我公司";将文档中所有手动换行符替换为段落标记;删除文档中所有的空格。

任务目标

1. 能够设置文档页面;
2. 能够设置字体、段落格式;
3. 能够添加项目符号和编号并修改设置;
4. 能够对文本进行查找和替换;
5. 培养高效的工作意识。

任务资源

知识准备

1. 承诺函

函是商务活动中使用频率较高的一种公务文。承诺函是项目投标商业文件中不可缺少的一部分。承诺函一般由标题、称谓、正文、落款组成。

2. 页面设置

页面设置是排版工作的第一步,直接决定了版面中内容的多少。常用的页面设置有纸张大小和方向、页边距、页眉页脚等。

3. 字体和段落

文档中文字的外在特征都是字体格式,包括字体、字号、字形、颜色等格式。段落格式是指控制段落外观的格式设置,包括对齐、缩进、间距、边框和底纹等格式。

4. 项目符号和编号

项目符号和编号是放在文本前面的符号或数字，起到强调作用，使条目清晰、易读。

5. 查找和替换

查找和替换是 WPS 文字提供的快速查找和修改文档内容的功能。利用查找和替换能够实现批处理，提高工作效率。

页面、字体、段落　　　　项目符号和编号　　　　查找和替换

任务实施

步骤1：设置页面

单击"页面布局"按钮进入"页面布局"选项卡，如图 1−2−1−1 所示。单击"纸张大小"，在列表中选择"A4"；单击"纸张方向"，在列表中选择"纵向"。

图 1−2−1−1　"页面布局"选项卡

> **小贴士：**
> ◇ Word 2016 中页面设置的选项卡叫作"布局"。

步骤2：设置标题格式

选中标题，单击"开始"按钮进入"开始"选项卡，单击"字号"下拉按钮，在列表中选择"二号"；单击"段落"组的"对话框启动器"按钮，打开"段落"对话框，对齐方式选择"居中对齐"，段前间距修改为1行，段后间距修改为1行。标题段落设置如图 1−2−1−2 所示。

步骤3：设置称谓格式

选中称谓，单击"开始"选项卡中的"字体"下拉按钮，在列表中选择"仿宋"；单击"字号"下拉按钮，在列表中选择"四号"；单击"段落"组中的"左对齐"按钮。

步骤4：设置正文格式

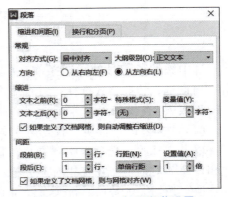

图 1−2−1−2　标题段落设置

选中正文，单击"开始"选项卡中的"字体"下拉按钮，在列表中选择"仿宋"；单击"字号"下拉按钮，在列表中选择"四号"；单击"段落"组的"对话框启动器"按钮，打开"段落"对话框，特殊格式选择"首行缩进"，度量值为"2"字符；行距选择"固定值"，设置值为"28"磅。正文段落设置如图1-2-1-3所示。

步骤5：设置落款格式

选中落款，单击"开始"选项卡中的"字体"下拉按钮，在列表中选择"仿宋"；单击"字号"下拉按钮，在列表中选择"四号"；单击"段落"组的

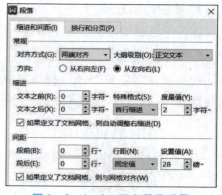

图1-2-1-3 正文段落设置

"对话框启动器"按钮，打开"段落"对话框，对齐方式选择"右对齐"，行距选择"固定值"，设置值为"28"磅。

选中落款日期，单击"段落"组的"对话框启动器"按钮，打开"段落"对话框，文本之后修改为"1"字符。

步骤6：添加项目编号

选中承诺条款，单击"开始"选项卡"段落"组中"编号"按钮，在列表中选择"1.""2.""3."…样式；在添加的编号上右击，在弹出的快捷菜单中选择"调整列表缩进"，打开对话框，将编号之后选择为"空格"。操作过程如图1-2-1-4所示。

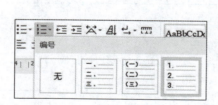

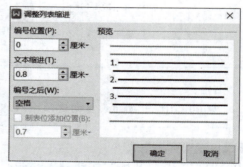

图1-2-1-4 承诺条款编号设置

选中添加了编号的承诺条款，单击"段落"组的"对话框启动器"按钮，打开"段落"对话框，特殊格式选择"首行缩进"，度量值为"2"字符。

步骤7：查找和替换

（1）"本公司"替换"我公司"

单击"开始"选项卡中"查找和替换"下拉按钮，在列表中选择"替换"，打开"查找和替换"对话框。在查找内容中输入"本公司"，在替换为中输入"我公司"，单击"全部替换"按钮完成替换。替换设置如图1-2-1-5所示。

（2）手动换行符替换段落标记

打开"查找和替换"对话框，将光标定位到查找内容中，单击"特殊格式"按钮，在

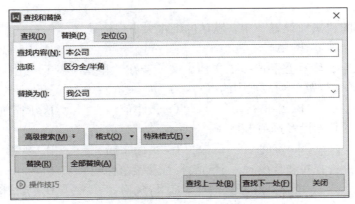

图 1-2-1-5 替换设置

列表中选择"手动换行符"。将光标定位到查找内容中,单击"特殊格式"按钮,在列表中选择"段落标记"。单击"全部替换"按钮完成替换。

（3）删除所有空格

单击"开始"选项卡中的"文字排版"按钮,在列表中选择"删除"→"删除空格"。

> **小贴士：**
> ◇ Word 2016 在"开始"选项卡中有"查找"和"替换"两个按钮,根据需要进行选择。其中,"查找"按钮的选项列表中有"查找""高级查找""转到"三个选项。
> ◇ "文字排版"是 WPS 文字特有功能。
> ◇ 在 Word 2016 中删除空格要使用"查找和替换"功能。打开"查找和替换"对话框,在查找内容中输入一个空格,单击"高级搜索"按钮,在"查找和替换"对话框下侧展开搜索选项,取消"区分全角/半角"选项,单击"全部替换"按钮完成替换。

任务单

查看并填写任务单。

任务单

任务评价表

任务评价

查看并填写任务评价表。

任务拓展

知识拓展

完成题目,加深知识理解和记忆。

知识拓展答案

【单选题】

1. WPS 文字的"页面设置"中，默认的纸张大小规格是（　　）。
   A. 16 开　　　　　B. A4　　　　　C. A3　　　　　D. B5

2. 在 WPS 文字编辑状态下选择了文档全文，若在"段落"对话框中设置行距为 20 磅的格式，应当选择"行距"列表框中的（　　）。
   A. 单倍行距　　　B. 多倍行距　　　C. 最小值　　　D. 固定值

3. WPS 文字的页面设置选项卡是（　　）。
   A. 开始　　　　　B. 审阅　　　　　C. 页面布局　　　D. 视图

4. WPS 文字进行查找和替换时，手动换行符和段落标记属于（　　）。
   A. 格式　　　　　B. 符号格式　　　C. 特殊格式　　　D. 字符格式

能力拓展

参照任务格式制作项目会议通知。通知项目组所有成员于 2023 年 4 月 29 日在公司二楼会议室召开项目研讨会。

任务 2　制作进度计划表

任务引入

为保证项目顺利推进，按照要求制作项目进度计划表。

1. 打开"项目进度保障措施.docx"，在"一、进度计划安排"下插入一个 7 行 4 列表格；
2. 设置表格大小：所有行高固定值 1 厘米，第一列列宽 5 厘米，其余列列宽 3 厘米；
3. 设置单元格：文本为仿宋、小四号字，标题行文本加粗；所有文本在单元格内水平方向、垂直方向均居中；
4. 设置表格对齐：表格在页面内水平居中；
5. 在"提交成果"一行后添加"项目执行时间总计"一行，使用公式（快速计算）功能求天数总和；
6. 按照样图合并单元格；
7. 设置表格样式：外边框为 1.5 磅单实线，内边框为 1 磅单实线；第一行和最后一行底纹为主题颜色中的"灰色 –25%，背景 2"。

制作完成的项目进度计划表最终效果如图 1-2-2-1 所示。

任务目标

1. 能够创建表格；
2. 能够修改表格大小；
3. 能够设置表格样式；

任务资源

任务	开始时间	结束时间	持续天数
数据收集处理	2023-5-5	2023-5-7	3
建筑物和设施建模	2023-5-8	2023-5-18	11
模拟分析、优化改进	2023-5-19	2023-5-21	3
可视化和展示	2023-5-22	2023-5-24	3
质检测试	2023-5-25	2023-5-26	2
提交成果	2023-5-27	2023-5-27	1
项目执行时间总计			23

图1-2-2-1 项目进度计划表最终效果图

4. 能够使用公式进行简单计算；
5. 培养高效工作意识。

知识准备

创建表格　　　调整表格　　　表格样式

1. 表格行高

表格每一行都有自己的高度，这个高度默认为最小值，也可以根据需要设置为固定值。

最小值：当表格行高为最小值时，无论单元格内容多少，表格都会显示全部内容，但行高值不变。

固定值：当表格行高为固定值时，无论单元格内容多少，只会显示固定值高度的内容。

2. WPS文字表格计算中使用的四个方向参数

当使用函数对表格中数据进行计算时，LEFT 表示计算方向为向左，RIGHT 表示计算方向为向右，ABOVE 表示计算方向为向上，BELOW 表示计算方向为向下。

公式计算

任务实施

步骤1：插入表格

打开素材文档"项目进度保障措施.docx"，将光标定位到"二、项目管理方案"前，单击"插入"选项卡中的"表格"按钮，在列表中选择"插入表格"选项，打开"插入表格"对话框，修改列数为"4"、行数为"7"，如图1-2-2-2所示。

步骤2：设置表格大小

单击表格左上方的"表格"按钮将表格选中，单击"表格工具"选项卡中的"表格属性"按钮，打开"表格属性"对话框。在"行"选项卡中勾选"指定高度"，选择行高值是"固定值"，并修改为"1"厘米。

图1-2-2-2 插入表格

选中表格第一列,单击"表格工具"选项卡,修改宽度为"5 厘米";选中表格后三列,修改宽度为"3 厘米"。行高和列宽设置如图 1-2-2-3 所示。

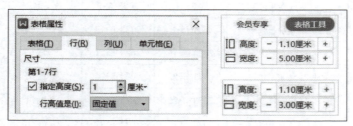

图 1-2-2-3　行高和列宽设置

步骤 3:设置单元格

(1) 文本格式

选中整张表格,单击"开始"选项卡中的"字体"下拉按钮,在列表中选择"仿宋";单击"字号"下拉按钮,在列表中选择"小四号"。

选中标题行,单击"开始"选项卡中的"加粗"按钮。

(2) 文本对齐

选中整张表格,单击"表格工具"选项卡中的"对齐方式"按钮,在列表中选择"水平居中"。

步骤 4:设置表格对齐

选中整张表格,单击"开始"选项卡中的"居中对齐"按钮;还可以在"表格属性"对话框的"表格"选项卡中设置对齐方式为"居中"。

步骤 5:快速计算

按照样表输入文本。

选中最后一列所有数字单元格,单击"表格工具"选项卡中的"快速计算"按钮,在列表中选择"求和",在表格下方添加一行,并在最后一个单元格内给出求和计算结果。

> 小贴士:
>
> ◇ 使用"快速计算"中的"求和"功能就是在汇总单元格内插入一个求和函数 SUM,因此,求和这个快速计算也可以通过插入公式"=SUM(ABOVE)"实现。

步骤 6:合并单元格

选中最后一行前三个单元格,单击"表格工具"选项卡中的"合并单元格"按钮。

步骤 7:设置表格样式

(1) 边框

选中整张表格,单击"表格样式"选项卡中的"线型粗细"按钮,在列表中选择"1.5 磅";单击"边框"下拉按钮箭头,在列表中选择"外侧框线";单击"线型粗细"下拉按钮,在列表中选择"1 磅";单击"边框"下拉按钮,在列表中选择"内部框线"。

（2）底纹

按 Ctrl 键的同时选中第一行和最后一行，单击"表格样式"选项卡中的"底纹"下拉按钮，在列表中选择"灰色 - 25%，背景 2"。边框和底纹设置如图 1 - 2 - 2 - 4 所示。

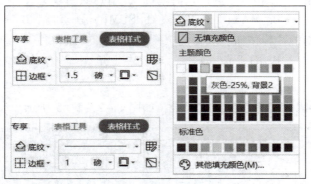

图 1 - 2 - 2 - 4　边框和底纹设置

> **小贴士：**
> ◇ Word 2016 中进行表格设置的选项卡是"设计"和"布局"，并且都在"表格工具"标签内。
> ◇ "边框"和"底纹"在"设计"选项卡内，"合并单元格""单元格大小""对齐方式""公式"在"布局"选项卡内。

📋 任务单

查看并填写任务单。

📋 任务评价

任务单　　　任务评价表

查看并填写任务评价表。

📋 任务拓展

知识拓展

完成题目，加深知识理解和记忆。

知识拓展答案

【单选题】

1. 当表格行高为（　　）时，无论单元格内容多少，表格都会显示全部内容，但行高值不变。

　　A. 最小值　　　B. 固定值　　　C. 常规值　　　D. 默认值

2. 当使用函数对表格中的数据进行计算时，（　　）表示计算方向为向下。

　　A. LEFT　　　B. RIGHT　　　C. ABOVE　　　D. BELOW

3. WPS 文字插入表格时，表格列宽为（　　）。

A. 固定列宽　　　　B. 自动列宽　　　　C. 默认列宽　　　　D. 最小列宽
4. 设置表格中所有文本在单元格内水平方向、垂直方向均居中的对齐方式是（　　）。
   A. 中部居中　　　　B. 水平居中　　　　C. 垂直居中　　　　D. 文本居中
5. WPS 文字表格中利用公式进行求和计算时，用到的函数是（　　）。
   A. AVERAGE( )　　B. MAX( )　　　　C. SUM( )　　　　D. MIN( )
6. WPS 文字表格的选择按钮在表格的（　　）。
   A. 右上角　　　　　B. 右下角　　　　　C. 左上角　　　　　D. 左下角

能力拓展

利用表格制作中国航天明信片结构框架，如图 1-2-2-5 所示。

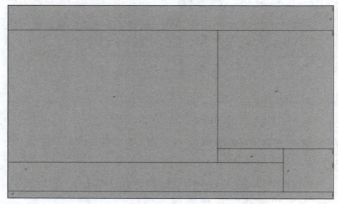

图 1-2-2-5　明信片结构框架

能力拓展视频

　　行高：第一行最小值 1.9 厘米，第二行最小值 9.3 厘米，第三行最小值 0.5 厘米，第四行最小值 2.3 厘米，第五行最小值 0.5 厘米。列宽：第一列 16 厘米，第二列 5 厘米，第三列 3.8 厘米。表格无边框。

任务 3　添加并引用题注

📘 任务引入

　　"项目进度保障措施"正文中插入了图片和表格，为了增强图和表的可读性，需要添加题注并在正文相应位置引用。表注在表格上方，图注在图片下方，均为五号字，居中。

📘 任务目标

1. 能够插入图注和表注；
2. 能够引用图注和表注；
3. 能够更新图注和表注；
4. 培养高效的工作意识。

任务资源

主题1 处理文档

📖 知识准备

使用题注

1. 题注

题注是对图片或表格对象的描述。插入题注,能够对文档中使用的多个图片和表格进行自动编号,避免序号顺序错乱情况发生,提高工作效率。

2. 交叉引用

对于文档中插入的图注和表注,可以使用交叉引用实现快速引用,保证引用位置与图注或表注序号正确对应。

📖 任务实施

步骤1:插入并引用表注

(1)插入表注

打开素材文档"项目进度保障措施.docx",将光标定位到项目进度计划表任意单元格内,单击"引用"选项卡中的"题注"按钮,打开"题注"对话框。在题注的"表1"后输入"项目进度计划表",将位置选择为"所选项目上方",单击"确定"按钮,在表格左上方插入表注。表注设置与显示结果如图1-2-3-1所示。

图1-2-3-1 插入表注设置与显示结果

> **小贴士:**
> ◇ Word 2016中"引用"选项卡"题注"组中,题注对应的按钮为"插入题注"。

(2)引用表注

将光标定位到表格上方正文"如所示"中间,单击"引用"选项卡中的"交叉引用"按钮,打开"交叉引用"对话框。引用类型选择"表",引用内容选择"只有标签和编号",在列表中选择"表1项目进度计划表",单击"插入"按钮完成操作。引用表注设置与显示结果如图1-2-3-2所示。

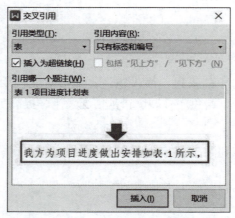

图1-2-3-2　引用表注设置与显示结果

步骤2：插入并引用图注

（1）插入图注

选择文档末尾图片，单击"引用"选项卡中的"题注"按钮，打开"题注"对话框。标签选择"图"，位置选择"所选项目下方"，在题注的"图1"后输入"监督制度执行过程"，单击"确定"按钮，在图片下方插入图注。插入图注设置与显示结果如图1-2-3-3所示。

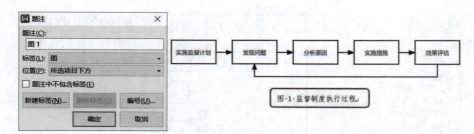

图1-2-3-3　插入图注设置与显示结果

（2）引用图注

将光标定位到图片上方正文"如所示"中间，单击"引用"选项卡中的"交叉引用"按钮，打开"交叉引用"对话框。引用类型选择"图"，引用内容选择"只有标签和编号"，在列表中选择"图1 监督制度执行过程"，单击"插入"按钮完成操作。

任务单

查看并填写任务单。

任务评价

查看并填写任务评价表。

任务单

任务评价表

任务拓展

知识拓展

完成题目,加深知识理解和记忆。

【单选题】

1. 一般在表格（　　）为表格插入表注。
A. 上方　　　　　　B. 下方　　　　　　C. 左侧　　　　　　D. 右侧
2. 一般在图片（　　）为图片插入图注。
A. 上方　　　　　　B. 下方　　　　　　C. 左侧　　　　　　D. 右侧
3. 使用（　　）引用插入的题注。
A. 插入标记　　　　B. 题注引用　　　　C. 交叉引用　　　　D. 插入索引
4. 插入题注和引用题注的选项卡是（　　）。
A. 开始　　　　　　B. 插入　　　　　　C. 引用　　　　　　D. 审阅
5. WPS 文字中使用（　　）为图片或表格对象插入描述并自动编号。
A. 文献　　　　　　B. 尾注　　　　　　C. 脚注　　　　　　D. 题注

知识拓展答案

能力拓展

打开"项目进度保障措施 - 任务 3 拓展训练用.docx",为"二、项目管理方案"中的图片添加图注,图注文字为"项目总体组织结构图";更新图注序号。

能力拓展视频

任务 4　用样式快速排版

任务引入

为了更快、更准确地完成"项目进度保障措施"排版工作,在文档中使用样式,具体要求如下:

1. 将"一、进度计划安排""二、项目管理方案""三、进度保障举措"样式设置为"标题 1";
2. 将三个标题下的小标题样式设置为"标题 2";
3. 将样式"题注"的中文字体修改为"仿宋",西文字体修改为"Times New Roman",水平对齐方式修改为"居中对齐"。

任务目标

1. 能够使用样式;
2. 能够修改样式;
3. 培养高效的工作意识。

任务资源

知识准备

1. 样式

样式是一系列字符格式和段落格式的集合，可以在编排重复格式的时候套用样式，减少重复化的操作。WPS 文字提供了多种预设样式，在列表中只能看到其中一部分，可以通过"显示更多样式"设置来显示"所有样式"。

使用样式

2. 清除格式

无论是使用样式设置文本格式还是手动设置文本字体和段落等格式，都可以利用样式列表中的"清除格式"选项将选中文本的所有格式清除掉，只保留文本。

任务实施

步骤1：使用样式

按 Ctrl 键将三个一级标题全部选中，单击"开始"选项卡"样式"组中的"对话框启动器"按钮打开样式列表，选择"标题1"；按 Ctrl 键将所有二级标题选中，单击"开始"选项卡中"样式"组的"对话框启动器"按钮打开样式列表，选择"标题2"。设置过程与结果如图 1－2－4－1 所示。WPS 文字的标题样式共有 9 级，常用的是标题1、标题2和标题3。

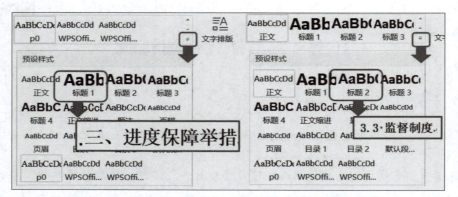

图 1－2－4－1 "标题1"和"标题2"的设置过程与结果

步骤2：修改样式

单击"开始"选项卡"样式"中组的"对话框启动器"按钮打开样式列表，右击"题注"，在快捷菜单中选择"修改样式"，打开"修改样式"对话框。语言选择"中文"，字体选择"仿宋"，单击"居中"对齐按钮；再将语言选择"西文"，字体选择"Times New Roman"。完成后，图注和表注按照修改的格式显示，操作过程如图 1－2－4－2 所示。

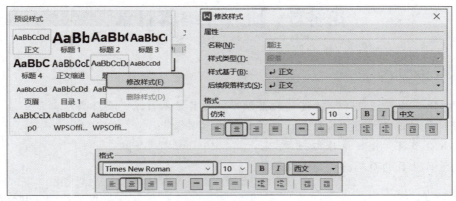

图 1-2-4-2 修改"题注"样式操作过程

任务单

查看并填写任务单。

任务评价

查看并填写任务评价表。

任务单　　　　任务评价表

任务拓展

知识拓展

完成题目,加深知识理解和记忆。

1. WPS 文字的"样式"在（　　）选项卡中。
   A. 开始　　　　B. 插入　　　　C. 页面布局　　　　D. 章节
2. WPS 文字可以通过（　　）设置显示"所有样式"。
   A. 查看样式列表　B. 显示样式列表　C. 查看所有样式　D. 显示更多样式
3. WPS 文字的标题样式共有（　　）级。
   A. 6　　　　B. 7　　　　C. 8　　　　D. 9
4. 利用样式列表中的（　　）选项将选中文本的所有格式清除掉,只保留文本。
   A. 清除样式　　B. 清除格式　　C. 删除样式　　D. 删除格式
5. （　　）是一系列字符格式和段落格式的集合,可以在编排重复格式的时候套用样式,减少重复化的操作。
   A. 索引　　　　B. 大纲　　　　C. 样式　　　　D. 格式

知识拓展答案

能力拓展

修改"项目进度保障措施"中样式的格式。将样式"标题1"的段前、段后距离修改为"18"磅,行距修改为"2倍行距"。

能力拓展视频

任务 5　插入并编辑目录

任务引入

为了增强"项目进度保障措施"的可读性,为其插入目录,具体要求如下:
1. 在封面和正文之间插入目录,样式为"自动目录";
2. 插入分节符,使目录独占一页;
3. 设置目录页的页码格式为大写拉丁文。

任务目标

1. 能够设置大纲级别;
2. 能够制作目录;
3. 熟练使用分隔符;
4. 能够分节设置页眉页脚;
5. 培养高效的工作意识。

任务资源

知识准备

1. 大纲级别

WPS 文字中最基础的段落为正文文本。除正文外,各级别标题都可以通过设置大纲级别进行区分。大纲级别一共分为 9 级,数字越小,级别越高。只有设置了标题大纲级别,才能创建目录。

制作目录

2. 导航窗格

导航窗格显示文档结构,方便快速跳转到目标段落的窗口。WPS 文字的导航窗格可以显示目录、章节、书签,也可以进行查找和替换。

3. 分隔符

WPS 文字工具的分隔符有两大类:第一类分隔符包含分页符、分栏符、换行符,它们在实现自身功能时,保持文档内容在同一节;第二类分隔符包含下一页分节符、连续分节符、偶数页分节符、奇数页分节符,它们都具有将文档分节的功能。

划分文档

(1) 分页符

分页符能够将目标内容快速移动到当前页的下一页,是上一页结束以及下一页开始的位置。分页符前后内容仍属于一节,基本格式不变。

(2) 下一页分节符

下一页分节符也能够将目标内容快速移动到当前页的下一页,但后续的内容属于另一节,页眉和页脚格式、页面设置等能够改变。

4. 页眉和页脚

页眉和页脚用于显示文档附加信息，一般由文字、图形、图片组成。页眉是页面顶端的一个区域，可以在页眉中插入文档标题、章节标题、作者信息、日期、图标等信息。页脚是页面底端的一个区域。可以在页脚中插入页码、页数等信息。

页眉页脚

任务实施

步骤1：插入目录

打开文档"项目进度保障措施－任务5用"，将光标定位到"一、进度计划安排"前，单击"引用"选项卡中的"目录"按钮，在列表中选择"自动目录"。插入目录的过程及结果如图1－2－5－1所示。

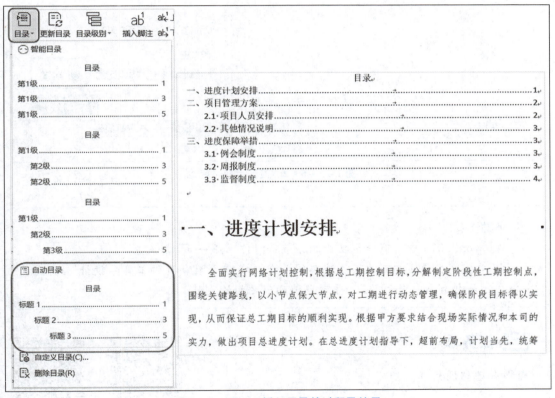

图1－2－5－1 插入目录的过程及结果

此时目录与正文内容在同一节，并且在WPS文字编辑区左侧打开"导航窗格"，显示文档所有具有大纲级别的标题目录。单击"关闭"按钮可以将导航窗格关闭。可以通过单击"视图"选项卡中的"导航窗格"按钮来关闭或打开导航窗格。

步骤2：插入下一页分节符

重新将光标定位到"一、进度计划安排"前，单击"页面布局"选项卡中的"分隔符"按钮，在列表中选择"下一页分节符"，拆分目录与正文。

步骤3：设置页码

双击目录页页脚位置的页码"1"，打开第2节页脚，单击"页码设置"按钮，将样式修改为"Ⅰ，Ⅱ，Ⅲ，…"，应用范围选择"本节"，单击"确定"按钮，将目录页页码修改为大写拉丁文。设置页码过程如图1-2-5-2所示。双击正文位置返回正文编辑界面。

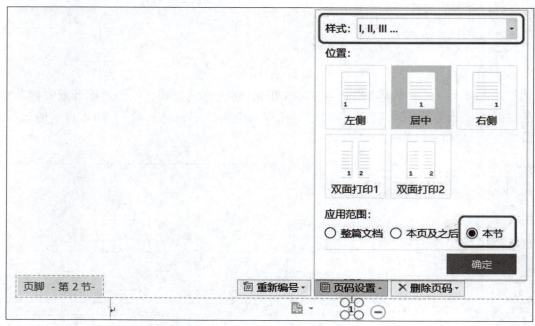

图1-2-5-2 设置页码过程

> 小贴士：
> ◇ Word 2016中具有分页功能的分节符叫作"下一页"。
> ◇ 要实现目录页与正文页页码不同，需要在"页眉和页脚工具-设计"选项卡中单击"链接到前一条页眉"，手动取消两节之间的连接。

任务单

查看并填写任务单。

任务评价

查看并填写任务评价表。

任务单

任务评价表

任务拓展

知识拓展

完成题目，加深知识理解和记忆。

知识拓展答案

【单选题】

1. WPS 文字中最基础的段落为（　　）文本。
   A. 普通　　　　　B. 大纲　　　　　C. 标题　　　　　D. 正文
2. 只有设置了标题（　　）才能创建目录。
   A. 目录级别　　　B. 索引级别　　　C. 大纲级别　　　D. 标记级别
3. （　　）能够将目标内容快速移动到当前页的下一页，是上一页结束以及下一页开始的位置，其前后内容仍属于一节，基本格式不变。
   A. 分页符　　　　B. 下一页分节符　C. 分栏符　　　　D. 换行符
4. 文档排版时，需要在目录和正文之间插入（　　）实现不同页码设置。
   A. 分页符　　　　B. 下一页分节符　C. 连续分节符　　D. 分栏符
5. WPS 文字的（　　）可以显示文档结构，方便快速跳转目标段落。
   A. Web 版式　　　B. 阅读版式　　　C. 页面视图　　　D. 导航窗格

能力拓展

打开项目 1 任务 2 能力拓展任务中保存的文档"中国航天强国路 – 数字说"，将每个数字标题设置大纲级别为 1 级，在文档最上端插入目录页并插入自动目录，保存文档。

能力拓展视频

项目总结

本项目以 WPS 办公应用职业技能等级证书文字文稿编辑的初级、中级考核要求为出发点，结合办公场景中涉及的商务文档进行教学，规范商务文档编辑与排版的方法，提升办公效率和正式场合中商务文档的规范化应用能力，减少不必要的工作能耗。

项目 3
制作航天知识手册

项目介绍

探索浩瀚宇宙时空，发展航天事业，建设航天强国，是不懈追求的航天梦。党的十八大以来，中国航天巡天探宇、逐梦苍穹，航天事业发展迅速、成果非凡。习近平总书记在党的二十大报告中对加快建设航天强国作出重要战略部署，为我国航天科技实现高水平自立自强指明了前进方向。伴随"天宫课堂"的不断升级，人们渴望了解更多的航天知识。本项目通过讲解航天知识手册封面页、封底页、前序页的制作过程，帮助学习者掌握如何将图片、文本框、艺术字、各种形状等对象与文字完美结合，呈现主题思想，达到宣传、科普的效果。

知识导图

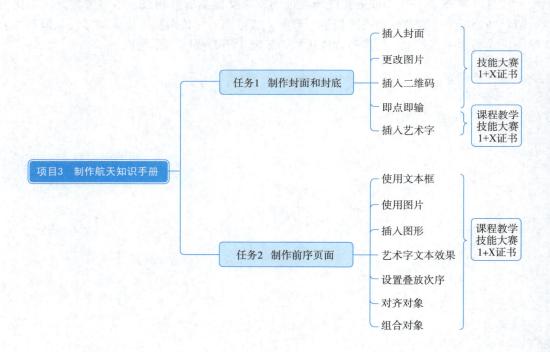

任务 1　制作封面和封底

任务引入

封面和封底是书刊的重要构成元素。封面用来美化书刊和保护书芯；封底则是封面、书脊的延展、补充、总结或强调。在制作航天知识手册时，首先要设计制作封面和封底。在 WPS 文字中插入封面并根据主题需要修改封面、编辑文本；制作带有二维码的封底页。

任务目标

1. 能够插入并编辑封面；
2. 能够设置页面背景；
3. 能够插入并编辑二维码；
4. 能够使用即点即输功能定位输入点；
5. 能够插入艺术字；
6. 提升创新能力；
7. 激发爱国情怀。

任务资源

知识准备

1. 手册

手册是收录一般资料或专业知识的工具书，是一种便于浏览、翻检的记事小册子。在企业工作中经常制作、使用的手册有产品宣传手册、公司宣传手册、工作手册等。

2. 页面背景

背景决定了 Word 的风格和特征，一份高质量的 Word 文档，除了页面的精心排版外，背景的设置也很关键。公文类文档要求页面整洁，因此使用空白的页面背景；宣传类文档需要醒目、有吸引力，可以为其设置各种颜色背景、纹理背景、图案背景以及图片背景等。页面背景的应用范围是整篇文档。

3. 即点即输

WPS 文字的即点即输功能是指鼠标在页面没有文字的任何位置双击来快速定位光标。

要想使用即点即输功能，需要在 WPS 文字的选项中将"编辑"选项卡内的"启用'即点即输'"勾选上。

任务实施

步骤 1：新建手册文档

在 WPS 文字界面中，单击快速访问工具栏中的"新建"按钮，新建一个空白文档；保存为"航天知识手册.docx"。

步骤 2：插入封面

单击"插入"选项卡中的"封面页"按钮，单击列表中"稻壳封面页"中的"免费"选项，在免费资源中单击"环保手册"。插入封面过程如图1-3-1-1所示。

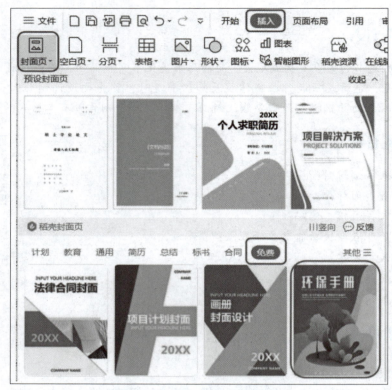

图1-3-1-1 插入封面过程

步骤3：更换封面背景图片

选中封面绿色图片，单击"图片工具"选项卡中的"更改图片"按钮，打开"更改图片"对话框，找到并选中"封面背景图.jpg"，单击"打开"按钮更改图片。

步骤4：修改封面文本

选中"环保手册"四个字，修改为"中国航天"；选中英文"Environmental protection manual"，修改为"AEROSPACE CHINA"；选中"协调人类与环境关系 提高保护环境意识"，修改为"知识手册"，设置字号为"小初"；选中"知识手册"下侧文本框，按Delete键将其删除；选中"保护环境低碳生活"，修改为"叩问苍穹 逐梦太空"，设置字号为"小二"，向上移动文本框至所在黑色区域中间位置。

步骤5：制作封底艺术字

（1）插入艺术字

将光标定位到空白页，单击"插入"选项卡中的"艺术字"选项，在列表中单击"免费"按钮，选择"探索科技"立即使用。

插入艺术字过程如图1-3-1-2所示。

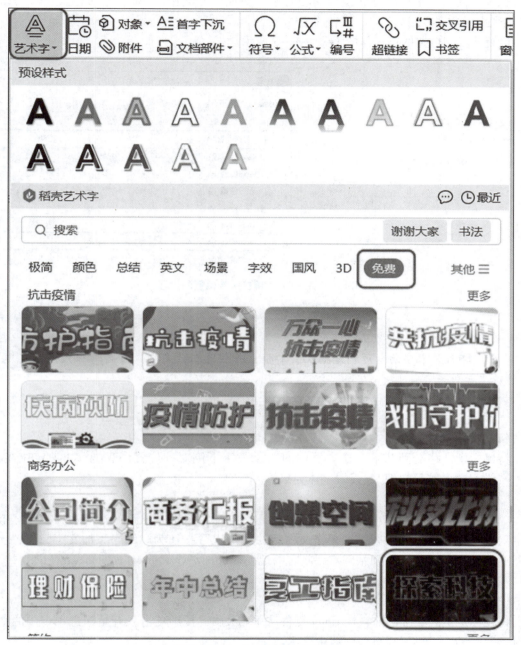

图1-3-1-2 插入艺术字过程

（2）编辑艺术字

选择艺术字文本"探索科技"，修改为"星空浩瀚无比 探索永无止境"；单击"开始"选项卡中的"分散对齐"按钮，设置艺术字在文本框内分散对齐。

单击"绘图工具"选项卡，将形状高度修改为"14厘米"、形状宽度修改为"19厘米"；单击"填充"按钮，选择填充颜色为"自动"。

单击"绘图工具"选项卡中的"大小和位置"按钮，打开"布局"对话框。将"位置"选项卡内的水平对齐方式设置为相对于"页面""居中",垂直绝对位置设置为"页面"下侧"1厘米"。

设置艺术字位置的过程如图1-3-1-3所示。

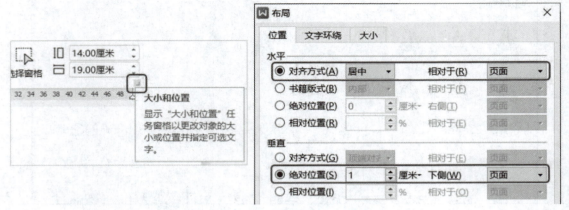

图1-3-1-3 设置艺术字位置的过程

> **小贴士:**
> ◇ 插入艺术字的本质就是插入文本框,并将文本效果格式进行特殊设置,实现特殊显示效果。

步骤6:插入二维码

(1)即点即输

将鼠标指针移动到艺术字文本框中的"永"字下侧对齐位置,双击,快速定位光标,输入"学习更多航天知识",设置字体为黑体。

(2)插入二维码

单击"插入"选项卡中的"二维码"按钮,打开"编辑二维码"对话框。单击"嵌入文字",输入文本"天宫课堂",单击文本后的"确定"按钮为二维码添加文字,设置字号"38";在左侧输入中国空间站天宫课堂官网地址"http://www.cmse.gov.cn/kpjy/tgkt/"。

二维码设置如图1-3-1-4所示。

(3)设置二维码对齐

将光标定位到二维码前,按Enter键使二维码独占一段,单击"开始"选项卡中的"居中对齐"按钮,二维码在页面内居中显示。

制作完成的封面和封底如图1-3-1-5所示。

主题1　处理文档

图1-3-1-4　二维码设置

图1-3-1-5　制作完成的封面和封底

任务单

查看并填写任务单。

任务评价

查看并填写任务评价表。

任务单　　任务评价表

任务拓展

知识拓展

完成题目，加深知识理解和记忆。

知识拓展答案

【单选题】

1. 公文类文档要求页面整洁，因此使用（　　）页面背景。
   A. 空白　　　　　B. 图案　　　　　C. 纹理　　　　　D. 彩色
2. WPS 文字的（　　）功能是指鼠标在页面没有文字的任何位置双击，以快速定位光标。
   A. 查找定位　　　B. 快速定位　　　C. 即点即输　　　D. 页面定位
3. 可以在 WPS 文字的（　　）选项卡中找到"封面页"。
   A. "开始"或"插入"　　　　　　　　B. "插入"或"章节"
   C. "开始"或"章节"　　　　　　　　D. "审阅"或"引用"
4. WPS 文字制作二维码时，可以设置（　　）实现二维码中添加文本效果。
   A. 插入文字　　　B. 图案样式　　　C. 嵌入文字　　　D. 其他设置
5. WPS 文字页面背景的应用范围是（　　）。
   A. 当前页　　　　B. 当前节　　　　C. 当前段落　　　D. 整篇文档

能力拓展

充分发挥你的设计才能，为插入目录的文档"中国航天强国路－数字说"插入封面页，并在封面页插入二维码。

任务 2　制作前序页面

任务引入

航天知识手册的封面和封底制作完成后，在添加手册内容前，为了凸显航天主题，要制作一个前序页。打开任务 1 制作完成的"航天知识手册.docx"，在封面页和封底页之间插入并制作前序页。

任务目标

1. 能够插入并编辑图片；
2. 能够插入并编辑文本框；
3. 能够插入并编辑图形；

任务资源

4. 能够设置对象叠放次序；
5. 能够对齐多个对象并组合；
6. 培养分析问题、解决问题的能力。

知识准备

添加图片

添加形状

1. 文字环绕

WPS 文字中，对象与文字的环绕方式有 7 种，分别是嵌入型、四周型、紧密型、穿越型、上下型、衬于文字下方、浮于文字上方。

在文档中插入图片后，图片的文字环绕方式默认为嵌入型。在一个行间距为固定值的行内插入图片，视觉上只能看见行高内的图片内容。

2. 叠放次序

图形、图像对象是按照插入的先后次序层层叠加的，通过调整对象的叠放次序来改变层次关系，可以呈现不同的视觉效果。

多对象操作

任务实施

步骤 1：插入分节符

（1）定位光标

打开任务 1 中制作完成的"航天知识手册.docx"，将鼠标移动到封底页面上侧空白位置，单击定位光标。

（2）插入分节符

进入"插入"选项卡，单击"分页"按钮，在列表中选择"下一页分节符"，在封面与封底之间插入独占一页的新节。

步骤 2：设置页面布局

进入"页面布局"选项卡，打开"页面设置"对话框，在"页边距"选项卡中修改上、下、内侧、外侧页边距均为"1.5 厘米"，设置装订线位置在"左"侧"1 厘米"，将页码范围多页修改为"对称页边距"，应用于选择"本节"；在"版式"选项卡中将页眉、页脚距边界距离修改为"1 厘米"，应用于"本节"。

前序页面设置如图 1-3-2-1 所示。

步骤 3：调整页码

在前序页的页脚位置双击，进入第 2 节页脚。单击"页码设置"下拉按钮，选择"本节"；单击"重新编号"下拉按钮，选择"页码编号设为 1"；单击"删除页码"下拉按钮，选择"整篇文档"，实现前序页装订线在左侧显示。页码设置过程如图 1-3-2-2 所示。

步骤 4：插入图片并调整大小

（1）插入图片

将光标定位到分节符前，单击"插入"选项卡中的"图片"按钮，打开"插入图片"对话框，找到下载的素材"前序页图片.jpg"，选中并打开。

（2）调整图片大小

选中图片，单击"图片工具"选项卡，勾选"锁定纵横比"，将高度修改为"26.5 厘

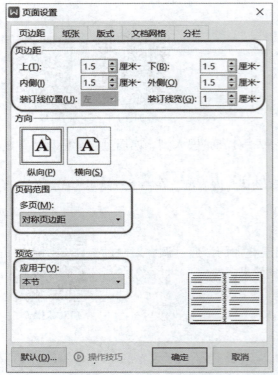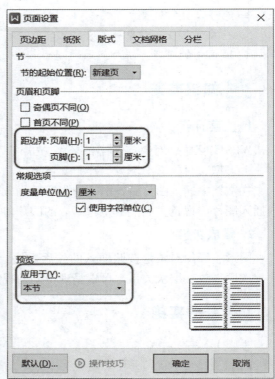

图1-3-2-1 前序页面设置

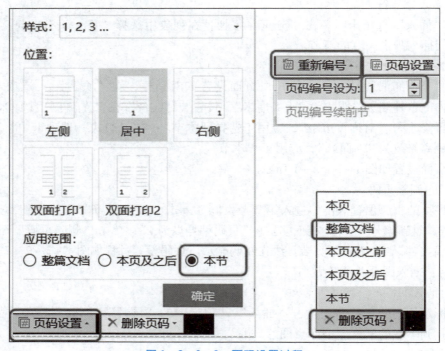

图1-3-2-2 页码设置过程

米"。图片大小设置如图 1-3-2-3 所示。

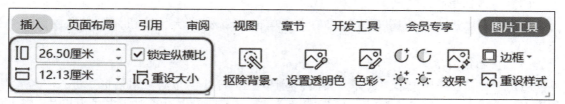

图 1-3-2-3　图片大小设置

（3）调整图片位置

右击图片，在快捷菜单中选择"其他布局选项"，打开"布局"对话框。进入"文字环绕"选型卡，将环绕方式修改为"四周型"；进入"位置"选项卡，设置水平对齐方式为相对于"页边距""居中"，设置垂直对齐方式为相对于"页边距""居中"。图片位置设置如图 1-3-2-4 所示。

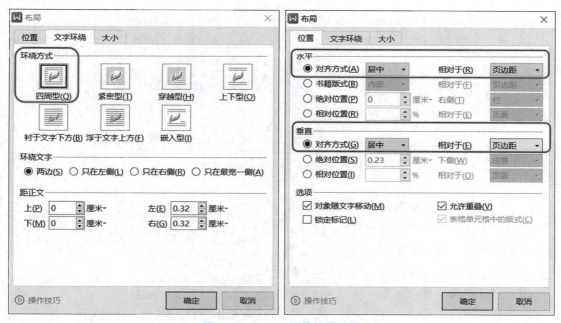

图 1-3-2-4　图片位置设置

步骤 5：插入矩形并调整大小

（1）插入矩形

单击"插入"选项卡中的"形状"按钮，在列表中选择"矩形"，鼠标变为"＋"状态，在前序页内单击添加矩形。

（2）调整矩形大小

选中矩形，进入"绘图工具"选项卡，将矩形高度修改为"23 厘米"，宽度修改为"17 厘米"。

（3）设置矩形边框与填充

选中矩形，进入"绘图工具"选项卡，单击"填充"按钮，选择"无填充颜色"；单击"轮廓"按钮,选择"线型"中的"3 磅"。

(4) 修改矩形叠放次序

选中矩形,进入"绘图工具"选项卡,单击"下移一层"按钮,将矩形放到图片下层。

(5) 调整矩形位置

右击图片,在快捷菜单中选择"其他布局选项",打开"布局"对话框。进入"位置"选项卡,设置水平对齐方式为相对于"页边距""居中",设置垂直对齐方式为相对于"页边距""居中"。

步骤6:插入艺术字并调整

(1) 插入艺术字

单击"插入"选项卡中的"艺术字"按钮,在列表中选择预设样式中的"填充-灰色-25%,背景2,内部阴影",如图1-3-2-5所示。输入艺术字文本"拥抱星辰大海"。

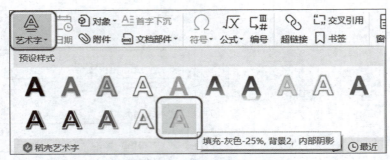

图1-3-2-5 插入预设样式艺术字

(2) 设置艺术字文本效果

选中艺术字,单击"文本工具"选项卡中的"文本效果"按钮,将鼠标移至"转换",选择弯曲类中的"桥形"效果。

艺术字文本效果设置如图1-3-2-6所示。

(3) 调整艺术字垂直位置

选中艺术字,在艺术字边框位置右击,在快捷菜单中选择"其他布局选项",打开"布局"对话框。进入"位置"选项卡,设置垂直绝对位置为"页边距"下侧"3.8厘米"。

步骤7:插入文本框并调整

(1) 插入文本框

单击"插入"选项卡中的"文本框"按钮,在列表中选择"横向",鼠标变为"+"状态,在前序页内单击添加文本框。

(2) 调整文本框大小

选中文本框,进入"绘图工具"选项卡,将文本框高度修改为"6厘米",宽度修改为"12厘米"。

(3) 设置文本框边框与填充

选中文本框,进入"绘图工具"选项卡,单击"填充"按钮,选择"无填充颜色";

主题1　处理文档

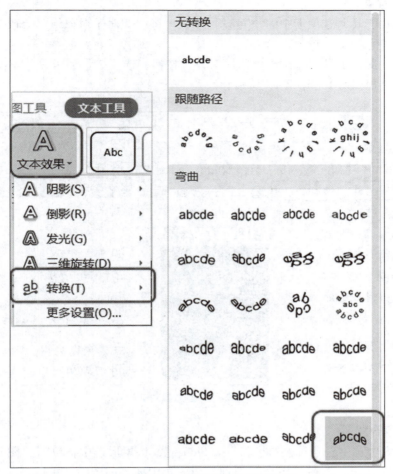

图1-3-2-6　艺术字文本效果设置

单击"轮廓"按钮，选择"无边框颜色"。

（4）设置文本格式

进入"开始"选项卡，单击"字体颜色"下拉按钮，选择"白色，背景1"；选择字体为"黑体"，字号为"小二"；打开"段落"对话框，设置首行缩进"2字符"。

（5）输入文本

打开任务资源文档"前序页文本.docx"，选中并复制文本；将光标定位在前序页文本框内，单击"开始"选项卡中的"粘贴"选项，选择"只粘贴文本"。

（6）调整文本框垂直位置

选中文本框，在文本框边框位置右击，在快捷菜单中选择"其他布局选项"，打开"布局"对话框。进入"位置"选项卡，设置垂直绝对位置为"页边距"下侧"19厘米"。

步骤8：对齐对象

（1）选中对象

单击选中艺术字，按Shift键的同时选中文本框，保持Shift键按下状态继续选中图片。可更改艺术字和文本框的选择顺序，但要确保图片最后选择。

(2) 对齐对象

单击"图片工具"选项卡中的"对齐"按钮,将"相对于对象组"修改为"相对于后选对象"。

再次单击"图片工具"选项卡中的"对齐"按钮,选择"水平居中"。

对齐对象过程如图1-3-2-7所示。

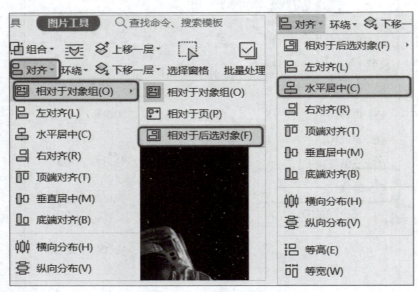

图1-3-2-7 多对象对齐过程

步骤9:组合图形

保持步骤8中选中三个对象的状态,按Shift键,将矩形选中,单击"图片工具"选项卡中的"组合"按钮,选择"组合"选项,前序页中插入的图片、矩形、文本框、艺术字四个对象组合为一个整体。

任务单

查看并填写任务单。

任务评价

查看并填写任务评价表。

任务单

任务评价表

任务拓展

知识拓展

完成题目,加深知识理解和记忆。

【单选题】

知识拓展答案

1. WPS文字中,对象与文字的环绕方式有(　　)种。

A. 6   B. 7   C. 8   D. 9

2. 在文档中插入图片后,图片的文字环绕方式默认为(　　)。

A. 四周型   B. 上下型   C. 嵌入型   D. 紧密型

3. 调整图片大小时,勾选(　　)能够使图片比例不失真。

A. 锁定大小   B. 锁定比例   C. 锁定高宽比   D. 锁定纵横比

4. WPS 文字艺术字文本效果中的(　　)能够改变艺术字的形状。

A. 阴影   B. 倒影   C. 转换   D. 外观

5. 以下(　　)不是 WPS 文字设置多个对象对齐时的参考方式。

A. 相对于对象组   B. 相对于页边距   C. 相对于页面   D. 相对于后选中对象

能力拓展

下载素材,在项目 2 任务 2 制作的明信片结构框架表格基础上制作中国航天明信片主文档。

能力拓展视频

项目总结

本项目将 WPS 办公应用职业技能等级证书文字文稿编辑的中级和高级考核要求、WPS 办公综合应用职业技能大赛大纲与信息技术新课程标准相结合,通过讲解航天知识手册的制作过程,使学习者在学习图文排版知识和技能的过程中看到中国航天事业取得的令人瞩目的成就,从而激发爱国情怀,增强民族自信、科技自信,让科技托起强国梦。

项目 4
提高办公效率

项目介绍

效率是做好工作的灵魂。本项目结合日常办公中常见的实际工作，通过多人协作功能实现员工信息表在线填写和照片的上传收集，熟练运用 WPS 文档编辑方法设计制作员工工作证，利用邮件合并功能实现工作证的批量制作。对批处理、无障碍跨时空办公、合并拆分文档进行详细介绍，帮助学习者掌握提高办公效率的方法和技能。

知识导图

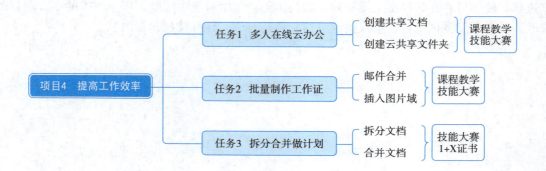

任务 1　多人在线云办公

任务引入

项目实施前，需要为每一位项目组成员制作一个工作证，首先要收集项目成员照片和个人信息。利用 WPS 多人协作功能实现员工信息表在线填写和照片的上传任务。

任务目标

1. 熟练掌握多人协作文档的创建和使用方法；
2. 熟练掌握共享文件夹的创建和管理方法；
3. 培养高效的工作意识。

任务资源

主题1 处理文档

知识准备

1. 在线编辑

WPS 可将文档进行分享,实现团队成员共同编辑同一个文档,从而提高远程办公效率。

2. 共享文件夹

使用 WPS 创建共享文件夹并邀请成员加入,每个成员都可以将本地工作相关的文件或文件夹传至该共享文件夹,从而实现各成员之间资源的共享,并通过自定义共享文件夹的权限设置,让文件共享更安全。

设置共享

任务实施

步骤 1:分享成员信息表

打开"成员信息表",单击右上角的"分享"按钮打开分享设置对话框,如图 1-4-1-1 所示。选择"任何人可编辑",单击"创建并分享"按钮,分享设置对话框内容更新为分享邀请,如图 1-4-1-2 所示。单击"复制链接"按钮并将链接粘贴到项目成员所在工作群,群中成员便可通过链接进入共享文档进行编辑。

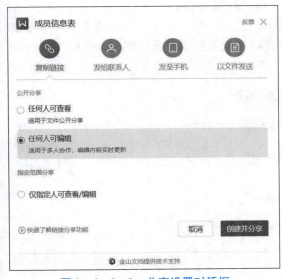

图 1-4-1-1 分享设置对话框

图 1-4-1-2 分享邀请

步骤 2:填写成员信息表

单击分享的链接打开共享的成员信息表,单击"登录并加入编辑"按钮,进行授权登录后即可编辑成员信息表。

步骤 3:查看并下载成员信息表

单击 WPS 界面左上角的"首页",在左侧列表中单击"文档"→"共享"→"发出的文件",下侧列出所有发布的共享文件,如图 1-4-1-3 所示。鼠标悬停在"成员信息表"上并单击"查看谁看过",可以查看哪些成员查看过此表;双击"成员信息表"打开该文档；单击"成员信息表"后的"更多操作"按钮，可以对此表进行取消共享、发送、导出等操作。导出到本地的"成员信息表"与云端共享的"成员信息表"没有链接关系，不会同步更新。

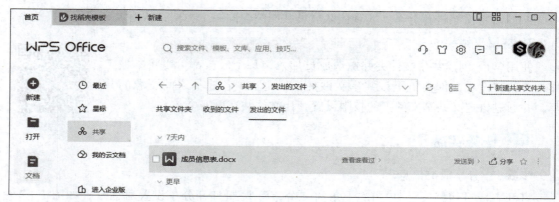

图1－4－1－3　查看共享文档

步骤4：创建共享文件夹

单击 WPS 界面左上角的"首页"菜单，在左侧列表中单击"文档"→"共享"→"共享文件夹"，单击"立即创建"按钮，打开"创建共享文件夹"窗口，如图1－4－1－4所示。将文件夹名修改为"工作证照片"，单击"立即创建"按钮，进入"邀请成员"页面，如图1－4－1－5所示。单击"复制链接"按钮并将链接粘贴到项目成员所在工作群。

图1－4－1－4　"新建共享文件夹"窗口

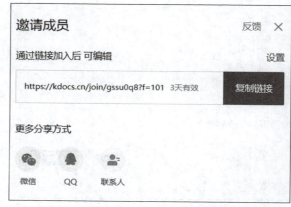

图1－4－1－5　邀请成员

步骤5：向"工作证照片"共享文件夹上传照片

通过群内链接打开共享文件夹"工作证照片"，如图1－4－1－6所示。单击"上传文件"按钮，在"打开"对话框中按照要求上传照片。

步骤6：取消共享并下载"工作证照片"文件夹

单击 WPS 界面左上角的"首页"菜单，在左侧列表中选择"文档"→"共享"→"共享文件夹"，即可看见"工作证照片"文件夹。右击此文件夹，选择"取消共享"，打开"取消共享"窗口，如图1－4－1－7所示。单击"确定"按钮取消此文件夹的共享，打开"已取

主题1 处理文档

图1-4-1-6 共享文件夹"工作证照片"窗口

消共享"窗口,如图1-4-1-8所示。单击"查看文件夹"按钮打开"我的云文档",在文件夹列表中右击"工作证照片"文件夹,在快捷菜单中选择"复制",将此文件夹复制到本地计算机。

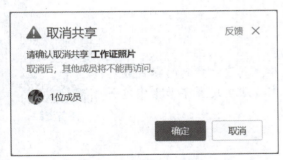

图1-4-1-7 "取消共享"窗口

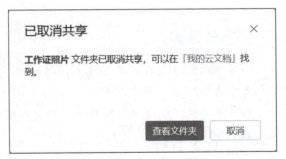

图1-4-1-8 "已取消共享"窗口

📋 任务单

查看并填写任务单。

📋 任务评价

查看并填写任务评价表。

任务单

任务评价表

📋 任务拓展

知识拓展

完成题目,加深知识理解和记忆。

知识拓展答案

· 53 ·

【单选题】

1. WPS 可将文档进行（　　），实现团队成员共同编辑同一个文档，从而提高远程办公效率。

　　A. 分享　　　　　B. 共享　　　　　C. 专享　　　　　D. 同享

2. 使用 WPS 创建（　　）并邀请成员加入，每个成员都可以上传本地工作相关的文件或文件夹，从而实现各成员之间资源的共享。

　　A. 共享文件夹　　B. 共享资源库　　C. 共享文件库　　D. 共享文档

3. WPS Office 自定义共享文件夹的（　　），让文件共享更安全。

　　A. 安全级别　　　B. 权限设置　　　C. 访问密码　　　D. 编辑密码

【判断题】

1. 文件夹一旦共享，就不能再取消共享。

2. 分享文件时，可以设置权限为"任何人可查看""任何人可编辑"或"仅指定人可查看/编辑"。

能力拓展

创建"数字孪生城市全要素场景加工技术服务项目"共享文件夹，并上传项目 2 制作的"投标承诺函""进度保障措施"到该共享文件夹。

任务 2　批量制作工作证

任务引入

任务 1 已经将项目成员信息和照片收集完毕。利用收集到的项目成员信息表和成员照片，使用邮件合并功能和插入图片域实现数字孪生城市全要素场景加工技术服务项目组成员工作证的制作。

任务资源

任务目标

1. 熟练掌握文件夹中图片名与数据表中图片字段值的顺序关系；
2. 熟练掌握邮件合并的操作步骤；
3. 能够制作邮件合并主文档和数据源表格；
4. 能够利用图片域插入照片；
5. 能够举一反三列出至少 3 种照片文件格式。

知识准备

1. 邮件合并

邮件合并能够快速将一个数据表中可能发生变化的数据记录依次填充到固定格式的文档中。使用邮件合并功能可以批量制作邀请函、成绩单、

邮件合并

奖状、信封等。邮件合并操作过程包括四个基本步骤：打开数据源、插入合并域、查看合并数据、合并文档。

2. 域

域就是文档中的一些字段，每个域都有唯一的名字，却有不同的取值。文档中一切可变换的内容都是域，例如页数和页码、日期、目录、图注、表注等。

任务实施

步骤1：调整图片文件名与照片字段值顺序

调整工作证照片文件夹内图片排列方式为“名称”且为升序，将成员信息表按照员工号升序排序，使两项内容顺序一致，如图1-4-2-1所示。

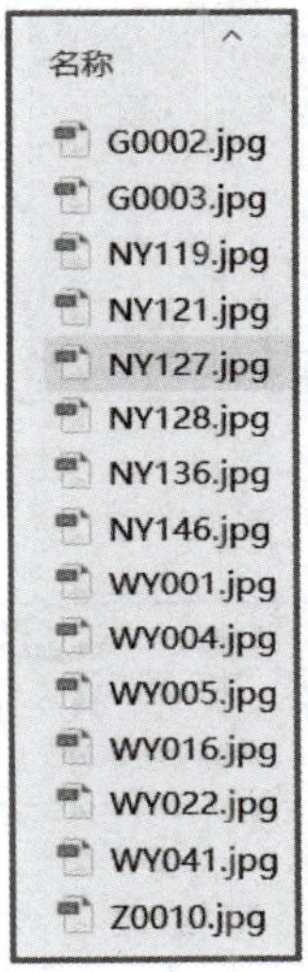

员工号	姓名	性别	联系电话	任务	照片名
G0002	白业军	男	13836923456	项目管理	G0002.jpg
G0003	马佳云	女	13612123099	项目管理	G0003.jpg
NY119	卢晓月	女	13998791233	外业采集	NY119.jpg
NY121	王朝晖	男	13503456741	内业数据生产	NY121.jpg
NY127	战晓明	男	13698791235	内业数据生产	NY136.jpg
NY128	温乐乐	女	13898791298	内业数据生产	NY128.jpg
NY136	王庆辉	男	18080255458	内业数据生产	NY136.jpg
NY146	项晶	女	13698791231	内业数据生产	NY146.jpg
WY001	陈自轩	男	15945689457	外业采集	WY001.jpg
WY004	李海军	男	13503456740	外业采集	WY004.jpg
WY005	任飞飞	女	13811123456	外业采集	WY005.jpg
WY016	王和平	女	18045678345	外业采集	WY016.jpg
WY022	陆云飞	男	18098765445	外业采集	WY022.jpg
WY041	王佳慧	女	18245678345	外业采集	WY041.jpg
Z0010	李琴	女	19145678345	数据质检	Z0010.jpg

图1-4-2-1　照片排序与员工信息表记录排序结果

步骤2：插入图片域

打开工作证主文档，选中文本“照片”，单击“插入”选项卡，单击“文档部件”按钮，选择“域”选项，打开“域”对话框，在左侧域名列表中选择“插入图片”，右侧域代码中显示“INCLUDEPICTURE”，如图1-4-2-2所示。

按照应用举例的提示将工作证照片文件夹中第一张照片文件路径填充到域代码中，完整域代码为“INCLUDEPICTURE" D:\\工作证\\工作证照片\\G0002.jpg"”，单击“确定”按钮，工作证主文档中照片位置显示为插入的图片G0002.jpg。

步骤3：启动邮件合并功能

单击“引用”选项卡中的“邮件”按钮启动邮件合并功能，在功能区最末位置新增“邮件合并”选项卡，此时大部分按钮不可用，如图1-4-2-3所示。

步骤4：打开数据源

单击“打开数据源”按钮，在“选取数据源”对话框中打开“工作证件”文件夹中的“成员信息表.docx”，此时数据源和主文档建立链接关系，“邮件合并”选项卡中大部分按

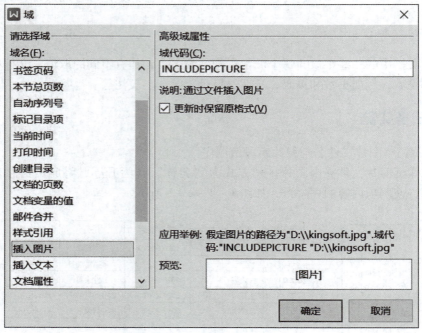

图1-4-2-2 插入图片

图1-4-2-3 邮件合并

钮变为可用状态。

步骤5：插入合并域

分别将光标定位到"姓名"和"员工号"横线上，单击"插入合并域"按钮打开"插入域"对话框，依次插入"姓名"和"员工号"域，此时工作证主文档显示效果如图1-4-2-4所示。

步骤6：查看合并数据

单击"查看合并数据"按钮能够预览当前记录显示结果，再次单击则取消预览。

步骤7：修改图片域代码

选中主文档中的照片图片，按Shift+F9组合键打开图片域代码，选中域代码中的图片名"G0002.jpg"，单击"插入合并域"按钮打开"插入域"对话框，插入"照片名"域，此时主文档的显示效果如图1-4-2-5所示。

步骤8：合并生成新文档

单击"合并到新文档"按钮打开"合并到新文档"对话框，选择合并记录为"全部"，单击"确定"按钮，生成"文字文稿1"。

图 1-4-2-4 "姓名""员工号"显示效果　　图 1-4-2-5 "照片名"显示效果

步骤 9：更新域

将光标定位到文字文稿 1 的文档空白位置，按 Ctrl + A 组合键将文档中的内容全部选中，按 F9 键更新所有被选中的图片域，所有照片更新为"工作证照片"文件夹中对应图片。

> **小贴士：**
> ◆ 在"域"对话框中，图片域在"链接和引用"类别中，选中"IncludePicture"，直接在域属性的"文件名或URL"中输入第一张照片的地址"D:\工作证\工作证照片\G0002.jpg"，Word 2016 会自动调整地址格式。
> ◆ Word 2016 功能区自带"邮件"选项卡，直接进入该选项卡进行邮件合并。
> ◆ "选取数据源"对话框需要通过"选择收件人"的"使用现有列表"选项打开。
> ◆ "查看数据源"按钮在 Word 2016 中为"预览结果"按钮。
> ◆ "合并到新文档"对话框需要通过单击"完成合并"按钮，选择"编辑单个文档"选项打开。
> ◆ Word 2016 邮件合并后的新文档名为"信函 1"。

任务单

查看并填写任务单。

任务单　　任务评价表

任务评价

查看并填写任务评价表。

任务拓展

知识拓展

完成题目,加深知识理解和记忆。

知识拓展答案

【单选题】

1. ( ) 能够快速将一个数据表中可能发生变化的数据记录依次填充到固定格式的文档中。
   A. 超级链接　　　B. 书签引用　　　C. 邮件合并　　　D. 邮件引用
2. 文档中一切可变换的内容都是( ),例如页数和页码、日期、目录、图注、表注等。
   A. 附件　　　　　B. 域　　　　　　C. 窗体　　　　　D. 对象
3. WPS 文字的邮件功能在( )选项卡中。
   A. 开始　　　　　B. 章节　　　　　C. 引用　　　　　D. 审阅
4. 图片域是( )。
   A. INCLUDEPICTURE　　　　　　　　B. MERGEFIELD
   C. INCLUDETEXT　　　　　　　　　 D. AUTOTEXT
5. WPS 文字图片域代码中,图片路径分隔符是( )。
   A. //　　　　　　B. /　　　　　　 C. \\　　　　　　D. \
6. 更新域的按键是( )。
   A. F1　　　　　　B. F4　　　　　　C. F5　　　　　　D. F9

能力拓展

下载"制作中国航天明信片"拓展任务资源,插入图片域并使用邮件合并功能实现明信片的批量制作。

能力拓展视频

任务 3　拆分合并做计划

任务引入

利用 WPS 拆分合并文档功能实现项目计划进度中各工作小组任务的拆分下发与收集合并。

任务目标

1. 熟练掌握 WPS 拆分文档的方法;
2. 能够对拆分后的文档进行合并;
3. 培养团结协作意识。

任务资源

主题 1　处理文档

知识准备

WPS 输出转换中提供了"文档拆分"和"文档合并"功能，利用此功能可以快速将各类型文档拆分、合并。文档拆分是将文档按页拆分，因此，在拆分文档前，要保证每个拆分起点是新页。

拆分合并文档

任务实施

步骤 1：插入分页符

打开"项目计划进度"文档，在"一、数据收集处理""二、建筑物和设施建模""三、模拟分析、优化改进""四、可视化和展示"四项任务前插入分页符，使每个任务进度表独占一页，保存文档。

步骤 2：拆分文档

单击"会员专享"选项卡中的"输出转换"按钮，在菜单中选择"文档拆分"，打开"拆分文档"窗口，如图 1-4-3-1 所示。选择"项目计划进度"，并单击"下一步"按钮，进入拆分方式设置窗口，如图 1-4-3-2 所示。选择"平均拆分"方式，输出目录为"WPS 网盘\应用\拆分合并器"，单击"开始拆分"按钮完成拆分。单击"打开文件夹"按钮，能够看到拆分后的五个文档，如图 1-4-3-3 所示。

图 1-4-3-1　"拆分文档"窗口

图 1-4-3-2　拆分方式设置

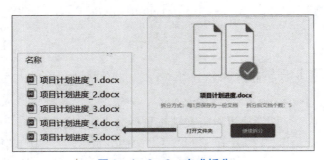
图 1-4-3-3　完成拆分

将拆分后的五个文档上传到"数字孪生城市全要素场景加工技术服务项目"共享文件

夹，各任务小组成员可以分别编辑对应文档，完成项目进度计划表的填写。

步骤3：合并文档

将"数字孪生城市全要素场景加工技术服务项目"共享文件夹中各小组填写好的项目计划进度文档下载到本地计算机项目文件夹，并按照名称递增顺序重新排序。

单击"会员专享"选项卡中的"输出转换"按钮，在菜单中选择"文档合并"，在打开的"合并文档窗口"中将其他文档删除。单击"添加更多文件"按钮，将下载并排序的项目计划进度文档添加进来，如图1-4-3-4所示。单击"下一步"按钮，进入合并选项窗口，如图1-4-3-5所示，在列表中检查并调整文档顺序、选择输出目录，单击"开始合并"按钮。

图1-4-3-4 "文档合并"窗口

图1-4-3-5 合并选项窗口

合并完成后，单击"打开合并文件"按钮，将合并后的项目计划进度文档打开，删除文档中的空行和手动分页符。

📋 任务单

查看并填写任务单。

任务单

📋 任务评价

查看并填写任务评价表。

任务评价表

📋 任务拓展

知识拓展

完成题目，加深知识理解和记忆。

【单选题】

知识拓展答案

1. WPS文字的（   ）功能可以将文档按页拆分为多个文档。
   A. 文档划分　　　B. 文档分节　　　C. 文档分页　　　D. 文档拆分
2. WPS文字在拆分文档前，要保证每个拆分起点是（   ）。
   A. 首行　　　　　B. 首段　　　　　C. 新页　　　　　D. 新节
3. WPS文字的（   ）功能提供了"文档拆分"和"文档合并"功能。

A. 拆分合并　　　　B. 文档转换　　　　C. 输出转换　　　　D. 文字排版

【判断题】
1. 拆分文档时，只能平均每一页拆分为一个文档。
2. 文档合并后，会产生一些空行和手动分页符。

能力拓展

根据所学知识，自己设计一个文档，并实现拆分与合并。

项目总结

本项目将 WPS 办公应用职业技能等级证书文字文稿编辑的高级考核要求、WPS 办公综合应用职业技能大赛大纲与信息技术新课程标准相结合，以实际工作案例为基础，讲授了如何利用 WPS 高效率完成工作，帮助学习者培养高效工作意识，提升团队协作能力和业务水平。

主题 2

电子表格处理

到二〇三五年,我国发展的总体目标之一是基本实现信息化。具备信息意识、计算思维是国家信息化发展战略对人才素养的要求。电子表格处理是信息化办公的重要组成部分,在数据分析和处理中发挥着重要的作用,广泛应用于财务、管理、统计、金融等领域。学习运用电子表格工具分析和解决问题具有重要意义。本主题使用"WPS 表格"进行表格处理,该软件不仅可以将数据保存为电子表格,还可以利用函数、筛选、汇总等功能对数据进行处理和分析,并且分析处理的结果可以通过图表进行可视化输出。另外,通过云协作可实现文档上传、团队协同办公。本主题按照"WPS 办公应用 1 + X 职业技能等级证书"表格数据管理部分的初、中、高级考核要求分别设置了三个项目,同时也涵盖"全国计算机等级考试一级 WPS Office" WPS 表格的考点,读者可以结合自身需求逐步学习,在掌握数据处理知识与技能的同时,强化信息意识,锻炼计算思维,提高数字化创新与发展能力和信息社会责任感。

项目 1
分析员工工资

项目介绍

处理财务数据是电子表格典型且广泛的应用场景之一。本项目以"任务 7 制作工资分析柱形图"为最终目的，在这个目的引导下共设置了 7 个任务，通过任务实施过程，要求掌握创建保存文档、填充数据、设置数据格式及有效性、使用常用公式和函数计算、制作图表等 WPS 1+X 初级考核与计算机一级考试中有关表格数据管理的知识和技能，训练信息意识和计算思维，养成严谨认真的工作态度。

知识导图

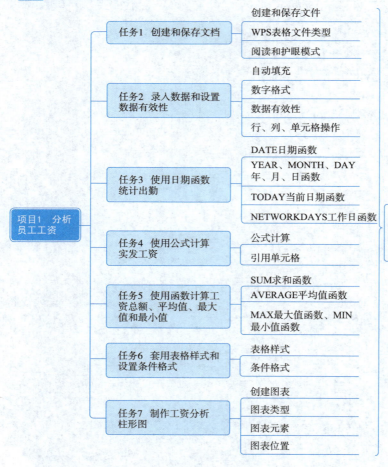

任务1　创建和保存文档

任务引入

文档"项目一：员工工资.docx"中含有员工的工资数据，现需对这些数据进行分析，要先将该文件的内容复制到电子表格文档中，然后才能对数据进行处理。因此，需创建工作簿"项目一：工资分析"，并在该文档下创建两张工作表，分别命名为"工资明细"和"工资汇总"，再将"项目一：员工工资.docx"复制到"工资明细"中，最后将软件设置为"护眼模式"并保存文档。

任务资源

任务目标

1. 掌握电子表格的用途及其常见扩展名.xlsx、.xls、.et；
2. 能够新建和保存工作簿，创建、复制、移动和重命名工作表；
3. 能够选定、插入、删除行或列，设置行高和列宽；
4. 能够合并拆分单元格；
5. 能够设置阅读模式和护眼模式，培养健康的用眼习惯和生活方式；
6. 能够对文件设置保护和加密，树立信息保护意识和信息安全意识。

知识准备

1. 工作簿

工作簿就是WPS表格所创建的文件。这种类型的文件常见的扩展名有.xlsx、.xls、.et，其中，.xlsx是WPS表格默认扩展名，.xlsx和.xls既可以使用WPS编辑，也可以使用其他电子表格软件处理，.et是WPS表格的专用扩展名。

2. 工作表

每个工作簿包含若干张工作表，如果把工作簿比喻成一个小册子，那么工作表就是小册子中的每一页。不过作为电子表格，每个工作表的高和宽并不受实际纸张大小的限制。每个工作簿中最多可创建255张工作表，每张工作表都有一个名称，显示在工作表标签上，默认名字为Sheet1、Sheet2、Sheet3、…。工作表可以进行插入、删除、重命名、移动位置等操作。

3. 行和列

工作表横向称为行，纵向称为列。每张工作表由1 048 576行和16 384列构成，行编号自上而下依次为1、2、3、…，列则从左到右采用字母A、B、…、Z、AA、AB、…、AZ、…、IA、IB、…作为编号。行和列既可以插入，也可以删除。每行的纵向距离叫作行高，每列的横向距离叫作列宽。

4. 单元格

工作表的行列交叉所围成的格子称为单元格，单元格是工作表的最小单位，也是用于保存数据的最小单位。单元格中可以输入各种数据，如字符、数字、日期、函数或者图形、声音等。单元格的名称有两种表示方法，分别是列行名称法和坐标名称法。

（1）列行名称法（本书采用该方法）

每个单元格用其所在的列与行命名，命名时，列在前，行在后。例如，单元格 D6 就表示第 D 列和第 6 行交叉的单元格。表示某个连续的单元格区域的格式是"区域左上角单元格名称：区域右下角单元格名称"，比如 B3:F5 就表示从 B3 到 F5 这些连续的单元格区域。

（2）坐标名称法

用行的英文简写 R（Row 的首字母）+行的序号+列的英文简写 C（Column 的首字母）+列的序号来表示。比如，R4C8 表示的单元格就是第 4 行与第 8 列交叉的单元格，相当于列行名称法里的 H4。

单元格可以合并，合并后的单元格可以拆分。对于电子表格标题行，经常以单元格合并居中处理。常用的处理方法有两种，分别是"合并居中"和"跨列居中"，这两种方法的区别在于，"合并居中"即将多个单元格合并成一个单元格并将其中的内容居中显示，而"跨列居中"并不是将单元格合并，只是视觉上具有居中显示的效果。

5. 保护数据不被篡改

有时出于安全或管理的需要将数据进行保护，数据保护的范围可以是单元格，也可以是工作表甚至整个工作簿。数据被保护后，将不能插入、删除、修改甚至移动位置。

（1）保护工作表

"视图"选项卡的"保护工作表"功能，可以设置工作表保护的内容，比如设置工作表密码或者禁止插入行等。

（2）保护工作簿

"视图"选项卡的"保护工作簿"功能，可以进行工作簿保护，启用该功能后，工作簿中的工作表将不能被删除或移动。

6. 加密保存

加密功能可以保护文档，防止恶意篡改。"文件"菜单下有"文档加密"功能，可以设置"文档权限"和"密码加密"。文档权限功能可以将文档设为私密，也可以设置指定的人查看编辑文档（该功能需要注册才能使用）。"密码加密"可以为文档设置打开权限密码以及编辑权限密码。但需注意，此密码一旦遗忘，就无法恢复，所以请妥善保管密码。

7. 共享文档

共享文档支持多人同时编辑一份表格（该功能需要注册后使用）。在"特色应用"选项卡中选择"在线协作"，可以进入在线协作页面，单击右上方的"分享"按钮将生成的可编辑链接分享给他人，当被分享人单击链接进入编辑页面时，即实现了数据表的共享编辑。

任务实施

步骤1：创建文档

首先在桌面上双击 WPS Office 的图标，然后单击左侧导航栏中的第一个按钮"新建"，接着单击左侧导航栏中的"新建表格"，最后单击"空白文档"，如图 2-1-1-1 所示。

操作演示

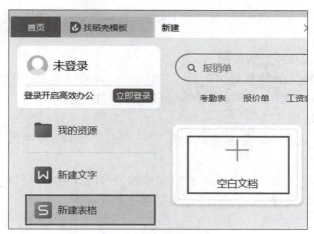

图 2-1-1-1　新建表格文档

步骤 2：创建工作表

单击 Sheet1 右侧的"＋"按钮新建工作表 Sheet2，如图 2-1-1-2 所示。在 Sheet1 上右击，选择"重命名"，将 Sheet1 重命名为"工资明细"。用同样的方法将 Sheet2 重命名为"工资汇总"。打开"员工工资.docx"，将其中的数据复制到"工资明细"工作表。

步骤 3：插入行并设置行高

打开"工资明细"工作表，在第一行的上方插入一行。选中第一行，右击，在快捷菜单中选择"在上方插入行"，如图 2-1-1-3 所示。在第一行上右击，选择"行高"，如图 2-1-1-4 所示，将行高设置为 40 磅。

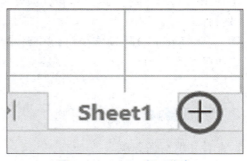

图 2-1-1-2　新工作表

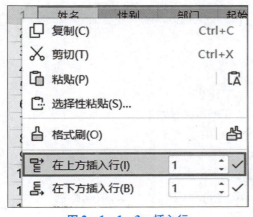

图 2-1-1-3　插入行

图 2-1-1-4　设置行高

步骤 4：插入列

在姓名列的左侧插入一列。单击"姓名"列的列编号"A"选中该列，右击，选择

"在左侧插入列",新插入列的列标题为"工号"(在数据表中,列标题也称为字段),设置为宋体、9号、水平居中。

步骤5:合并单元格并设置标题

在A1单元格中输入表格标题"2月工资明细"。选中A1:M1单元格区域,依次单击"开始"选项卡→"合并居中"下拉菜单→"跨列居中"选项。

步骤6:设置护眼模式

切换到"视图"选项卡,单击"护眼模式",此时工作表会变为浅绿色底纹。

步骤7:保存文档

单击"保存"按钮,在弹出的窗口中将文件的名称设置为"项目一:工资分析",文件类型设置为"Microsoft 文件(*.xlsx)",将保存位置设置为"桌面"。

> **小贴士:**
> ◆ Excel 2016 和 WPS 表格一样,也是常用的电子表格处理软件,是微软 Microsoft 公司旗下的产品,具有数据处理、分析、可视化等功能,操作方法和 WPS 表格相似。
> ◆ Excel 2016 没有专门的"护眼模式",但是可以通过设置单元格背景色达到"护眼模式"的效果。

任务单

查看并填写任务单。

任务评价

查看并填写任务评价表。

任务单   任务评价表
参考答案

任务拓展

知识拓展

1. 工作簿的概念与(　　)的相同。
   A. 数据表　　　　　　　　　B. 工作表
   C. WPS 表格文件　　　　　　D. WPS 表格数据

2. 以下(　　)不是 WPS 电子表格文档常用的扩展名。
   A. .wps　　　B. .xlsx　　　C. .xls　　　D. .et

3. 以下(　　)不是 WPS 电子表格的功能。
   A. 数据填充　　B. 文本转换为表格　　C. 数据计算　　D. 数据筛选

4. 【多选】以下有关 WPS 表格的行与列的说法,正确的是(　　)。
   A. 水平方向称为列,垂直方向称为行
   B. 列的水平方向的距离为列宽,行的垂直方向的距离为行高
   C. 水平方向称为行,垂直方向称为列

D. 列的垂直方向的距离为列宽，行的水平方向的距离为行高
5. 分组讨论：哪些情况下需要对工作表、工作簿进行保护和加密？

任务 2　录入数据和设置数据有效性

任务引入

在"工资明细"工作表中填充工号和起始日期数据。在表格的最左侧插入工号列，将工号数据设置为文本型并自动填充工号，生产部员工的工号为 01001～01052，销售部为 02001～02020，行政办为 03001～03014。起始日期均为 2023/2/1，该数据设置为日期型。为避免录入错误信息，将工号的数据有效性设置为文本长度等于 5，起始日期的数据有效性设置为 2023/01/01 至 2033/12/31。

任务目标

1. 掌握常用数据格式如文本型、日期型等使用场景和设置方法；
2. 能够自动填充数据序列；
3. 掌握数据有效性的概念和设置方法；
4. 培养未雨绸缪、主动规避风险的信息安全意识；
5. 培养严谨认真的工作态度。

知识准备

1. 数字分类

电子表格中的数据有多种分类，比如文本型、数值型、日期型等，不同的数据类型有不同的应用场景，同样的数据在不同的场景中有不同的意义，比如"110"可以代表电话号码，也可以表示数量一百一十，那么在电子表格中输入 110 时，计算机会如何处理这个数据呢？是电话号码，还是一百一十？此时就需要对这个数据进行数字分类设置，这不仅关系到数据本身是否正确，还会影响后续分析和处理的结果是否精确。因此，在设置时，不仅要秉承着严谨认真的工作态度进行操作，还要逐步增强处理信息的意识，训练从计算机的角度思考和解决问题。

（1）文本型

文本型主要用于设置编号类的数据，如身份证号、学号、电话号码、快递单号等。这类数据的特点是：主要由阿拉伯数字组成，有时以 0 开头，并且位数比较多，如果不进行设置，往往会造成错误。比如邮编"066000"，如果不进行设置，则自动隐藏最左侧的"0"，显示为"66000"，因此，为了让这些数据能够正确显示，表示其恰当的意义，需要将其设置为"文本型"。

（2）日期型

日期型数据，即使用于日期的数据类型。一般情况下，输入日期后，电子表格会自动将其设置为日期型数据，如果需要对日期的格式进行进一步修改，可以在日期格式中进行具体设置。此外，当在电子表格中输入阿拉伯数字却显示为日期时，也需要修改数字分类。比如

输入110后,却显示为1900年4月19日,就要调整数字分类,将其设置为恰当的类型,从而获得正确的显示结果。

(3)数值型

数值型用于具有数字意义的数据,如分数、人数等。

2. 数据有效性

数据有效性是指限制数据录入的某种规则。如果所录入的数据不满足有效性规则,则无法录入。数据有效性可以限制数据的大小、长度、类型等,从根本上保证信息的正确、安全、有效。通过设置有效性,可以在用户录入无效数据时发出警告;可以避免无效数据输入,从而提高录入数据的准确度;可以设置录入选项,从而提高录入速度。

3. 填充柄

每个单元格右下角的位置叫作填充柄。填充柄可以将该单元格的数据复制或按一定规律填充到相邻的单元格。当鼠标移动到"填充柄"的位置时,则显示为"+"形。

如果填充的内容相同或者是等差值为1的递增序列,直接拖曳填充柄即可,并且填充后还可以通过"填充选项"将填充的内容进行切换。如果所填充的序列为等差序列,但等差值不为1,则可以先手动填充前两个单元格,选中这两个单元后,再拖曳填充柄进行序列填充。如果填充等比或日期序列,可以使用"填充"→"序列"完成。如果所填充的序列规则比较复杂,可以编辑"公式"或"函数"进行填充。如果所填充的序列用公式或函数也难以描述,可以尝试"自定义填充"。

任务实施

步骤1:设置文本型数据

打开"工资明细"工作表,选中A3:A88单元格并右击,选择"设置单元格格式",如图2-1-2-1所示。在弹出的对话框中选择"数字",将数字分类选为"文本"。

操作演示

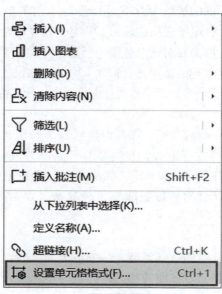

图2-1-2-1 设置单元格格式

步骤2：设置日期型数据

在 E3 单元格上右击，打开"单元格格式"对话框，将 E3 单元格设置为日期型中的年/月/日类型，如图 2-1-2-2 所示。

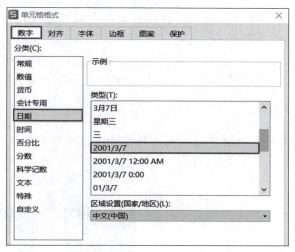

图 2-1-2-2　设置日期型

步骤3：设置数据有效性

选中 A3~A88 单元格，打开"数据"选项卡，单击"有效性"下拉菜单，如图 2-1-2-3 所示，选择"有效性"项，在弹出的窗口中，单击"设置"选项卡，有效性条件"允许"选择"文本长度"，"数据"选择"等于"，"数值"为"5"。

操作演示

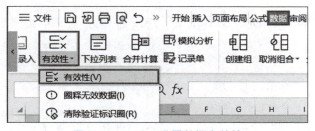

图 2-1-2-3　设置数据有效性

设置 E3 到 E88 单元格的有效性。有效性条件设置"允许"选择"日期"，"数据"选择"介于"，"开始日期"为"2023/01/01"，"结束日期"为"2033/12/31"，如图 2-1-2-4 所示。

步骤4：自动填充序列

填充工号序列。在 A3:A54 单元格区域输入 01001~01052，在 A55:A74 单元格区域输入 02001~02020，在 A75:A88 单元格区域输入

图 2-1-2-4　有效性为日期

03001～03014。在 A3 单元格中输入编号"01001",然后将鼠标定位在 A3 单元格的右下角填充柄的位置,当鼠标变成"填充柄"时,按住左键并向下拖曳鼠标直到 A54 单元格,松开鼠标后,就得到序列 01001～01052。再使用同样的方法填充其他两个序列:分别在 A55 和 A75 单元格中输入编号 02001 和 03001,然后使用填充柄填充。如果填充时遇到了所有编号都相同的情况,可以使用填充选项进行切换。单击"自动填充选项"按钮,将它设置为"以序列方式填充"即可。

填充起始日期序列。在 E3 单元格中输入日期"2023/2/1",然后用填充柄自动填充 E4～E88 单元格的日期,将"自动填充选项"设置为"复制单元格"。完成以上操作后保存文件。

> **小贴士:**
> ◇ 在 Excel 2016 中,数据有效性在"数据验证"中进行设置,操作方法与 WPS 表格相似。

任务单

查看并填写任务单。

任务评价

查看并填写任务评价表。

任务拓展

知识拓展

1. 在单元格中输入日期"2023/1/1"后,却显示为"44927",则可能的原因是(　　)。
   A. 电脑中病毒　　　　　　　　B. 录入错误
   C. 该单元格的数字分类为日期型　D. 该单元格的数字分类为数值型

2. 数据有效性的作用不包括(　　)。
   A. 使数据显示为正确的格式　　B. 限制录入数据的格式
   C. 限制录入数据的范围　　　　D. 限制录入数据的长度

3. 电话号码、身份证号等编码类的数字适合(　　)数字格式。
   A. 编码型　　B. 文本型　　C. 数值型　　D. 通用型

4. 自动填充可以填充的内容包括(　　)。
   A. 数据　　　　　　　　　　　B. 单元格格式
   C. 单元格的数据有效性　　　　D. 以上都是

能力拓展

1. 在单元格输入日期"1900/1/1",显示为数字"1",如何操作能使日期正常显示?请说出操作方法。

2. 快速填充性别,工号为单号,性别为男;工号为双号,性别为女。

能力拓展视频

任务3　使用日期函数统计出勤

任务引入

在"工资明细"工作表中计算结束日期和出勤天数。使用日期函数根据开始日期计算结束日期（结束日期为开始日期所在月份的最后一天），结果填到F3:F88。使用日期函数计算出勤天数（出勤天数为开始日期与结束日期之前的工作日，再扣除病假、事假、旷工的天数），结果填到K3:K88。

任务目标

1. 能够用 DATE 函数计算日期；
2. 能够用 YEAR、MONTH、DAY 函数计算年、月、日；
3. 能够用 TODAY 函数计算当前日期；
4. 能够用 NETWORKDAYS 函数计算工作日；
5. 培养计算思维能力；
6. 培养高效工作的能力。

知识准备

函数可以帮助用户快速完成大批量的、复杂的运算工作。使用函数解决问题，就是要找出数据之间的运算规律，然后选择恰当函数进行求解。通过这个过程不仅能够提高工作效率，还可以训练计算思维能力。

1. 计算思维

计算思维是运用计算机科学的基础概念进行问题求解、系统设计，以及人类行为理解等一系列思维活动，是一种思考和解决问题的方式。计算思维的前提是计算，从计算机科学的角度看，问题可以分为可计算和不可计算两类，计算的方式分为算术运算、逻辑运算、集合运算等。计算思维有助于辨别一个问题是否可解，而对于可解问题，即使非常复杂烦琐，也可以通过计算找到解决途径。

2. 函数

函数是内置在 WPS 表格中的若干运算程序，这些程序可以帮助用户快速完成大批量的、复杂的运算工作。函数的学习重点在于函数的作用和使用方法。一个完整的函数式由三个要素构成：标志符、函数名称、函数参数。比如用幂运算函数 POWER 计算 2^{10}，其函数式可以写为"=POWER(2,10)"。在这个函数运算式中，"="称为标识符；POWER 叫作函数名称；"2"和"10"叫作参数。

标识符：在单元格输入函数式时，必须先输入一个"="号，这个"="称为标识符。

函数名称：在函数标识符后，紧跟的一个英文字母组合，就是函数名称。一般情况下，函数名称就是对应的英文单词或者缩写，比如 DATE 函数的函数名就和英文单词一致，MAX 就是单词 maximum 的缩写。有的函数名称是英文单词的组合，比如 COUNTIF 函数就是单词

count 与 if 的组合，通过这样的联想，就比较容易理解和记忆函数了。

参数：函数名称之后是一对英文的"()"，括号中间要填写参数。参数就是函数的处理对象。如果一个函数有多个参数，则参数之间用英文逗号","分隔。

3. DATE 函数

作用：返回指定数值的日期。

格式：DATE(年,月,日)。

参数：年,月,日。年：介于 1901～9999 之间的年份；月：1～12 之间的月份；日：1～31 之间的日期。

例题：使用 DATE 计算 2023 年 6 月 7 日之后的 20 个月的日期，函数表达式为"=DATE(2023,6+20,7)"，结果为 2023 年 2 月 7 日。

4. TODAY 函数

作用：返回计算机的系统日期，函数值与使用的计算机设置的系统日期有关。

格式：TODAY()。

参数：无。TODAY 函数没有参数。

例题：在 WPS 表格中输入 TODAY 函数的表达式"=TODAY()"，然后按 Enter 键查看结果，并和系统日期进行比对。

5. YEAR、MONTH、DAY 函数

（1）YEAR 函数

功能：返回指定日期或引用单元格中日期所对应的年的值。

格式：YEAR（日期值）。

参数：日期值。

例题：A1 单元格的日期为"2023 年 6 月 7 日"，使用 YEAR 函数求 A1 日期中的年，函数表达式为"YEAR(A1)"，结果为"2023"年。

（2）MONTH 函数

功能：返回指定日期或引用单元格中日期所对应的月份的值。

格式：MONTH（日期值）。

参数：日期值。

例题：A1 单元格的日期为"2023 年 6 月 7 日"，使用 MONTH 函数求 A1 日期中的月，函数表达式为"MONTH(A1)"，结果为"6"月。

（3）DAY 函数

功能：返回指定日期或引用单元格中日期所对应的天数。

格式：DAY（日期值）。

参数：日期值。

例题：A1 单元格的日期为"2023 年 6 月 7 日"，使用 DAY 函数求 A1 日期中的天数，函数表达式为"DAY(A1)"，结果为"7"日。

6. NETWORKDAYS

功能：返回两个日期之间的全部工作日。

格式：NETWORKDAYS（开始日期,终止日期,假期）。

主题 2　电子表格处理

参数：开始日期，终止日期，假期。开始日期：所计算工作日的开始日期；结束日期：所计算工作日的结束日期；假期：除周末双休之外的其他一个或多个指定日期。

例题：参见任务实施中的步骤 2。

任务实施

步骤 1：计算结束日期

操作演示

结束日期为起始日期所在月的最后一天，即起始日期为 2023 年 2 月 1 日，那么结束日期为 2023 年 2 月 28 日。结束日期使用 DATE 函数计算。将鼠标定位在 F3 单元格，然后单击"fx"按钮，在弹出的对话框中，将函数的类别选择为"日期与时间"，然后在函数列表框中选中"DATE"函数，并单击"确定"按钮，打开 DATE 函数对话框。

DATE 函数的年参数为结束日期所在的年，因为结束日期的年与开始日期的年相同，所以可以用 YEAR 函数求开始日期 E3 的年，年参数为"YEAR(E3)"；月参数为结束日期所在的月，因为结束日期与开始日期的月份也相同，所以"MONTH(E3)"为结束日期的月；日参数为 0，因为 0 会自动返回上个月的最后一天，如果此时再将月的参数 +1，则日参数的值就自动变成了开始日期所在月份的最后一天，如图 2-1-3-1 所示。F3 完成的函数表达式为"=DATE(YEAR(E3),MONTH(E3)+1,0)"。选中 F3 单元格，然后拖动 F3 单元格的填充柄直到 F88 区域单元格，自动填充其他结束日期。

图 2-1-3-1　DATE 函数

步骤 2：计算出勤天数

操作演示

出勤天数为起始日期与结束日期之间的所有工作日，再减去病假、事假、旷工的天数。先用 NETWORKDAYS 计算工作日，在 K3 单元格中插入 NETWORKDAYS 函数。该函数开始日期的参数为起始日期 E3，终止日期的参数为结束日期 F3。由于本任务中的月份除了周末外，不涉及额外的节日，因此假期参数缺省，如图 2-1-3-2 所示。填好以上参数后，单击"确

图 2-1-3-2　NETWORKDAYS 函数

定"按钮关闭函数对话框。然后在函数编辑栏继续计算出勤天数,在 NETWORKDAYS 函数后依次减病假 H3、事假 I3、旷工 J3 的天数。出勤天数完整的表达式为 " = NETWORKDAYS（E3,F3,）– H3 – I3 – J3"。自动填充 K4:K88 单元格区域的结束日期。完成以上操作后保存文件。

任务单

查看并填写任务单。

任务评价

任务单

任务评价表

参考答案

查看并填写任务评价表。

任务拓展

知识拓展

1. 使用 TODAY 函数求当前日期,下列选项正确的是（　　）。
   A. = TODAY（today） B. = TODAY（）
   C. = TODAY（A1） D. TODAY

2. A1 单元格为日期 2023/1/1,求 A1 日期中的年,下列正确的是（　　）。
   A. = YEAR（2023） B. = YEAR（2023/1/1）
   C. = YEAR（A1） D. 2023

3. 有关 DATE 函数的说法,正确的是（　　）。
   A. DATE 函数用于日期计算 B. DATE 函数年的参数为 YEAR（）
   C. DATE 函数月的参数为 MONTH（） D. DATE 函数日的参数为 DAY（）

4. A1 单元格为日期 2023/1/1,A2 单元格为日期 2024/1/1,A2 – A1 的结果是（　　）。
   A. 不确定 B. 365 C. 12 D. 1

5. A1 单元格为日期 2023/1/1,函数 MONTH（A1）的参数是（　　）。
   A. A1 B. MONTH C. MONTH（A1） D. 1 月

能力拓展

计算"工资明细"工作表的结束日期。人力部门在每月过后的某一天统计上个月的出勤,如果将人力部门统计出勤的当天看作 TODAY,那么请使用 TODAY 和其他日期函数计算每月结束日期。

能力拓展视频

任务 4　使用公式计算实发工资

任务引入

在"工资明细"工作表中需要计算每个人的实发工资,实发工资 = 日工资 * 出勤天数 – 扣款。这个计算虽然不难,但是如何快速计算几十人的实发工资呢？使用公式能够提高计算效率,请用公式计算实发工资,并将结果填到 M3:M88。

任务目标

1. 掌握公式的结构和规则；
2. 能够使用公式进行计算；
3. 培养计算思维能力；
4. 培养高效工作的能力。

知识准备

公式是 WPS 表格计算数据的方式。使用公式时，先输入"="，在"="后编写计算式，最后按 Enter 键查看结果。计算式由数据和运算符组成，数据可以直接输入，也可以引用单元格。例如，要在 B1 单元格中用公式计算 100/7，可以在 B1 单元格中输入公式"=100/7"，然后按 Enter 键查看结果。如果 A1 单元格的数据为 100，则可以直接引用，此时公式变为"=A1/7"，按 Enter 键之后也能得到相同结果。

公式与函数一样，可以通过自动填充快速得到结果。因此，公式关注的不仅仅是运算本身，和函数一样，它也适用于大批量的运算场景。与函数不同的是，公式需要使用者自己找出运算规律并编辑运算表达式，而寻找和发现运算规律的过程就是运用抽象思维方式解决问题的过程，也是计算思维的体现。

任务实施

先选中 M3 单元格，然后输入"="等号，在"="后编辑公式，日工资 G3 乘出勤天数 K3，减扣款 L3，完整的公式为"=G3*K3-L3"，编辑好公式后，按 Enter 键可以显示实发工资。用该公式自动填充 M4：M88 单元格区域的实发工资。完成以上操作后保存文件。

操作演示

任务单

查看并填写任务单。

任务评价

查看并填写任务评价表。

任务单　　　　任务评价表　　　　参考答案

任务拓展

知识拓展

1. 在 WPS 表格中输入公式"=A1*B4"，该公式的结果（　　）。
   A. 保存前不变　　　　　　　　B. 固定不变
   C. 随着 A1 和 B4 单元格值的变化而变化　D. 为空
2. 在 A1 单元格中输入"1+1"，则结果是（　　）。
   A. 2　　　　B. =1+1　　　　C. 1+1　　　　D. 以上皆错

3. 如图2－1－4－1所示，使用WPS表格计算总销售，总销售额＝1月＋2月＋3月，那么D2单元格中应填（　　）进行计算。

	A	B	C	D
1	一月	二月	三月	总销售额
2	665	925	955	?
3	735	915	645	

图2－1－4－1　知识拓展3

A. ＝1月＋2月＋3月

B. ＝A1＋B1＋C1

C. A2＋B2＋C2

D. ＝A2＋B2＋C2

4. 以下关于WPS表格公式和函数的说法，错误的是（　　）。

A. 公式中乘号为“＊”，除号为“/”

B. 公式复制后，被引用的单元格可能发生变化

C. 公式必须以“＝”开头

D. 以上皆错

5. 使用WPS表格公式和函数计算时遇到以下情况，说法错误的是（　　）。

A. 出现“#DIV/0!”表示除数为0

B. “#VALUE”表示缺少等号，无法运算出结果

C. 出现“#NULL!”表示由于公式或函数的错误而导致结果为空

D. “#NAME?”表示函数名错误

任务5　使用函数计算工资总额、平均值、最大值和最小值

任务引入

现需统计实发工资的和、平均值、最大值和最小值，虽然这些计算本身很简单，但是如何快速统计出大量结果呢？函数可以提高计算的效率，因此，使用函数分别计算实发工资总额、平均值、最大值和最小值，并将结果放在“工资汇总”工作表中的B1:B4单元格区域。

任务目标

1. 掌握SUM、AVERAGE、MAX和MIN函数的作用；
2. 能够分别使用SUM、AVERAGE、MAX和MIN计算总额、平均值、最大值和最小值；
3. 培养计算思维能力；
4. 增强高效工作的能力。

知识准备

1. SUM函数

作用：返回指定单元格区域所有数值之和。

格式：SUM（所需求和的数值1，数值2，…）。

参数：所需求和的数值。

例题：参见任务实施步骤1。

2. AVERAGE 函数

作用：返回指定单元格区域所有数值的平均值。
格式：AVERAGE(所需计算平均值的数值1，数值2，…)。
参数：所需计算平均值的数值。
例题：参见任务实施步骤2。

3. MAX 函数

作用：返回指定单元格区域所有数值的最大值。
格式：MAX(所需计算最大值的一组数值)。
参数：所需计算最大值的一组数值。
例题：参见任务实施步骤3。

4. MIN 函数

作用：返回指定单元格区域所有数值的最小值。
格式：MIN(所需计算最小值的一组数值)。
参数：所需计算最小值的一组数值。
例题：参见任务实施步骤4。

任务实施

步骤1：计算工资之和

打开"工资汇总"工作表，在A1单元格中输入"工资总和"，在B1单元格中计算实发工资之和。使用SUM函数求和。在B1单元格中插入SUM函数，将参数设置为"工资明细"工作表的M3:M88单元格区域，如图2-1-5-1所示，B1的函数表达式为"=SUM(工资明细!M3:M88)"，然后按Enter键得到工资总和的结果"503424"。

图2-1-5-1 SUM函数

步骤2：计算工资平均值

在"工资汇总"工作表的A2单元格中输入"平均工资"，在B2单元格中计算实发工资平均值。使用AVERAGE函数计算平均值。在B2单元格中插入AVERAGE函数，将参数设置为"工资明细"工作表的M3:M88单元格区域，B2的函数表达式为"=AVERAGE(工资明细!M3:M88)"，最终结果为"5853.767442"。

步骤3：计算工资最大值

在"工资汇总"工作表的A3单元格中输入"最高工资"，在B3单元格中计算实发工资最大值。使用MAX函数计算最大值。在B3单元格中插入MAX函数，将参数设置为"工资明细"工作表的M3:M88单元格区域，B3的函数表达式为"=MAX(工资明细!M3:M88)"，然后按Enter键得到最高工资"7980"元。

步骤4：计算工资最小值

在"工资汇总"工作表的 A4 单元格中输入"最低工资"，在 B4 单元格中计算实发工资最小值。使用 MIN 函数计算最小值。在 B4 单元格中插入 MIN 函数，将参数设置为"工资明细"工作表的 M3:M88 单元格区域，B4 单元格的函数表达式为"=MIN(工资明细!M3:M88)"，然后按 Enter 键得到最低工资的结果"3180"。

步骤5：设置数字格式

将 B1:B4 单元格区域设置为"数值型""保留两位小数"。选中 B1:B4 单元格区域，然后右击，选择"设置单元格格式"，在弹出的对话框里，选择数字分类为"数值"，小数位数为"2"，最后单击"确定"按钮。完成以上操作后保存文件。

任务单

查看并填写任务单。

任务评价

查看并填写任务评价表。

任务单

任务评价表

参考答案

任务拓展

知识拓展

1. 用公式或函数计算 1+1，下列选项正确的是（　　）。
   A. =SUM(1,1)　　B. SUM(1+1)　　C. =SUM(1+1)　　D. 1+1

2. 如图 2-1-5-2 所示，求 A1:E1 单元格区域的最大值，正确的函数表达式为（　　）。

△	A	B	C	D	E
1	3	4	8	2	9

图 2-1-5-2　知识拓展 2

   A. =MAX(E1)　　B. MAX(9)　　C. =9　　D. =MAX(A1:E1)

3. WPS 表格用于求一组数值中的平均值的函数为（　　）。
   A. SUM　　B. MAX　　C. AVERAGE　　D. MIN

任务6　套用表格样式和设置条件格式

任务引入

表格格式不仅能让数据表更美观，还能使阅读和操作更舒适、更方便。因此，在实际工作中既要保证数据的详实准确，也要考虑数据表是否有良好的视觉体验。本任务先通过套用表格样式将"工资明细"表设置为隔行换色，使表格更精美、数据更易阅读，再通过条件格式将出勤天数小于 20 的单元格填充为浅红色底纹，使数据查看更方便。

主题 2　电子表格处理

任务目标

1. 能够用表格样式设置表格格式；
2. 能够依据指定条件设置单元格的条件格式；
3. 培养认真仔细的工作态度和精益求精的工匠精神。

知识准备

1. 表格样式

表格样式就是一系列表格格式的集合，包括了表格填充颜色、边框格式、文字的字体和字号等格式。使用表格样式可以快速美化表格。

2. 条件格式

条件格式就是将满足某些条件的单元格设置为某种格式，以便和其他单元格做区分，使数据阅读更方便。一个单元格可以设置多个条件格式，但 WPS 表格只会应用其中一个，即应用满足某项条件所对应格式。

任务实施

步骤 1：设置"工资明细"的表格样式

打开"工资明细"工作表，单击"开始"选项卡→"表格样式"，在下拉菜单中选择"预设样式"→"浅色系"→"表样式浅色 1"选项，如图 2－1－6－1 所示。然后在弹出的对话框中继续设置"表数据的来源"为"A1：M88"，"标题行的行数"为"2"，如图 2－1－6－2 所示，最后单击"确定"按钮。

操作演示

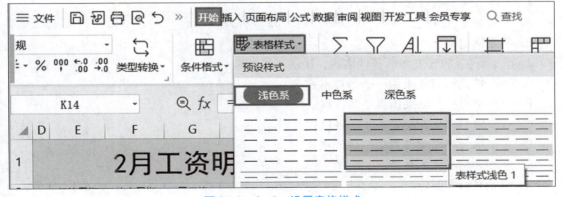

图 2－1－6－1　设置表格样式

步骤 2：设置"出勤天数"的条件格式

将出勤天数小于 20 的单元格设置为"浅红色填充"。选中 K3：K88 单元格区域，单击"开始"选项卡，单击"条件格式"，在下拉菜单中选择"突出显示单元格规则"→"小于"，如图 2－1－6－3 所示，小于的值为"20"，设置为"浅红色填充"。完成以上操作后保存文件。

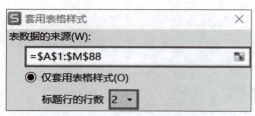
图 2-1-6-2 设置表格样式

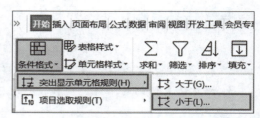
图 2-1-6-3 设置条件格式

> **小贴士：**
> ◇ 在 Excel 2016 中，如果想使用预设的表格样式，可以通过"套用表格样式"功能实现。

任务单

查看并填写任务单。

任务评价

任务单　　　　任务评价表　　　　参考答案

查看并填写任务评价表。

任务拓展

知识拓展

1. 条件格式不能设置（　　）。
   A. 单元格填充颜色　　　　B. 字体
   C. 单元格边框　　　　　　D. 字形
2. 以下有关 WPS 表格的条件格式，说法正确的是（　　）。
   A. 一个单元格只能采用一个条件格式
   B. 一个单元格可以采用多个条件格式
   C. 一个单元格只能设置一个条件格式
   D. 一个单元格必须设置多个条件格式
3. WPS 表格样式不包括（　　）。
   A. 单元格填充颜色　　　　B. 行高
   C. 字体　　　　　　　　　D. 字号
4. 使用 WPS 表格设置表格样式后，以下选项可能发生变化的是（　　）。
   A. 单元格数字格式　　　　B. 条件格式
   C. 数据有效性　　　　　　D. 单元格边框
5. 分组讨论：表格样式、条件格式、单元格数字格式和数据有效性分别适用于哪些场景？

能力拓展

使用条件格式将低于平均值的实发工资设置为蓝色。

能力拓展视频

任务 7　制作工资分析柱形图

任务引入

图表是以图形方式展示数据，可以使数据表达更直观。将"工资汇总"工作表中的平均工资、最高工资和最低工资制作为柱形图放在新工作表中，工作表名为"工资分析图"，图表标题为"最高最低和平均工资对比"，显示数据标签工资。

任务目标

1. 掌握柱形图、折线图、饼图、条形图的作用和制作方法；
2. 掌握图表数据区域的概念；
3. 掌握图表标题、数据标签、图表位置的概念和制作方法；
4. 培养认真仔细的工作态度和精益求精的工匠精神。

知识准备

1. 图表类型

常见图表类型有柱形图、折线图、饼图、条形图等，如图 2－1－7－1 所示。

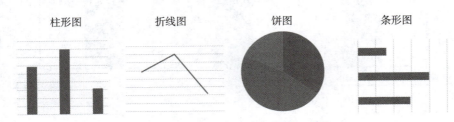

图 2－1－7－1　常见图表类型示意图

（1）柱形图

柱形图以柱形的高低展示数据的多少，类别数据显示在横轴（X 轴）上，数值显示在纵轴（Y 轴）上。

（2）折线图

折线图用来展示随某种趋势变化而变化的一组数据。在折线图内，通常类别数据显示在横轴（X 轴）上，而数值显示在纵轴（Y 轴）上。

（3）饼图

饼图用圆心角不同的扇形表示不同类别数据所占的比例，并组成一个圆形。

（4）条形图

条形图以数据条的长短代表数据量的大小。在条形图中，通常类别数据显示在纵轴上，而数值数据显示在横轴上,这一点正好与柱形图相反。

2. 数据区域

数据区域是用来制作图表的数据所在的单元格区域。通常一个数据表中只有某些数据需要以图表的形式展示,因此,数据区域往往是整个数据表的一部分或几部分,在制作图表时,要仔细选择。

3. 图表位置

图表位置是图表在工作簿中的位置。图表位置有两个选项:一种为独立的图表工作表,另一种为以对象形式嵌入普通工作表中。图表工作表具有图表名称,此时工作表名称就是图表名称。

4. 图表结构

图表是由多个部分组成的,常见部分如图2-1-7-2所示。

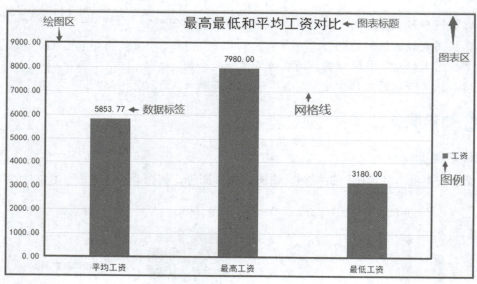

图2-1-7-2 图表结构

(1) 图表区

图表区是整个图表及其包含的元素。

(2) 绘图区

绘图区即图表的图形所占区域,是图表的核心部分。

(3) 图表标题

图表标题是图表的文本标题。一般情况下,图表应有标题,它的位置在图表区的顶端。

(4) 数据标签

数据标签是图表每一部分的数据标识,通常以数值、名称、百分比等形式标识数据。

(5) 图例

图例是对绘图区各个图形的颜色的说明,位置通常在图表的一侧。

(6) 网格线

网格线是图表中从坐标轴刻度线延伸开来并贯穿整个绘图区的线条。

任务实施

操作演示

步骤1：选择数据区域

打开"工资汇总"工作表，选择 A2:B4 单元格区域。

步骤2：选择图表类型

打开"插入"选项卡，单击"柱形图"下拉按钮，选择"簇状柱形图"，如图 2-1-7-3 所示。

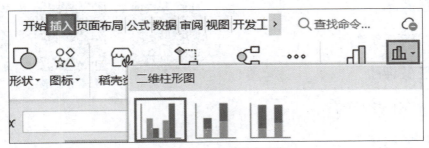

图 2-1-7-3　插入柱形图

步骤3：设置图表标题

选中图表标题，将标题改为"最高最低和平均工资对比"，字体为"黑体"，字号为"20"。

步骤4：设置数据标签

选中图表，打开"图表工具"选项卡，单击"添加元素"下拉按钮，选择"数据标签"→"数据标签外"。

步骤5：设置图表位置

在图表的空白处右击，在快捷菜单中选择"移动图表"，如图 2-1-7-4 所示。图表位置选为"新工作表"，工作表名为"工资分析图"，如图 2-1-7-5 所示，最后单击"确定"按钮。完成以上操作后保存文件。

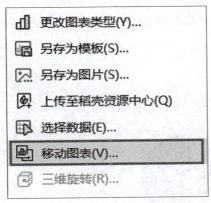

图 2-1-7-4　移动图表

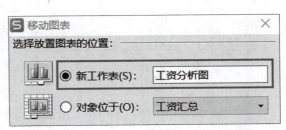

图 2-1-7-5　建立图表工作表

> **小贴士：**
> ◇ Excel 2016 的"图表工具"选项卡下设有两个子选项卡，分别是"设计"和"格式"。"设计"子选项卡主要用于添加图表元素、修改布局、修改数据源和图表类型等操作；"格式"子选项卡主要用于修改图表区、绘图区和图形本身的颜色、轮廓、大小等属性。

任务单

查看并填写任务单。

任务评价

查看并填写任务评价表。

任务单　　　　任务评价表　　　参考答案

任务拓展

知识拓展

1. 有关 WPS 表格图表的数据区域，说法正确的是（　　）。
   A. 数据区域就是整个数据表　　　　B. 数据区域不需要选择
   C. 数据区域不包含合并的单元格　　D. 数据区域可不包含数值
2. 有关 WPS 表格的"图表工具"的说法，正确的是（　　）。
   A. 一直在上方，从不隐藏　　　　B. 没有图表时，也可使用"图表工具"
   C. 包含图表的全部属性设置　　　D. 以上都对
3. 有关 WPS 表格的"图表位置"，下列说法不正确的是（　　）。
   A. 图表位置分别是"图表工作表"形式和"对象"形式
   B. 可以通过右击，选择"移动图表"，修改图表的位置
   C. 如果图表位置为"图表工作表"形式，那么图表的名称就是工作表的名称
   D. 如果图表位置为"对象"形式，那么图表的名称就是图表标题
4. 如图 2-1-7-6 所示，图表对应的数据区域为（　　）。
   A. A3：D3　　　B. A1：D12　　　C. A1：D1　　　D. A1：D3

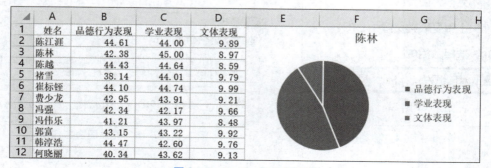

图 2-1-7-6　知识拓展 4

5. 如图 2-1-7-7 所示，下列图表为图表工作表的是（　　）。
   A. 都是　　　　　　B. 1　　　　　　C. 2　　　　　　D. 都不是

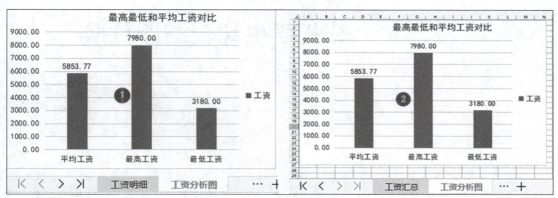

图 2-1-7-7　知识拓展 5

能力拓展

分别制作平均工资与最高工资和最低工资数据对比的折线图、饼图，并对柱形图、折线图、饼图的特点和适用场景进行小组讨论。

项目总结

本项目所涉及的内容为 WPS 1+X 职业技能初级和计算机等级考试一级的基本知识与操作。使用 WPS 表格的目的在于进行数据处理和分析，任务 1、2 均为数据处理操作，任务 3～7 为数据分析内容，前两个任务可以看作后续任务的准备工作。本项目要求重点掌握的数据处理方法有：创建和保存文档、插入和设置工作表、行列及单元格操作、自动填充序列，以及设置数字格式、数据有效性、条件格式，并注意区分三者的不同作用；重点掌握的数据分析方法包括公式和简单函数、制作图表。同时要求在掌握以上知识技能的过程中培养信息意识、计算思维和严谨认真的工作态度。

项目 2
分析学生综合测评数据

📋 项目介绍

本项目主要分析学生综合测评数据，共 8 项任务。在数据分析前，首先对数据进行处理，包括：显示、删除数据重复项，制作数据有效性下拉菜单并填充"系列"；然后使用函数计算排名与等级，用筛选和数据透视分析分数和等级，并将分析的结果制作成组合图。通过任务实施帮助学习者在 1 + X WPS 办公应用（表格模块）初级的基础之上，进一步学习中级应用和计算机一级考试要求的知识与技能，涉及处理数据重复项、数据有效性、函数、排序、筛选、数据透视表和组合图等内容，加强信息意识和计算思维训练，提高数字化创新与发展能力。

📋 知识导图

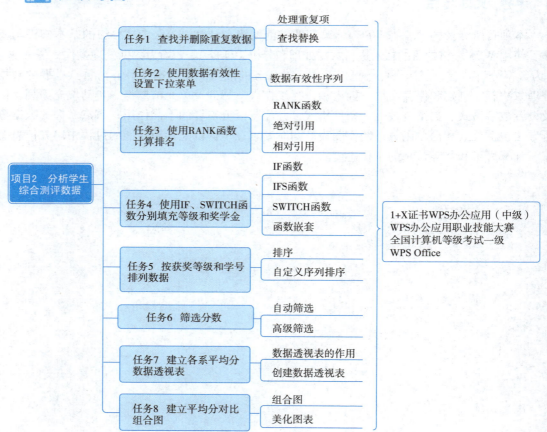

任务1　查找并删除重复数据

任务引入

在素材"项目二：综合测评.xlsx"工作簿的"综合测评排名"工作表中存在一些不必要的重复数据，这些数据会影响分析结果的准确性，因此，本着认真负责的态度，请找到并删除这些重复数据。

任务目标

1. 能够显示、删除重复项；
2. 能够使用查找和替换功能定位和修改数据；
3. 培养认真负责的工作态度；
4. 培养信息资源处理能力、运用软件工具解决问题能力。

任务资源

知识准备

手动处理重复数据，很难保证质量和速度。能针对具体任务要求，运用软件工具对信息进行高效处理，是学习信息技术的重要目的。WPS表格中的查找和替换及重复项功能都可用于处理重复数据。

1. 查找和替换

WPS表格和WPS文字一样，也具有查找和替换功能，可以快速定位数据、批量替换和删除数据。对于已知的重复数据，可以使用查找和替换进行标识与删除，操作方法与WPS文字的查找和替换功能的使用方法类似。但是对于未知的重复数据，则需使用"重复项"功能进行处理。

2. 重复项处理

在数据表中，如果手动处理重复数据，非常耗费时间和精力，而且很难保证准确性。因此，WPS表格提供了显示、删除、拒绝录入重复项的功能。

任务实施

步骤1：设置高亮重复项

打开素材"项目二：综合测评.xlsx"中的"综合测评排名"工作表。单击"数据"选项卡→"重复项"下拉按钮，选择"设置高亮重复项"，如图2-2-1-1所示。在弹出的对话框中，将单元格区域设置为A1:K120，最后单击"确定"按钮。

操作演示

步骤2：删除重复项

删除所有字段都相同的数据项。单击"数据"选项卡→"重复项"下拉按钮，选择"删除重复项"，在弹出的对话框中选择数据表的所有字段，最后单击"删除重复项"。

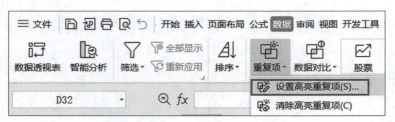

图 2-2-1-1　设置高亮重复项

步骤3：清除高亮重复项

单击"数据"选项卡→"重复项"下拉按钮，选择"清除高亮重复项"。完成以上操作后保存文件。

> 小贴士：
> ◇ Excel 2016 的显示重复项需在"条件格式"中设置：单击"条件格式"→"突出显示单元格规则"→"重复值"，就可以突出显示数据表中的重复值。

任务单

查看并填写任务单。

任务评价

查看并填写任务评价表。

任务单

任务评价表

任务拓展

能力拓展

使用查找和替换功能，查找"项目二：综合测评.xlsx"的"综合测评排名"工作表中姓名为"刘倩"的学生信息，如有重复数据，请将其删除。

任务2　使用数据有效性设置下拉菜单

任务引入

为了保证数据的准确统一，可以通过数据有效性设置下拉菜单作为数据填充的来源。因此，将"综合测评排名"工作表系别列的设置数据有效性下拉菜单中的菜单选项设为"信息系、经济系、外语系"，然后通过下拉菜单将 D3:D42 单元格区域填充为"信息系"、D43:D85 单元格区域填充为"经济系"、D86:D119 单元格区域填充为"外语系"。

任务目标

1. 能够通过数据有效性设置下拉列表，保证数据一致性；
2. 培养负责的工作态度；
3. 培养规范的工作习惯。

知识准备

数据的规范和统一是高效处理数据的基础。数据有效性不仅能避免录入错误数据，还能保证数据高度一致。有效性下拉列表只允许从指定序列中选择数据，从而确保数据的准确统一。

任务实施

步骤1：设置数据有效性下拉菜单

选中D2:D119单元格区域，打开"数据"选项卡，单击"有效性"下拉菜单，选择"有效性"，在弹出的对话框中设置有效性条件允许为"序列"，来源为"信息系,经济系,外语系"，如图2-2-2-1所示，最后单击"确定"按钮。

操作演示

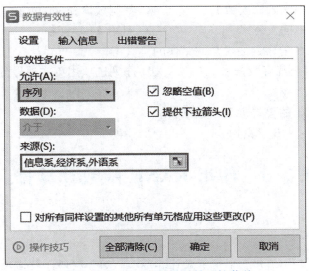

图2-2-2-1 设置有效性下拉菜单

步骤2：填充数据

在D2单元格中使用下拉菜单填充系别"信息系"，然后使用自动填充将D3:D42单元格区域填充为"信息系"。在D43单元格中使用下拉菜单填充系别"经济系"，然后使用自动填充将D43:D85单元格区域填充为"经济系"。再使用同样的方法将D86:D119单元格区域填充为"外语系"。完成以上操作后保存文件。

📋 任务单

查看并填写任务单。

📋 任务评价

查看并填写任务评价表。

任务单　　　　任务评价表　　　　参考答案

📋 任务拓展

知识拓展

1. 数据有效性不可以（　　）。
   A. 录入错误数据时发出提示　　　　B. 限制输入数据的序列
   C. 限制输入数值的范围　　　　　　D. 根据数据不同条件设置不同格式

2. 在电子表格中录入电话号码时，为避免录入错误，以下不可行的是（　　）。
   A. 认真仔细　　　　　　　　　　　B. 限制录入数据的长度
   C. 将单元格设置为文本型　　　　　D. 录入错误时发出警告

3. A1 单元格已经设置了数据有效性，以下操作会修改 A1 单元格原有的有效性的是（　　）。
   A. 在 A1 单元格中输入错误数据　　B. 复制数据到 A1 单元格
   C. 在 A1 单元格中插入公式　　　　D. 引用 A1 单元格

4. 关于数据有效性的序列的说法，错误的是（　　）。
   A. 序列来源可以是现有数据表　　　B. 序列选项用英文逗号分隔
   C. 只能手动输入　　　　　　　　　D. 录入序列时，不需要输入 "="

5. 数据有效性发出的警告类型不包括（　　）。
   A. 提示　　　　B. 警告　　　　C. 说明　　　　D. 信息

任务 3　使用 RANK 函数计算排名

📋 任务引入

在"综合测评排名"工作表中用函数计算每人的综合测评分数名次，将结果填充在 J2：J119 单元格区域。

📋 任务目标

1. 能够用 RANK 函数计算排名；
2. 掌握绝对引用的作用和操作方法；
3. 培养抽象思维能力；
4. 培养勇于探究的敬业态度和科学精神。

知识准备

1. RANK 函数

作用：返回指定数字在一组数字中的排名大小。

格式：RANK(数值，引用，排位方式)。

参数：数值，引用，排位方式。数值：需要排名的数；引用：排名时需要进行对比的一组数值；排位方式：为零或忽略时按降序排列，非零值时按升序排列。

例题：参看任务实施。

2. 引用单元格

在公式和函数中，经常需要引用单元格（或单元格区域），对单元格（区域）的引用分为三种类型：相对引用、绝对引用和混合地址引用。

（1）相对引用

直接引用的单元格（区域）地址为相对引用。将使用相对引用单元格的函数式复制到其他单元格时，所引用的单元格地址会随着函数式所填充单元格位置的变化而变化。比如，F2 单元格的函数式为 =SUM(B2:E2)，用填充柄功能复制函数式到 F3:F10 单元格区域时，函数式会自动调整为 =SUM(B3:E3)、=SUM(B4:E4)、=SUM(B5:E5)、…。

（2）绝对引用

把函数式复制或填入一个新的位置时，函数式中的固定单元格地址保持不变，这样的引用称为绝对地址引用。在 WPS 表格中是通过在列标和行号前面加上"$"符号来实现的。比如，F2 单元格的函数式为 =SUM($B$2:E2)，其中，B2 单元格为绝对引用，此时用填充柄将函数依次填充到 F3:F10 单元格区域，则函数式会依次变为 =SUM($B$2:E3)、=SUM($B$2:E4)、=SUM($B$2:E5)、…。

（3）混合地址的引用

在某些情况下，需要在复制公式时只有行或只有列保持不变，在这种情况下，就要使用混合地址引用。也就是在一个单元格地址引用中，既有绝对地址的引用，也有相对地址的引用。比如，用 F2 单元格的函数 =SUM(B$2:$E2) 填充 F3:F10 单元格区域，函数中的"B$2"表示保持"行"不变，但"列"会随着函数填充到新的位置而发生变化；而单元格地址"$E2"则表示保持"列"不变，但"行"会随着新的复制位置的变化而变化。只在单元格中行号或列标前添加一个"$"符号，"$"符号后面的行号或列标在拖动过程中不会发生变化。

任务实施

步骤 1：搜索函数并插入函数

WPS 中有众多函数，如果想充分利用这些函数解决问题，一定要掌握搜索函数的方法。选中 J2 单元格，单击"fx"按钮打开"插入函数"对话框。在"查找函数"下面的文本框中输入描述函数功能的关键字"排名"，然后搜索查看结果，在"选择函数"列表框中依次单击每个函数并查看下方该函数的说明，可以发现"RANK"函数可以计算排名，如图 2-2-3-1 所示。选择"RANK"函数，然后单击

操作演示

"确定"按钮插入函数。

图 2-2-3-1 搜索函数

步骤 2：设置参数

需要排名的是综合测评分数，因此，"数值"参数填"H2"。H2 进行排名时，需要和所有分数进行比较，因此要引用所有综合测评分数的单元格范围，并且该范围要绝对引用，填"\$H\$2:\$H\$119"，"排位方式"为"降序"，可忽略不填，如图 2-2-3-2 所示。J2 单元格的函数表达式为" =RANK(H2,\$H\$2:\$H\$119)"。用 RANK 函数自动填充所有排名。完成以上操作后保存文件。

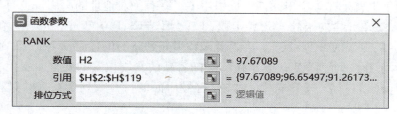

图 2-2-3-2 RANK 函数

📋 任务单

查看并填写任务单。

📋 任务评价

查看并填写任务评价表。

任务单

任务评价表

参考答案

任务拓展

知识拓展

1. RANK 函数的作用是（　　）。
   A. 排序　　　　　　B. 求排名　　　　　C. 求最大值　　　　D. 求最小值
2. 一般情况下，RANK 函数的（　　）参数需要绝对引用单元格。
   A. 排名方式　　　　B. 排名数值　　　　C. 排名引用范围　　D. 以上都是
3. 函数 = RANK(A1,$A$1:$A$10,1) 表示（　　）。
   A. 求 A1 单元格按升序排列的名次
   B. 求 A1 单元格按升降排列的名次
   C. 求 A1:A10 单元格区域按升序排列的名次
   D. 求 A1:A10 单元格区域按降序排列的名次

任务 4　使用 IF、SWITCH 函数分别填充等级和奖学金

任务引入

使用函数填充"综合测评排名"工作表中的获奖等级和奖学金。获奖等级和奖学金根据综合测评分数的高低分为三等：综合测评分数≥98 为一等奖，奖学金为 1 000 元；综合测评分数≥96 为二等奖，奖学金为 500 元；其余为三等奖，奖学金为 200 元。

任务目标

1. 能够用 IF 函数进行逻辑运算；
2. 能够用 IF 函数嵌套进行逻辑运算；
3. 能够用 IFS 函数进行多条件逻辑运算；
4. 能够用 SWITCH 函数进行多条件逻辑运算；
5. 培养逻辑思维能力；
6. 培养针对具体需求选择恰当的函数解决问题的能力。

知识准备

1. IF 函数

IF 函数是逻辑运算函数，所谓逻辑运算，就是逻辑值的运算。逻辑值有两个，分别是 TRUE 和 FALSE，也可以用 1 和 0 代表。IF 函数主要用于判断逻辑值是什么，并依据不同的逻辑值得到不同的结果。IF 函数的逻辑值由一个条件判断产生，条件成立，逻辑值为 TRUE，否则为 FALSE。逻辑值为 TRUE 时，会得到一个结果；为 FALSE 时，得到另一个结果。这种运算在实际中应用非常普遍。比如登录网站时需要输入密码，如果密码正确，则登录成功；否则，登录失败。这个密码判断的过程，就是 IF 函数的典型应用场景。虽然在

WPS里不常用IF函数进行密码判断,但是可以用它解决很多其他的计算问题。

作用:根据指定条件的逻辑判断结果,返回相对应的值。

格式:IF(测试条件,真值,假值)。

参数:测试条件,真值,假值。测试条件:计算结果可能为TRUE或FALSE的数值或逻辑表达式;真值:当测试条件为TRUE时返回的值;假值:当测试条件为FALSE时返回的值。

例题:H2单元格为综合测评分数,在J2单元格中使用IF函数填充是否为一等奖,如果分数≥98,显示"一等奖";否则,显示空白(空白用英文双引号表示)。IF的表达式为"=IF(H2>=98,"一等奖","")"。

2. IFS函数

作用:检查是否满足一个或多个条件并返回与第一个TRUE条件对应的值。

格式:IFS(测试条件1,真值1,测试条件2,真值2,…)。

参数:测试条件1,真值1,测试条件2,真值2,…。测试条件1、测试条件2:计算结果可能为TRUE或FALSE的数值或逻辑表达式;真值1:当测试条件1为TRUE时返回的值;真值2:当测试条件2为TRUE时返回的值。

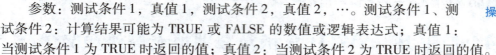
操作演示

例题:H2单元格为综合测评分数,在J2单元格中使用IFS函数填充获奖等级,等级标准为:H2≥98为优秀;H2≥96为二等奖;其余为三等奖。IFS的表达式为"=IFS(H2>=98,"一等奖",H2>=96,"二等奖",H2>=0,"三等奖")"。

3. 函数嵌套

函数嵌套指函数中还包含着函数,也就是说,将一个函数作为另一个函数的参数。使用函数嵌套是一种分解问题的思考方式的体现,也是计算思维的体现,即把一个复杂的问题分解成若干个相对简单的小问题逐个解决,每个小问题对应一个函数,再将这些函数嵌套、组合,最后真正解决问题。

4. SWITCH函数

作用:计算表达式与值列表中的哪个值匹配,并返回与第一个匹配值对应的结果。

格式:SWITCH(表达式,值1,结果1,值2,结果2,…)。

参数:表达式,值1,结果1,值2,结果2,…。表达式:要计算的表达式;值1、值2:与表达式进行比较的值;结果1、结果2:当对应值与表达式匹配时将返回的结果。

例题:参见任务实施步骤2。

任务实施

步骤1:使用IF函数嵌套填充获奖等级

获奖等级依赖综合测评分的区间,因此测评分数是否在某个区间就是IF的测试条件,这个条件为TRUE或FALSE时,相应真值或假值参数就是获奖等级。当测试条件综合测评分数"H2>=98"为TRUE时,所对应的真值为"一等奖",为FALSE时所对应的假值可能是二等奖,也可能是三等奖,此时需继续判断条件分数"H2>=96"是否满足,如满足,则对应的真值为"二等奖",否则,假值为"三等奖"。

操作演示

在K2单元格中插入IF函数。测试条件填"H2>=98",真值""一等奖"",假值需嵌套

IF 函数。将鼠标定位在假值参数栏，然后通过左上方的函数列表继续插入 IF 函数，如图 2-2-4-1 所示。插入嵌套 IF 函数后，函数对话框则自动刷新为新 IF 函数的对话框，继续在该对话框中填写参数，测试条件是"H2>=96"，真值为""二等奖""，假值为""三等奖""，如图 2-2-4-2 所示。单击"确定"按钮，K2 的函数表达式为"=IF(H2>=98,"一等奖",IF(H2>=96,"二等奖","三等奖"))"，最后使用该函数自动填充 K3:K119 单元格区域的获奖等级。

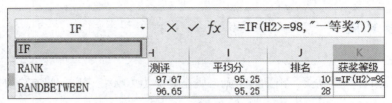

图 2-2-4-1 插入嵌套 IF 函数

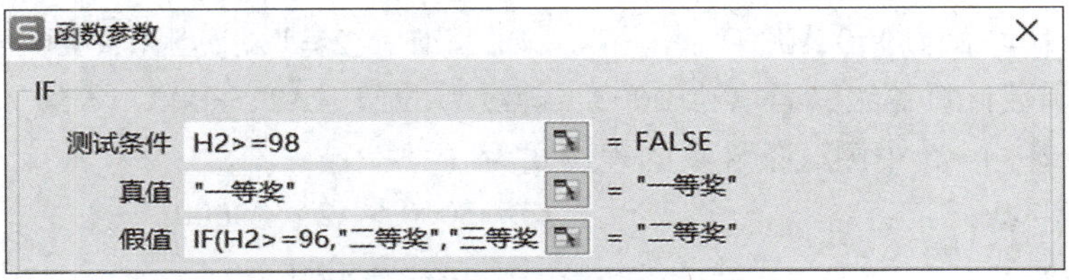

图 2-2-4-2 嵌套 IF 函数的参数

步骤 2：使用 SWITCH 函数填充奖学金

奖学金有 3 种，分别对应 3 种获奖等级，获奖等级的值可以作为表达式，而一、二、三等奖则作为匹配该表达式的 3 个值，表达式与一等奖的值相等时，取结果 1 为奖学金 1000，与二等奖、三等奖的值相等时，分别取结果 2、3 为奖学金 500、200。

操作演示

在 L2 单元格中插入 SWITCH 函数，接着在弹出的"函数参数"对话框中填写该函数的参数。表达式填"K2"，第一个"值"填""一等奖""，"结果 1"填"1000"，依此类推，"值 2"填""二等奖""，对应的结果填"500"，下一个值填""三等奖""，对应的结果填"200"，如图 2-2-4-3 所示。L2 的函数表达式为"=SWITCH(K2,"一等奖",1000,"二等奖",500,"三等奖",200)"，单击"确定"按钮。最后使用该函数自动填充 L3:L119 单元格区域的获奖等级。完成以上操作后保存文件。

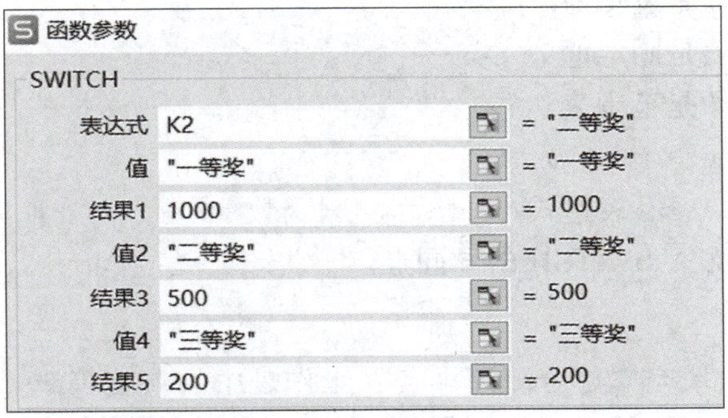

图 2-2-4-3 SWITCH 函数

📋 任务单

查看并填写任务单。

📋 任务评价

查看并填写任务评价表。

任务单　　任务评价表　　参考答案

📋 任务拓展

知识拓展

1. 用 IF 函数计算全勤奖。出勤为全勤，则全勤奖为 1000；否则，没有全勤奖。图 2－2－4－4 中 B1 单元格的 IF 函数表达式为（　　）。

  A．＝IF(出勤＝"全勤",1000,0)　　　　B．＝IF(A1＝"全勤",1000,0)

  C．＝IF(A1＝"缺勤",0,1000)　　　　　D．＝IF(A2＝"缺勤",0,1000)

2. 用 IFS 函数计算等级，若 A2≥5000，等级为 A 级，A2≥3000，等级为 B 级，其余为 C 级，则图 2－2－4－5 中测试条件 2 的表达式为（　　）。

  A．A2 >= 3000　　　　　　　　　　　B．5000 > A2 >= 3000

  C．AB 皆可　　　　　　　　　　　　D．A2 >= 3000

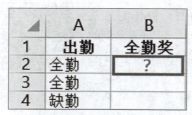
图 2－2－4－4　知识拓展 1

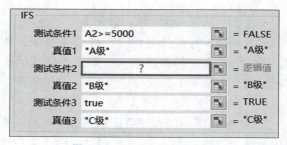
图 2－2－4－5　知识拓展 2

3. 下列有关 SWITCH(表达式,值,结果 1,值,结果 2) 函数的说法，正确的是（　　）。

  A．第一个参数必须引用单元格

  B．第一个参数可以是逻辑值

  C．第二个参数必须是固定值

  D．第二个参数必须是范围表达式

4. 函数的参数可以是（　　）。

  A．文本　　　　　B．表达式　　　　　C．函数　　　　　D．以上皆可

5. 分组讨论 IF、IFS、SWITCH 的异同点。

能力拓展

使用 SWITCH 函数填充"综合测评排名"工作表中的获奖等级。综合测评分数≥98 为一等奖；分数≥96 为二等奖；其余为三等奖。

任务5 按获奖等级和学号排列数据

任务引入

将"综合测评排名"工作表中的数据重新排序,排序规则为按获奖等级从高到低排序,等级相同的学生按学号升序排列。

任务目标

1. 能够使用排序功能排列数据表;
2. 能够使用自定义排序功能排列数据表;
3. 培养根据任务需求,运用创新意识和软件工具解决问题的能力。

知识准备

排序不仅是整理数据的方法,也是分析数据的手段,整齐规律的数据有助于人们发现其背后价值。WPS 表格可以对数据进行排序,排序字段可以是单条件,也可以是多条件。单条件排序只需设置排序"主要关键字",多条件排序则需在主要关键字的基础上再添加"次要关键字"。排序依据可以是数值、单元格颜色、字体颜色等。排序的方式可以是升序、降序和自定义序列,自定义序列是指根据实际需求创建指定的序列用于排序,该功能可以增加排序的灵活度,并且新建序列的过程还可以训练创造力和对信息的敏感度,也能为深入挖掘数据的规律奠定基础。

任务实施

操作演示

步骤1:自定义获奖等级排序

打开"数据"选项卡,单击"排序"下拉按钮,选择"自定义排序",在弹出的对话框中,将主要关键字设置为"获奖等级",次序选择"自定义序列"。在弹出的"自定义序列"对话框里,在左侧"自定义序列"列表中选择"新序列",在右侧输入"一等奖""二等奖""三等奖",如图 2-2-5-1 所示。单击"添加"按钮,再单击"确定"按钮。

步骤2:设置次要关键字

单击"添加条件",将次要关键字设置为"学号",次序选择"升序",单击"确定"按钮。完成以上操作后保存文件。

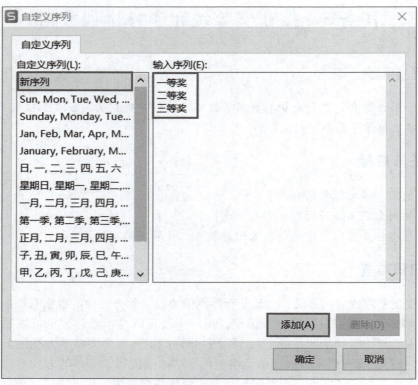

图 2-2-5-1　自定义序列

任务单

查看并填写任务单。

任务评价

查看并填写任务评价表。

任务拓展

知识拓展

1. 按星期一、星期二、……、星期日排序，则排序的方式为（　　）。

　　A. 升序　　　　　　B. 降序　　　　　　C. 自定义　　　　　　D. 以上皆可

2. 如需将数据按"系别"排序，系别相同时按"班级"排序，以下选项正确的是（　　）。

　　A. 主要关键字为"系别"　　　　　　B. 次要关键字为"班级"

　　C. AB 皆可　　　　　　D. 主要关键字为"班级"

3. 排序依据可以是（　　）。

　　A. 数值　　　　　　B. 笔画　　　　　　C. 拼音　　　　　　D. 以上皆可

任务6 筛选分数

📋 任务引入

建立"综合测评排名"工作表的副本，工作表名为"高级筛选"，然后在该工作表中使用高级筛选功能筛选出品德表现高于44.5分或取得一等奖的学生；在"综合测评排名"工作表中使用自动筛选功能筛选出品德表现分数高于44.5分并且取得一等奖的学生。

📋 任务目标

1. 能够使用自动筛选功能筛选出指定数据；
2. 能够使用高级筛选功能筛选出指定数据；
3. 能够根据筛选条件，使用恰当的方法筛选数据；
4. 培养逻辑思维能力和团队协作能力。

📋 知识准备

所谓数据筛选，就是根据条件，从数据表中查找出符合条件的记录并显示出来。WPS表格提供了"自动筛选"和"高级筛选"两种方法。

1. 自动筛选

自动筛选是将不满足条件的记录暂时隐藏起来，屏幕上只剩下满足条件的记录。可以进行单条件筛选、多条件筛选和自定义筛选。

2. 高级筛选

高级筛选通过设置条件区域对数据进行筛选，除显示筛选结果外，还可以保留原数据表内容。高级筛选适用于复杂条件的筛选，可以实现单个字段的"与""或"关系的筛选，也可以实现多个字段之间的"与""或"关系的筛选。

（1）操作步骤

第一步：给定筛选条件，将筛选条件以表格形式填写在数据表的空白处。

第二步：设置高级筛选。需要设置的内容有：①筛选结果的显示位置，分为在原有区域显示和在其他位置显示，如果选择第二种，还需要设置结果区域的起始单元格。②数据区域，即要筛选的数据表，具体区域为从数据表第一列的列标题开始到右下角最后一个数据结束。③条件区域，即筛选条件所在的单元格区域。

第三步：查看筛选结果。

（2）高级筛选条件区域规则

①条件区域的字段名称放在同一行，字段的值放在字段名称的下一行，字段名称必须与数据表中的完全一致，最好通过复制完成，既准确，又快捷。

②值与值之间是"与"的关系放在同一行，是"或"的关系则放在不同行。

③条件区域与数据表之间必须有空白行或空白列隔开。

任务实施

操作演示

步骤1：高级筛选品德表现高于44.5分或取得一等奖的学生

新建"高级筛选"工作表，并将"综合测评排名"工作表中的数据复制到"高级筛选"工作表中。首先设置条件区域，"品德行为表现"和"获奖等级"两个筛选条件的关系为"或"，因此，这两个条件的值不在同一行。将"品德行为表现"和"获奖等级"字符分别复制到 M5 和 N5 单元格，在 M6 单元格中输入品德行为表现的筛选条件">44.5"，在 N7 单元格中输入学业表现的筛选条件"一等奖"，如图 2-2-6-1 所示。

然后设置高级筛选。将光标定位在数据表的任意一个单元格，单击"数据"选项卡→"筛选"下拉按钮，选择"高级筛选"。在弹出的对话框中，将筛选方式设置为"将筛选结果复制到其他位置"，列表区域为"\$A\$1:\$L\$119"，条件区域选择"\$M\$5:\$N\$7"，复制到填"M10"，如图 2-2-6-2 所示。单击"确定"按钮，M10 右侧和下侧的数据就是筛选结果。

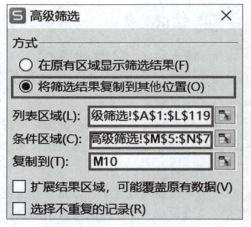

图 2-2-6-1　高级筛选条件　　　　图 2-2-6-2　设置高级筛选

步骤2：筛选品德表现高于44.5分并且取得一等奖的学生

切换到"综合测评排名"工作表，单击"数据"选项卡→"筛选"下拉按钮，选择"筛选"，表格的每个字段右侧都会出现下拉按钮。单击"品德行为表现"右侧的下拉按钮，单击"数字筛选"→"大于"，大于的值设置为"44.5"，单击"确定"按钮。单击"获奖等级"右侧的下拉按钮，只勾选"一等奖"，最后出现筛选结果。完成以上操作后保存文件。

> **小贴士**：
> ◇ Excel 2016 的高级筛选操作方法与 WPS 的基本一致，区别是，在 Excel 中需要通过"数据"选项卡下的"高级"按钮打开"高级筛选"对话框，而在 WPS 中是通过"高级筛选"按钮。

📋 任务单

查看并填写任务单。

📋 任务评价

任务单　　任务评价表　　参考答案

查看并填写任务评价表。

📋 任务拓展

知识拓展

1. 在 WPS 表格中使用高级筛选不需要（　　）。
   A. 设置条件区域　　　　　　　　B. 选择列表区域
   C. 选择结果区域　　　　　　　　D. 排序
2. 有关高级筛选的说法，错误的是（　　）。
   A. 高级筛选条件区域由字段名和筛选条件组成
   B. 在条件区域，同一行的条件逻辑关系为"或"
   C. 高级筛选条件区域的字段名必须与数据表一致
   D. 高级筛选条件区域至少有两行
3. 图 2-2-6-3 所示的高级筛选的条件区域表示（　　）。
   A. 期初、期中、期末成绩都大于 90
   B. 期初、期中、期末成绩之和大于 90
   C. 期初、期中、期末成绩至少有一次大于 90
   D. 以上皆错

图 2-2-6-3　知识拓展 2

4. 有关筛选的说法，错误的是（　　）。
   A. 自动筛选可以实现同一字段的或运算和与运算
   B. 自动筛选可以实现不同字段之间的或运算和与运算
   C. 高级筛选可以实现同一字段的或运算和与运算
   D. 高级筛选可以实现不同字段之间的或运算和与运算
5. 分组讨论：比较任务实施中的两次筛选结果有何不同；"高级筛选"和"自动筛选"的异同。是否可以用自动筛选选出品德行为表现或学业表现高于 44.5 分的学生信息？

能力拓展

在"项目二：综合测评"的"高级筛选"工作表名中，使用高级筛选选出品德行为表现高于 44.5 分并且取得一等奖的学生。

能力拓展视频

任务7 建立各系平均分数据透视表

任务引入

使用"综合测评排名"中的数据创建各系平均分数据透视表。创建的数据表放在新工作表中,名称为"各系平均分分析",数据透视表的行字段为"系别",数值项为"综合测评"和"平均分"。

任务目标

1. 掌握数据透视表的作用;
2. 能够创建、使用数据透视表分析数据;
3. 提高信息处理能力。

知识准备

数据透视表是一种交互式的数据报表,可以快速汇总、比较、筛选、排列大量的数据。相对于单独的汇总、筛选等功能,数据透视表支持多维数据分析,增强了数据处理的深度和广度。数据透视表包含四部分区域,分别是"行区域""列区域""值区域""筛选器",如图2-2-7-1所示。创建数据透视表时,需要从"列表字段"窗口中选择相应的字段拖曳至数据透视表的各个区域。数据透视表创建成功后,可以同时通过选择筛选器、行和列的不同数据元素快速查看源数据的不同统计汇总结果。

图2-2-7-1 数据透视表结构

任务实施

操作演示

步骤1:插入数据透视表

打开"综合测评排名"工作表,将鼠标定位在数据表的任意一个单元格,切换到"插入"选项卡,单击"插入数据透视表",在弹出的对话框中,选择单元格区域为"$A$1:$K$119",放置数据透视表的位置设置为"新工作表",如图2-2-7-2所示,单击"确定"按钮。

步骤2:添加数据透视表字段

将行字段设置为"系别"。在右侧面板中选中"系别"字段,然后将其拖曳到数据透视

主题2　电子表格处理

表的"行"区域。将数值项设置为"综合测评"和"平均分"。将"综合测评"和"平均分"字段分别拖曳到数据透视表的"值"区域，如图2-2-7-3所示。

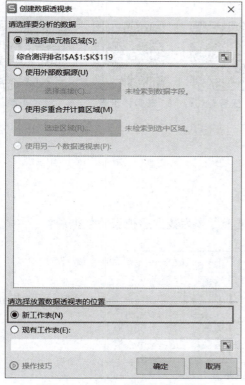

图2-2-7-2　创建数据透视表

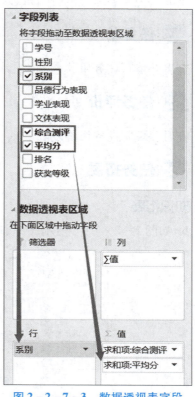

图2-2-7-3　数据透视表字段

步骤3：设置值字段

在"值"区域单击"综合测评"下拉按钮，如图2-2-7-4所示，然后选择"值字段设置"，在弹出的对话框中将值字段汇总方式设置为"平均值"，如图2-2-7-5所示。

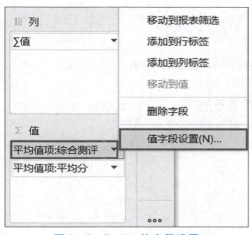

图2-2-7-4　值字段设置

图2-2-7-5　修改汇总方式

单击"数字格式"按钮,选择数字分类为"数值",小数位数为"1"。用同样的方法将"平均分"字段的汇总方式也设置为"平均值",并保留1位小数。将数据透视表所在的工作表重命名为"各系平均分分析"。完成以上操作后保存文件。

任务单

查看并填写任务单。

任务评价

查看并填写任务评价表。

任务拓展

知识拓展

1. 如图2-2-7-6所示,A1:E5单元格区域是否可作为数据透视表的数据源?(　　)

图2-2-7-6 知识拓展1

  A. 不可以   B. 不确定
  C. 可以   D. 电脑可以,手机不可以

2. 如果在创建数据透视表时错将行字段设置为列字段,则(　　)。
  A. 单击"撤销"命令撤销上一步操作   B. 将行字段删除后再重新添加
  C. 删除数据透视表   D. 以上皆可

3. 有关数据透视表的位置,说法正确的是(　　)。
  A. 必须在新工作表中   B. 任意
  C. 必须在已有工作表中   D. 必须是单独的工作表

4. 数据透视的字段不包括(　　)。
  A. 标题项   B. 行标签   C. 报表筛选项   D. 数值项

5. 分组讨论:数据透视表和排序、筛选功能有何异同之处?

任务8　建立平均分对比组合图

任务引入

使用"各系平均分分析"数据透视表中的数据，创建各系平均分与全体平均分的对比组合图。各系平均分的图表类型为柱形图，全体平均分的图表类型为折线图，组合图以对象形式嵌入"各系平均分分析"工作表中。

任务目标

1. 掌握组合图的作用；
2. 能够创建组合图；
3. 掌握图表模板的作用；
4. 能够将图表保存为模板；
5. 提高信息表达能力；
6. 培养精益求精的工匠精神。

知识准备

1. 组合图

WPS 表格支持在同一个图表中使用两种或多种图表类型，这种形式就是组合图。组合图的信息表达能力比单一类型的图表更强。组合图和普通单一图表一样，需要选择图表数据区域和图表类型。在选择数据区域时，组合图要求至少选择两个数据系列。

2. 图表模板

WPS 表格可将需要重复使用的图表创建为图表模板。图表模板的文件扩展名为".crtx"。图表模板中包含图表格式设置，使用图表模板创建的图表将使用其模板的格式，若要使用其他格式，需重新设置。

任务实施

操作演示

步骤1：插入组合图

打开"各系平均分分析"工作表，选择 B4:C6 单元格区域，切换到"插入"选项卡，单击"全部图表"，在弹出的对话框中选择"组合图"，将综合测评的图表类型设置为"簇状柱形图"，将平均分的图表类型设置为"折线图"，最后单击"插入预设图表"按钮，如图 2-2-8-1 所示。

步骤2：美化系列格式

选中图表中的各系平均分系列，单击"图表工具"选项卡中的"设置格式"按钮，在右侧面板中选择"填充与线条"→"渐变填充"→"蓝色-深蓝渐变"，渐变样式"向下"，如图 2-2-8-2 所示。再将右侧面板切换为"效果"，选择阴影为"右下斜偏移"，如图 2-2-8-3 所示。

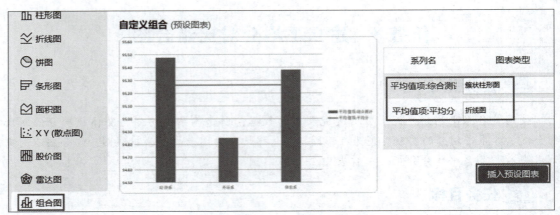

图 2-2-8-1 插入组合图

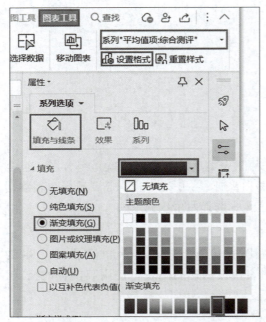

图 2-2-8-2 设置系列填充颜色

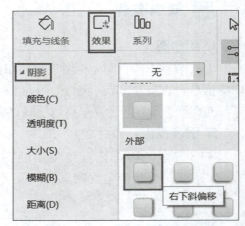

图 2-2-8-3 设置系列阴影

步骤3：保存为模板

在图表上右击，选择"另存为模板"，将文件名保存为"组合图1.crtx"，保存位置为桌面，单击"保存"按钮。

任务单

查看并填写任务单。

任务评价

查看并填写任务评价表。

任务单

任务评价表

参考答案

任务拓展

知识拓展

1. 以下关于组合图的说法，正确的是（　　）。
   A. 只能选择两个系列　　　　　　　B. 不能选择两个系列
   C. 可以选择三个系列　　　　　　　D. 可以选择一个系列
2. 含有图表的电子表格模板文件的扩展名是（　　）。
   A. .crtx　　　　B. .xls　　　　C. .et　　　　D. .xlsx
3. 如图 2－2－8－4 所示，"图表工具"下的"设置格式"不具有（　　）功能。
   A. 设置"系列1"的填充颜色　　　　B. 设置"系列1"的阴影
   C. 设置"系列1"的数据区域　　　　D. 设置"系列1"的图形间距

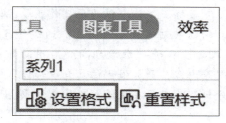

图 2－2－8－4　知识拓展 3

4. 若想在 WPS 表格中修改图表的背景，应使用"图表工具"中的（　　）。
   A. 添加元素　　　B. 快速布局　　　C. 更改类型　　　D. 设置格式
5. 分组讨论：组合图不适合应用在哪些场景？

项目总结

本项目在项目 1 的基础之上，继续学习 1＋X WPS 办公应用中级和计算机一级的知识与技能，涉及丰富的数据处理和分析操作。任务 1 可以看作项目 1 条件格式功能的高级应用，任务 2 则是在项目 1 基础上进一步学习数据有效性的使用方法，任务 3 和任务 4 的函数除算术运算外，还涉及逻辑运算，任务 5～7 提供了更丰富的数据分析方法，任务 8 展示了图表组合的应用方法。本项目要求重点掌握重复项的处理，使用数据有效性制作下拉菜单，RANK、IF、IFS、SWITCH 函数，高级筛选，创建数据透视表和组合图，并要求在掌握以上知识技能的过程中增强信息意识、计算思维，提高数字化创新与发展能力。

项目 3
分析农机作业数据

项目介绍

数据分析在农业现代化进程中起到重要作用，WPS 表格作为数据处理软件，也可以用于农业场景。本项目以分析农机作业数据为例，共 6 个任务，要求使用 WPS 表格的分列功能提取数据；使用函数查找填充数据、统计农机的每日作业量；使用分类汇总统计农机作业数据；使用数据透视图将统计的结果创建成动态图表。通过任务实施，学习者在 WPS 办公应用（表格模块）中级的基础之上，进一步学习高级应用的知识和技能，涉及数据分列、函数、分类汇总、数据透视图等内容，更加强化信息意识和计算思维训练，提高数字化创新与发展能力，深入理解数据分析及其工具在生活和工作中的重要意义。

知识导图

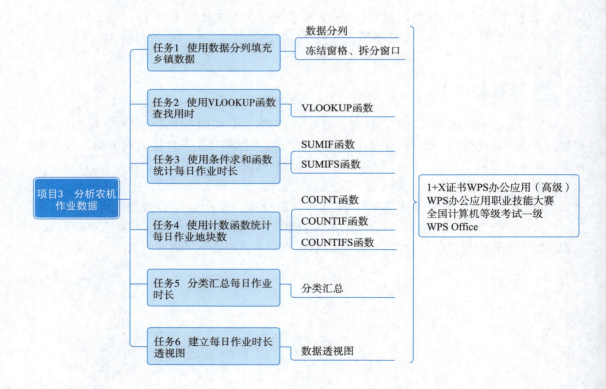

任务1　使用数据分列填充乡镇数据

任务引入

任务资源

素材"项目三：农机作业量.xlsx"工作簿中的"各镇数据"工作表为收割机的每日作业量数据，如图2-3-1-1所示。其中，地址列为收割地块的地址信息，该列数据的前三个字符为地块所在的乡镇信息，其余为地块所在村的信息。请用"分列"功能提取乡镇信息，然后将提取出的信息存入新的列，列标题为"乡镇"，提取后，将原地址列的字段改为"村"。再通过冻结窗口设置，冻结标题行，使数据表便于阅读和查看。

序号	地址	地块编号	地块面积	联系人	任务日期	用时	产量
1	平氏镇新庄村	A0108	14	陈林	5月30日		13770
2	平氏镇新庄村	A0102	17	张育红	5月30日		25920
3	平氏镇新庄村	A0109	19	孟泳静	5月30日		11340
4	平氏镇新庄村	A0101	20	赵丽娟	5月30日		18810
5	平氏镇小河塘村	A0306	8	吴建忠	5月30日		9000
6	平氏镇小河塘村	A0302	10	冯强	5月30日		16200
7	平氏镇雷庄村	A0405	30	刘倩	5月29日		11340
8	平氏镇雷庄村	A0403	19	孙竹浒	5月29日		18810

图2-3-1-1　"各镇数据"工作表

任务目标

1. 能够使用数据分列功能拆分数据；
2. 能够使用拆分窗口和冻结窗格功能浏览数据表；
3. 培养获取和处理信息的能力；
4. 提高对信息价值的判断力和信息敏感度。

知识准备

1. 分列

数据分列能够快速地对同一列的多个数据按照一定规则进行有效拆分，即将一列数据拆分成多列数据。可以按分隔符进行分列，比如逗号、空格等，也可以按固定的宽度进行分列。如果需要拆分的数据含有统一的符号，就可以按照符号进行分列，如果数据比较规律，分列宽度都相同，可采用固定宽度分列。数据分列可以快速地从已有数据中提取信息，因此，进行数据填充和处理时要仔细观察已有数据，充分利用已知信息。

2. 冻结窗格

当查看数据较多的工作表时，拖动滚动条就会看不到前方的行或列。通过"冻结窗格"功能可以固定若干行或列，以便在滚动时查看数据之间的对应关系。窗格冻结后可以取消。

3. 拆分窗口

当查看数据内容较多的工作表时，还可以使用"拆分窗口"功能，将当前工作表窗口最多拆分为四个大小可以设定的区域，分区域分别查看数据。窗口拆分后也可以取消，恢复普通窗口状态。

任务实施

步骤1：选择分列数据

打开素材"项目三：农机作业量.xlsx"工作簿的"各镇数据"工作表，在地址列的右侧插入一列。因为每个乡镇的字符数一致，所以可以采用"固定宽度"的方式分列。选中"地址"列（B列），切换到"数据"选项卡，单击"分列"，如图2－3－1－2所示。在弹出的对话框中将最适合的文件类型设置为"固定宽度"，如图2－3－1－3所示，然后单击"下一步"按钮。

操作演示

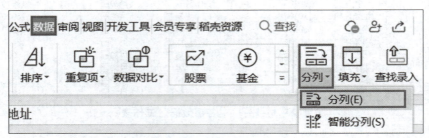

图2－3－1－2 分列

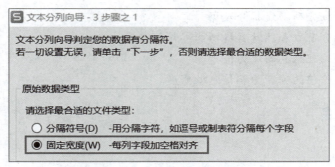

图2－3－1－3 固定宽度分列

步骤2：设置分列线

在数据预览框的平氏镇与新庄村之间单击鼠标，随后此处会出现一条分列线，此时单击"下一步"按钮，如图2－3－1－4所示。数据类型和目标区域直接采用默认方式，即不需要设置，直接单击"完成"按钮即可，当弹出警告窗口，询问"目标单元格可能含有数据，继续可能会造成数据丢失，是否继续"时，单击"是"按钮。

步骤3：修改列标题

将地址列的标题改为"乡镇"，在C列输入标题"村"。

步骤4：冻结窗格

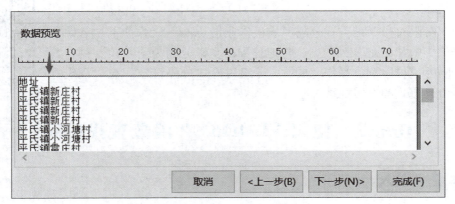

图 2-3-1-4　设置分割线

单击第 2 行的行号选中第 2 行，单击"视图"选项卡→"冻结窗格"下拉按钮，在下拉菜单中单击"冻结至第 1 行"，如图 2-3-1-5 所示。完成以上操作后保存文件。

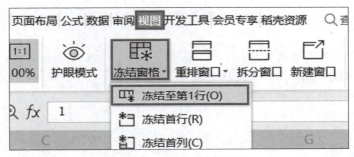

图 2-3-1-5　冻结窗格

📋 任务单

查看并填写任务单。

📋 任务评价

查看并填写任务评价表。

任务单　　　　　　任务评价表　　　　　参考答案

📋 任务拓展

知识拓展

1. 在 WPS 表格中，想在滚动数据表时保持首行可见，则进行（　　）操作。
   A. 冻结首列　　　B. 冻结首行　　　C. 冻结标题行　　　D. 拆分窗口
2. 有关 WPS 表格的冻结窗格功能，说法正确的是（　　）。
   A. 只能冻结首行、首列　　　　　　B. 只能冻结标题行
   C. 可以冻结若干行或列　　　　　　D. 冻结之后不能取消
3. 分组讨论：冻结窗格和拆分窗口有哪些异同点？分别适合在什么场景下使用？

能力拓展

使用"分隔符号"的方式分隔"农机作业量.xlsx"工作簿下"各镇数据"工作表中的"地址"列数据,将地址中的乡镇分隔为"乡镇"列,其余字符分隔为"村"列。操作完成后,分组讨论"分隔符号"与"固定宽度"两种分列方式的适用场景。

能力拓展视频

任务 2　使用 VLOOKUP 函数查找用时

任务引入

"各镇数据"工作表中的 H2:H14 单元格区域缺少农机"用时"的数据,该数据可以在"平氏镇"工作表中查找到。相对于人工查找,使用函数不仅能更快地找到数据,还能提高结果的准确性。因此,使用 VLOOKUP 函数在"平氏镇"工作表中查找相应的"用时"数据并填充到"各镇数据"工作表的 H2:H14 单元格区域。

任务目标

1. 掌握 VLOOKUP 函数的作用;
2. 能够使用 VLOOKUP 函数查找指定数据;
3. 提高选择合适的函数辅助解决问题的能力;
4. 培养计算思维的迁移能力。

知识准备

在工作表之间相互引用数据,是 WPS 表格的典型应用场景,VLOOKUP 函数可以高效解决跨工作表的数据查找和填充问题。

VLOOKUP 函数的作用是,在表格或数值数组的首列查找指定的数值,并据此返回该表格或数组的当前行中指定列处的数值。

VLOOKUP 函数格式:VLOOKUP(查找值,数据表,列序数,匹配条件)。

VLOOKUP 函数参数:查找值,数据表,列序数,匹配条件。查找值:查找数据的依据;数据表:从查找依据所在列开始,并包含查找目标的数据表;列序数:查找目标所属列在数据表中的编号;匹配条件:查找时是精确匹配还是近似匹配。如果为 FALSE 或 0,则返回精确匹配;如果为 TRUE 或 1,将查找近似匹配值;如果省略,则默认为 1。

例题:参见任务实施。

任务实施

步骤 1:插入 VLOOKUP 函数

在 H2 单元格中插入 VLOOKUP 函数,并打开"函数参数"对话框。

步骤 2:设置参数

因为要根据地块编号查找面积,所以查找值为"D2"。数据表参数引用"平氏镇"工

操作演示

作表，上一个参数查找数据"地块编号"在"平氏镇"工作表的 D 列，所以数据表引用"平氏镇"工作表的 D 列以右的范围并包含用时列数据，即"平氏镇!D$2:H$29"（该范围的行号需绝对引用）。因为所查找的"用时"是引用数据表的左起第 5 列，所以序列数为"5"。匹配条件为精确匹配，参数为"FALSE"，如图 2-3-2-1 所示。E2 单元格的函数表达式为"=VLOOKUP(D2,平氏镇!D$2:H$29,5,FALSE)"。继续使用 VLOOKUP 函数自动填充 H3:H14 单元格区域的数据。完成以上操作后保存文件。

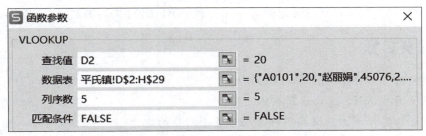

图 2-3-2-1　VLOOKUP 函数的参数

任务单

查看并填写任务单。

任务评价

查看并填写任务评价表。

任务单　　　任务评价表　　　参考答案

任务拓展

知识拓展

1. VLOOKUP 函数的作用是（　　）。
   A. 数值查找　　B. 数据判断　　C. 数据验证　　D. 数据排序

2. 如图 2-3-2-2 所示，使用 VLOOKUP 函数在该表中依据学号查找综合测评分数，则 VLOOKUP 函数的参数"数据表"范围是（　　）。
   A. A1:E7　　B. B1:B7　　C. E1:E7　　D. B1:E7

3. 如图 2-3-2-2 所示，使用 VLOOKUP 函数在该表中依据学号查找综合测评分数，需精确匹配，则参数"匹配条件"为（　　）。
   A. TURE　　B. 忽略　　C. 任意　　D. FALSE

	A	B	C	D	E
1	姓名	学号	性别	系别	综合测评
2	蒋丽娜	231010119	女	信息系	83.90
3	刘红静	231030210	男	信息系	86.39
4	吴建忠	231010208	女	信息系	87.70
5	韩淳浩	231030111	男	信息系	89.69
6	吕娜欣	231030213	女	信息系	88.75
7	刘倩明	231020116	女	信息系	84.76

图 2-3-2-2　知识拓展 2、知识拓展 3

任务3 使用条件求和函数统计每日作业时长

任务引入

根据"各镇数据"工作表中的数据,用SUMIFS函数统计农机在各个乡镇的每日作业时长之和,并将结果分别填充到"汇总统计"工作表的B4:B12、D4:D12、F4:F12单元格区域。

任务目标

1. 能够使用SUMIF函数计算数据的和;
2. 能够使用SUMIFS函数计算数据的和;
3. 培养逻辑思维能力,提高用计算思维解决问题的能力;
4. 培养勇于探究的科学精神。

知识准备

在项目1的任务5中学习过求和SUM函数,该函数虽然可以求和,但是需要多次计算才能完成本项任务要求,因此,应该积极寻求更有效的问题解决方法。对于有条件的求和场景,使用条件求和函数SUMIF或SUMIFS可以更快、更准确地得到结果。

1. SUMIF函数

功能:返回满足指定条件的单元格数值之和。
格式:SUMIF(区域,条件,求和区域)。
参数:区域,条件,求和区域。区域:用于条件判断的单元格区域;条件:指定求和条件的表达式;求和区域:用于求和的单元格区域。
例题:在数据表(图2-3-3-1)中求5月22日农机作业时长之和,求和的条件是日期为"5月22日";用于条件判断的单元格区域是任务日期字段的数据"G2:G10"单元格区域,需要求和的区域是农机用时字段的数据"H2:H10"单元格区域。因此,SUMIF的表达式为" =SUMIF(G2:G10,"5月22日",H2:H10)"。

	A	B	C	D	E	F	G	H	I
1	序号	乡镇	村	地块编号	地块面积	联系人	任务日期	用时	产量
2	49	程湾镇	吴井村	C0305	5	李敬	5月22日	0.5	4950
3	51	程湾镇	石头庄村	C0402	22	张朝	5月22日	2.4	21780
4	52	程湾镇	石头庄村	C0407	31	马信斌	5月22日	2.8	30690
5	53	程湾镇	石头庄村	C0408	15	武佳	5月22日	1.5	14850
6	54	程湾镇	石头庄村	C0405	18	赵德富	5月22日	2.0	16200
7	55	程湾镇	石头庄村	C0403	11	孙海飞	5月22日	1.0	9900
8	56	程湾镇	石头庄村	C0406	32	郭富	5月22日	2.9	31680
9	41	程湾镇	岳沟村	C0103	7	卢彩霞	5月23日	0.7	6930
10	43	程湾镇	岳沟村	C0101	5	田爱武	5月23日	0.6	4500

图2-3-3-1 SUMIF例题数据表

2. SUMIFS 函数

功能：返回满足多个指定条件的单元格数值之和。

格式：SUMIFS(求和区域,区域1,条件1,区域2,条件2,…)。

参数：求和区域,区域1,条件1,区域2,条件2,…。求和区域：用于求和的单元格区域；区域1,区域2,…：用于条件判断的单元格区域；条件1,条件2,…：指定求和条件的表达式。

例题：参见任务实施。

任务实施

步骤1：插入 SUMIFS 函数

打开"汇总统计"工作表，在 B4 单元格中插入 SUMIFS 函数。

步骤2：设置 SUMIFS 函数

操作演示

因为计算作业总时长为用时之和，所以，求和区域为"各镇数据"工作表的 H2:H57 单元格区域，参数填"各镇数据!$H$2:$H$57"（该区域绝对引用）。求和的条件有两个，分别是乡镇和日期，因此，条件1引用乡镇"$B$2"（绝对引用），对应的区域1引用"各镇数据"工作表的乡镇数据"B2:B57"，即"各镇数据!$B$2:$B$57"（该区域绝对引用），条件2引用日期"$A4"（列标绝对引用），对应的区域2引用"各镇数据!$G$2:$G$57"，如图2-3-3-2所示。B4单元格的函数表达式为"=SUMIFS(各镇数据!$H$2:$H$57,各镇数据!$B$2:$B$57,B$2,各镇数据!$G$2:$G$57,$A4)"。使用 SUMIFS 函数自动填充 B5:B12 单元格区域的总时长，然后复制 B4:B12 单元格区域，分别粘贴到 D4:D12、F4:F12 单元格区域，得到收割机在所有乡镇的每日工作总时长。完成以上操作后，保存文件。

图2-3-3-2 SUMIFS 函数的参数

任务单

查看并填写任务单。

任务评价

任务单

任务评价表

参考答案

查看并填写任务评价表。

任务拓展

知识拓展

1. SUMIF 函数用于（　　）。

A. 对满足条件的单元格求和

B. 计算区域中满足给定条件的单元格个数

C. 计算单元格区域所有数值之和

D. 求和条件判断

2. SUMIFS 函数用于（ ）。

A. 对满足条件的单元格求和　　B. 多条件求和

C. 多条件求计数　　D. 多条件判断

3. 如图 2-3-3-3 所示，使用 SUMIFS 函数计算信息系女生的综合测评总分，那么"求和区域"参数是（ ）。

A. E2:E7　　B. A2:E7　　C. C2:E7　　D. C2:D7

	A	B	C	D	E
1	姓名	学号	性别	系别	综合测评
2	蒋丽娜	231010119	女	信息系	83.90
3	刘红静	231030210	男	信息系	86.39
4	吴建忠	231010208	女	信息系	87.70
5	韩淳浩	231030111	男	信息系	89.69
6	吕娜欣	231030213	女	信息系	88.75
7	刘倩明	231020116	女	信息系	84.76

图 2-3-3-3　知识拓展 3、知识拓展 4

4. 如图 2-3-3-3 所示，计算信息系综合测评总分，下列错误的是（ ）。

A. =IF("信息系",SUM(E2:E7))

B. =SUM(E2:E7)

C. =SUMIF(D2:D7,"信息系",E2:E7)

D. =SUMIFS(E2:E7,D2:D7,"信息系")

5. SUMIF 和 SUMIFS 函数的共同点不包括（ ）。

A. 都需要设置求和条件　　B. 都可以用于条件求和

C. 都需要设置求和区域　　D. 参数一样

任务 4　使用计数函数统计每日作业地块数

📋 任务引入

根据"各镇数据"工作表中的数据，使用 COUNTIFS 函数统计农机在各个乡镇每日作业的地块数之和，并将结果分别填充到"汇总统计"工作表的 C4:C12、E4:E12、G4:G12 单元格区域。

📋 任务目标

1. 能够使用 COUNT 函数进行计数统计；

2. 能够使用 COUNTIF、COUNTIFS 函数进行条件计数统计；

3. 培养逻辑思维能力，提高用计算思维解决问题的能力；

4. 培养勇于探究的科学精神。

主题2 电子表格处理

📖 知识准备

本任务要计算的地块数之和，可以转换为地块信息所占单元格的数量之和，是计数统计函数的典型应用场景。那么哪些函数可以解决目前的问题呢？只要简单描述函数的功能，在插入函数搜索框中进行搜索，不难发现 COUNT、COUNTIF、COUNTIFS 函数都是计数统计函数。那么哪个函数更适合解决当前任务呢？在下文可以很快找到答案。

1. COUNT 函数

功能：用于统计非空的数字单元格的个数。

格式：COUNT(单元格区域)。

参数：单元格区域。单元格区域：需要进行数量统计的单元格范围。

例题：统计图 2-3-4-1 所示的农机作业的地块数量，可以使用 COUNT 函数。表中的每个地块对应一个"地块面积"，"地块面积"所占的单元格数量与地块数相等，且该单元格为数字，不为空。因此，用 COUNT 函数统计农机作业的地块数的表达式为"= COUNT(E2:E10)"。

	A	B	C	D	E	F	G	H	I
1	序号	地址	村	地块编号	地块面积	联系人	任务日期	用时	产量
2	49	程湾镇	吴井村	C0305	5	李敬	5月22日	0.5	4950
3	51	程湾镇	石头庄村	C0402	22	张朝	5月22日	2.4	21780
4	52	程湾镇	石头庄村	C0407	31	马信斌	5月22日	2.8	30690
5	53	程湾镇	石头庄村	C0408	15	武佳	5月22日	1.5	14850
6	54	程湾镇	石头庄村	C0405	18	赵德富	5月22日	2.0	16200
7	55	程湾镇	石头庄村	C0403	11	孙海飞	5月22日	1.0	9900
8	56	程湾镇	石头庄村	C0406	32	郭富	5月22日	2.9	31680
9	41	程湾镇	岳沟村	C0103	7	卢彩霞	5月23日	0.7	6930
10	43	程湾镇	岳沟村	C0101	5	田爱武	5月23日	0.6	4500

图 2-3-4-1 COUNT、COUNTIF 例题数据

2. COUNTIF 函数

功能：统计在指定范围内，满足指定条件的单元格个数。

格式：COUNTIF(计数区域，计数条件)。

参数：计数区域，计数条件。计数区域：需要进行数量统计的单元格范围；计数条件：用于数量统计的指定条件。

例题：统计图 2-3-4-1 所示的数据表中农机 5 月 22 日作业的地块数量，可以使用 COUNTIF 函数。表中每个作业地块都有任务日期，日期为 5 月 22 日单元格个数，与这一天农机作业的地块数相等。因此，求 5 月 22 日的作业地块数，就可以转换求满足条件任务日期为 5 月 22 日的单元格个数。COUNTIF 的计数区域参数是 G2:G10，计数条件参数是"5 月 22 日"，COUNTIF 函数的表达式为"= COUNTIF(G2:G10,"5 月 22 日")"。

3. COUNTIFS 函数

功能：返回多个区域中满足指定条件的单元格个数。

格式：COUNTIFS(区域1,条件1,区域2,条件2,…)。

参数：区域1，条件1，区域2，条件2，…。区域1，区域2，…：用于条件判断的单元格区域；条件1，条件2，…：指定计算单元格个数的条件表达式。

例题：参见任务实施。

任务实施

步骤1:插入 COUNTIFS 函数

打开"汇总统计"工作表,在 C4 单元格中插入 COUNTIFS 函数。

步骤2:设置 COUNTIFS 函数的参数

操作演示

各镇每日作业地块数等于各镇任务日期所占单元格数量。因此,两个计数条件分别是乡镇和日期,条件1引用乡镇"B$2",对应的区域1引用"各镇数据!$B$2:$B$57",条件2引用日期"$A4",对应的区域2引用"各镇数据!$G$2:$G$57",如图2-3-4-2所示。C4 单元格的函数表达式为"=COUNTIFS(各镇数据!$B$2:$B$57,B$2,各镇数据!$G$2:$G$57,$A4)"。使用 COUNTIFS 自动填充 C5:C12 单元格区域,然后复制 C4:C12 单元格区域,分别粘贴到 E4:E12、G4:G12 单元格区域,得到收割机在所有乡镇的每日作业地块数。最后保存文件。

图2-3-4-2 COUNTIFS 函数的参数

任务单

查看并填写任务单。

任务评价

任务单

任务评价表　参考答案

查看并填写任务评价表。

任务拓展

知识拓展

1. 如图2-3-4-3所示,用函数统计表中人数,下列选项中错误的是(　　)。

A. =COUNT(E2:E7)　　　　　　B. =COUNTIF(D2:D7,"信息系")
C. =COUNT(B2:B7)　　　　　　D. =COUNTIFS(D2:D7,"信息系")

2. 如图2-3-4-3所示,统计表中女生人数,下列选项中正确的是(　　)。

A. =COUNTIF("女",C2:C7)　　B. =COUNTIF(C2:C7,"女")
C. =IF("女",COUNT(C2:C7))　　D. =COUNT("女")

3. 有关 COUNT 函数的说法,正确的是(　　)。

A. COUNT 统计的结果不包含数字 0 所占的单元格

	A	B	C	D	E
1	姓名	学号	性别	系别	综合测评
2	蒋丽娜	231010119	女	信息系	83.90
3	刘红静	231030210	男	信息系	86.39
4	吴建忠	231010208	男	信息系	87.70
5	韩淳浩	231030111	男	信息系	89.69
6	吕娜欣	231030213	女	信息系	88.75
7	刘倩明	231020116	女	信息系	84.76

图2-3-4-3　知识拓展1、知识拓展2

B. COUNT 统计的结果包含文本型的数字所占的单元格
C. COUNT 统计非空的单元格数量
D. COUNT 统计的结果包含中文数字所占的单元格
4. 有关 COUNTIF 函数的说法，正确的是（　　）。
A. COUNTIF 的统计条件可以任意指定
B. COUNTIF 的统计条件必须为数字
C. COUNTIF 的只能统计数字单元格
D. COUNTIF 统计范围不包含非空单元格
5. 分组讨论：COUNT、COUNTIF、SUMIF、COUNTIFS、SUMIFS 的区别。

任务5　分类汇总每日作业时长

任务引入

本任务需要分析农机每日的作业时长，除了使用统计函数外，分类汇总也可以对数据进行分类统计。请建立"各镇数据"工作表的副本，并将其命名为"分类汇总"。然后在"分类汇总"工作表中使用分类汇总统计农机每日工作时长。

任务目标

1. 掌握分类汇总的作用；
2. 能够使用分类汇总统计数据；
3. 培养信息应用能力。

知识准备

分类汇总，是对数据表按照指定字段进行分类，然后将分类的数据进行指定关键字的求和、计数、求平均值等汇总操作。在进行分类汇总时，需要设置分类字段、汇总方式和汇总项。

1. 分类字段

分类字段是分类汇总的分类依据字段。作为分类的字段，必须有分类的意义，比如可按照性别、班级等分类，但是一般情况下很少按照金额、分数等分类。在分类汇总之前，要检查数据表的顺序，如果数据不是按照分类字段排列，那么要将数据表先按照分类字段排序，再设置分类汇总。

2. 汇总方式

汇总方式是分类汇总的计算方式，有求和、计数、求平均值等多种计算方式。

3. 汇总项

汇总项是分类汇总需要进行计算的字段，汇总项可以选择多个字段。

任务实施

步骤1：检查数据顺序

创建"各镇数据"工作表中的副本，并将其命名为"分类汇总"。打开"分类汇总"工作表，检查表中数据的排列顺序是否为"任务日期"，如果不是，需将数据表按"任务日期"重新排列。

操作演示

步骤2：分类汇总每日作业时长

单击"数据"选项卡→"分类汇总"按钮，如图2-3-5-1所示。在弹出的对话框中进行设置。分类字段选择"任务日期"，汇总方式为"求和"，选定汇总项为"用时"，如图2-3-5-2所示，单击"确定"按钮，显示分类汇总结果。完成以上操作后保存文件。

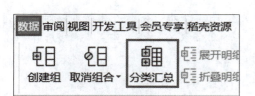

图2-3-5-1 打开分类汇总

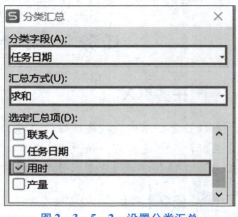

图2-3-5-2 设置分类汇总

任务单

查看并填写任务单。

任务评价

查看并填写任务评价表。

任务单　　　　任务评价表　　　　参考答案

任务拓展

知识拓展

1. 使用WPS表格进行分类汇总之前，一般要先进行（　　　）操作。

A. 查询　　　　　　B. 排序　　　　　　C. 检索　　　　　　D. 筛选

2. 使用 WPS 表格进行分类汇总预处理排序时，排序关键字与（　　）一致。

A. 分类字段　　　　B. 汇总方式　　　　C. 汇总项　　　　　D. 以上都是

3. 分类汇总之前忘记排序，导致结果错误时，应（　　）。

A. 撤销上一步，然后重新操作　　　　B. 删除错误结果，然后重新操作

C. 重启 WPS，然后重新操作　　　　　D. 重新排序，然后重新分类汇总

4. 有关分类汇总的说法，正确的是（　　）。

A. 分类汇总的结果不能撤销　　　　　B. 分类汇总的结果不能修改

C. 分类汇总的结果可以删除　　　　　D. 分类汇总的汇总项是唯一的

5. 分组讨论：分类汇总和 COUNTIF、SUMIF 函数在数据统计上有何异同之处？

任务 6　建立每日作业时长透视图

任务引入

使用图表可以更形象、直观地展示数据。请在"数据透视图"工作表中建立各个"乡镇"和"村"的农机用时数据透视表和数据透视图，并能按日期筛选数据。

任务目标

1. 能够创建数据透视图；
2. 能够修改数据透视表和数据透视图；
3. 能够用切片器筛选数据；
4. 培养信息应用能力。

知识准备

1. 数据透视图

数据透视图可以在数据透视表的基础上更清晰、直观地展示数据，可以让图表随着选取的筛选字段值的改变而自动更新。

2. 切片器

切片器是一个数据筛选工具。在数据透视表中可以使用此功能，但在普通表格中无法使用。

任务实施

步骤 1：插入数据透视图

打开"各镇数据"工作表，将光标定位在数据表的任意一个单元格，切换到"插入"选项卡，单击"数据透视图"，如图 2-3-6-1 所示。在弹出的对话框中选择单元格区域为"各镇数据!$A$1:$I$57"，放置数据透

操作演示

视表的位置设置为"现有工作表",然后用鼠标选择"数据透视图"工作表的 A1 单元格,最后单击"确定"按钮。

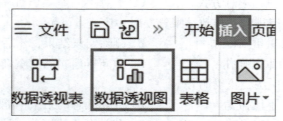

图 2-3-6-1　插入数据透视图

步骤 2：添加数据透视表字段

选中空白的数据透视表,将列字段设置为"乡镇",行字段设置为"村",数值项设置为"用时"并打开值字段设置,自定义名称为"每日作业时长"。拖曳数据透视图,将其右上角定位到 G1 单元格,如图 2-3-6-2 所示。

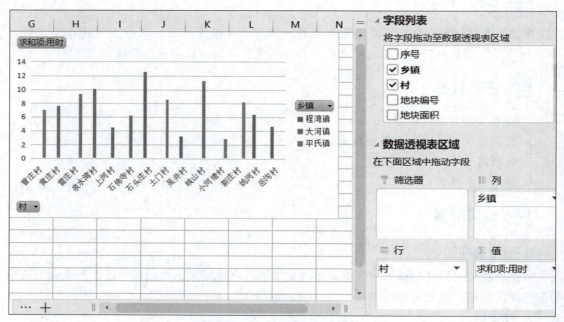

图 2-3-6-2　数据透视图

步骤 3：插入切片器

选中数据透视图,单击"分析"选项卡→"插入切片器",如图 2-3-6-3 所示。在弹出的对话框中选择"任务日期",单击"确定"按钮即可插入"切片器",如图 2-3-6-4 所示。拖曳切片器,将其右上角定位到 G17 单元格。在切片器上选择不同的日期,并观察数据透视图和透视表的变化。完成以上操作后保存文件。

图2-3-6-3 插入切片器

图2-3-6-4 切片器

任务单

查看并填写任务单。

任务单

任务评价

查看并填写任务评价表。

任务评价表

任务拓展

参考答案

知识拓展

1. 下列选项有关 WPS 表格的"切片器"的说法，错误的是（　　）。
   A. 切片器不能清除　　　　　　　B. 切片器可以隐藏
   C. 切片器项目可以多选　　　　　D. 切片器内的字段可以排序
2. 有关数据透视表的说法，正确的是（　　）。
   A. 创建数据透视表之前要进行排序
   B. 数据透视表默认位置是现有工作表
   C. 数据透视表中可以使用公式
   D. 数据源发生变化后，数据透视表不能自动更新
3. 数据透视表行字段（　　）。
   A. 不能为空　　B. 可为空　　C. 只能填一项　　D. 在第一行
4. 数据透视表的数据源不支持（　　）。
   A. 多重区域　　B. 单一区域　　C. 外部数据　　D. 以上都是
5. 数据透视表和数据透视图是（　　）式报表。
   A. 排序　　　　B. 筛选　　　　C. 交互　　　　D. 汇总

项目总结

本项目展示了 WPS 表格在农业数据分析场景中的应用，其内容为 1+X WPS 办公应用高级和计算机一级考试所要求的知识和技能，涉及更丰富的数据处理和分析操作。任务 1 的分列功能展示了如何在有规律的数据序列中提取信息，任务 2~4 的函数不仅包含数据运算，还涉及数据查找和填充，任务 5 为数据汇总分析提供了更多方案，任务 6 为数据透视的高级应用。本项目要求重点掌握数据分列、VLOOKUP 函数、SUMIF 和 SUMIFS 函数、COUNTIF 和 COUNTIFS 函数、分类汇总、数据透视图和切片器，且能根据使用场景选择恰当、高效的方法进行数据处理和分析，并要求在掌握以上知识技能的过程中进一步增强信息意识、计算思维，提高数字化创新与发展能力和软件工具的应用迁移能力。

主题 3
演示文稿制作

演示文稿制作是信息化办公的重要组成部分。借助演示文稿制作工具，可快速制作出图文并茂、富有感染力的演示文稿，并且可通过图片、视频和动画等多媒体形式展现复杂的内容，从而使表达的内容更容易理解。本主题包含演示文稿制作、动画设计、母版制作和使用、演示文稿放映和导出等内容。

项目
旅行社业务实习

项目介绍

小王在大学期间去滨海旅行社实习。在实习期间,需要制作各种演示文稿:宣传景点、组织活动、总结工作。小王把每一次演示文稿的制作作为一次实地实践,积累经验,梳理总结,扎实掌握演示文稿的制作方法和技巧,为1+X证书的考取做好技能储备。

知识梳理

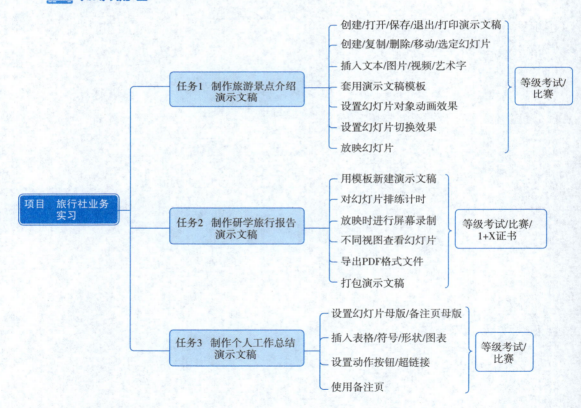

项目要求

在旅行社进行业务实习过程中,通过制作旅游景点介绍演示文稿、制作研学旅行报告演示文稿、制作个人工作总结演示文稿等任务完成业务实习,扎实掌握演示文稿的制作方法与

· 128 ·

技巧，能够熟练掌握 1 + X 证书中演示文稿的制作。在制作演示文稿的过程中宣传长城文化、山海文化，宣传美丽中国，关注生态文明建设，传递人与自然和谐发展正能量，培养精益求精的大国工匠精神和职业能力。

任务 1　制作旅游景点介绍演示文稿

任务要求

疫情已经过去，旅游业异常火爆，滨海旅行社加大旅游宣传力度，让旅游系实习生小王制作一份关于北戴河景点介绍的演示文稿。要求演示文稿中包含文字、图片和音频，对北戴河进行简单介绍、展示。在制作演示文稿时宣传山海文化，关注生态文明建设，传递人与自然和谐发展正能量。

任务目标

1. 了解演示文稿的应用场景，熟悉相关工具的功能、操作界面和制作流程；
2. 掌握演示文稿的创建、打开、保存、退出等基本操作；
3. 掌握幻灯片的创建、复制、删除、移动等基本操作；
4. 掌握在幻灯片中插入各类对象的方法，如图片、视频等对象；
5. 培养信息素养与信息社会责任以及大国工匠精神；
6. 关注生态文明建设，传递人与自然和谐发展正能量。

知识准备

1. 演示文稿

演示文稿，指的是把静态文件制作成动态文件浏览，把复杂的问题变得通俗易懂，使之更为生动，给人留下更为深刻印象的幻灯片。在信息技术领域，使用 Microsoft Office PowerPoint 和 WPS Office 演示软件是制作演示文稿的常用方法。

2. WPS Office 演示软件

WPS Office 演示软件是金山公司研发的 WPS Office 套件中的一部分。WPS 演示软件功能强大，并兼容 Microsoft Office PowerPoint 的 PPT 格式。

3. WPS Office 演示软件版本

WPS Office 软件按照平台，分为 Windows 版、Linux 版、Android 版、iOS 版；按照收费及功能特点，分为个人版、抢鲜版、企业版、实验室版、专业版、WPS–Office 版。按照发布年份、版本，可分为 WPS 2000、WPS 2003、WPS 2007、WPS 2019 等。本主题示范内容为 WPS Office 最新版。

4. WPS Office 演示软件工作界面

WPS Office 演示软件工作界面由标题栏、"文件"菜单、快速访问工具栏、功能区、工作区、缩略图区和备注区等组成，如图 3–1–1–1 所示。

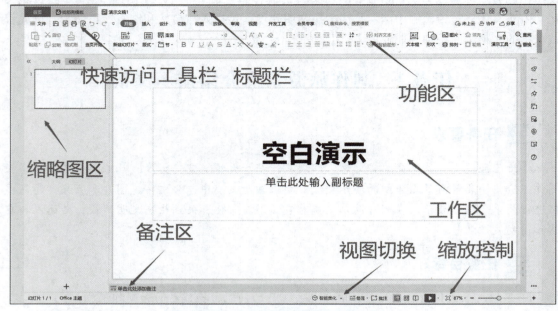

图 3-1-1-1　WPS Office 演示软件窗体

（1）标题栏

标题栏位于 WPS Office 应用程序窗口的最顶端，显示"找稻壳模板"、文件名、"+"和 3 个窗口控制按钮，自左至右依次是"最小化""最大化/还原"和"关闭"按钮。

（2）"文件"菜单

"文件"菜单主要包括新建、打开、保存、关闭、打印等，单击"新建"窗体标题栏标签上右侧的"×"可以返回 WPS Office 演示应用程序窗口。单击菜单中的"选项"，可以打开"选项"对话框，用户可以自定义 WPS Office 演示软件中的一些功能。

（3）快速访问工具栏

WPS Office 演示软件提供的"快速访问工具栏"位于功能区左上方，默认状态下包含保存、输出为 PDF、打印、打印预览、撤销、恢复等按钮。单击右侧下拉按钮，可以定制快速访问工具栏，显示常用的命令。

（4）功能区

功能区主要有选项卡、组和命令 3 级组件，操作时逐级查找，能够快速锁定功能按钮。

（5）工作区

工作区是 WPS Office 演示软件进行幻灯片编辑、设计、动画设置等的主要区域。

（6）缩略图区

在缩略图区中，以幻灯片缩略图形式显示，选择缩略图可以在工作区显示完整幻灯片。在缩略图区可以迅速对幻灯片进行移动、复制、删除等操作。

（7）备注区

备注区用来输入幻灯片的说明等。该区域的信息在幻灯片放映时不显示在放映屏幕上，但可以通过打印机输出，供用户演讲时使用，或者在演讲者模式下为演讲者提供演讲提示。

5. 演示文稿基本操作

演示文稿的基本操作包括创建、打开、保存、关闭和打印等。通常先启动 WPS Office 软件：双击桌面上的"WPS Office"快捷方式图标；或者单击"开始"菜单，选择"所有程序"→"WPS Office"→"WPS Office"命令来启动 WPS Office；或者直接找到 .dps 文件或 .pptx 文件，双击打开，进入 WPS Office 软件界面。然后在 WPS Office 软件内操作。

（1）创建演示文稿

①WPS Office 软件启动完成后，在主界面中单击"+"（新建）按钮进入"新建"页面，在窗体左侧选择要新建的文件类型，例如"新建演示"，然后在右侧选择需要的类型单击即可。启动 WPS Office 演示文稿时，如果只启动程序而未打开任何 WPS 文件，系统将自动建立一个名为"演示文稿1"的空白演示文稿，如图 3-1-1-2（a）所示。

②进入 WPS Office 软件界面后，单击"来稻壳 找模板"，然后选择"模板"组中的"演示"命令，在品类专区选择需要的类别，再在类别中选择需要的类型，即可看到新建的演示文稿效果，如图 3-1-1-2（b）所示。

③进入 WPS Office 软件界面后，单击标题栏上的"首页"，选择"新建"，则会出现"新建"页面，同①操作，如图 3-1-1-2（c）所示。

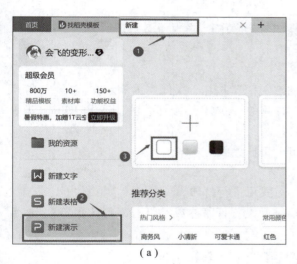

（a）

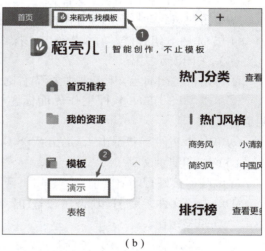

（b）

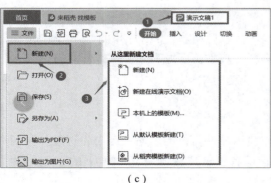

（c）

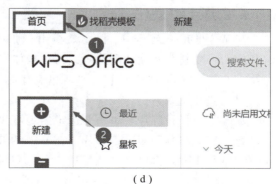

（d）

图 3-1-1-2　新建演示文稿

④进入 WPS Office 软件界面后，有已经打开的文档，单击"文件"→"新建"，在"新建"窗体内选择"演示"类型，单击"新建空白幻灯片"按钮，生成新演示文稿，如图 3－1－1－2（d）所示。

（2）打开演示文稿

①在系统中找到演示文稿保存的位置，双击文件图标打开。

②右击找到的演示文稿文件图标，选择"打开方式"，然后选择 WPS 软件打开。

③进入 WPS Office 软件界面后，单击"首页"，选择"打开"，在"打开文件"窗体内找到文件位置，设置文件类型，选中文件，单击"打开"按钮。

④正在使用 WPS Office 软件操作文档时，单击"文件"→"打开"，在"打开文件"窗体内找到文件位置，设置文件类型，选中文件，单击"打开"按钮。

（3）保存演示文稿

①单击"文件"→"保存"，首次保存文件时，将弹出"另存文件"对话框。设置好保存位置、文件类型，输入文件名，单击"保存"按钮。如果已保存过，则不弹出对话框，系统直接保存当前内容到原文件名下。

②单击"文件"→"另存为"，将弹出"另存文件"窗体，设置好保存位置、文件类型，输入文件名，单击"保存"按钮。首次保存的文件将直接保存，已经保存过的文件将关闭原文件，将当前内容保存至新文件，并且处于打开状态。

③单击快速启动栏上的保存图标，后续操作与①操作相同。

④按 Ctrl + S 组合键，后续操作与①操作相同。

（4）关闭演示文稿

①单击待关闭演示文稿标题栏标签右侧的"关闭"按钮，关闭当前演示文稿。

②单击 WPS Office 软件工作界面标题栏右侧的"关闭"按钮，关闭 WPS Office 工作界面。

③单击"文件"→"退出"，退出 WPS Office 工作界面。

（5）打印演示文稿

在电脑连接好打印机的前提下，以下两种方式可进行打印。

①单击"文件"→"打印"，在"打印"窗格中设置打印参数，单击"打印预览"，然后单击"打印"按钮。

②单击快速启动栏上的"打印"按钮，后续操作与①操作相同。

6. 幻灯片基本操作

在 WPS Office 演示中，演示文稿由一张或多张幻灯片组成。幻灯片的基本操作包括选定、插入、复制、移动和删除等，每项操作有多种实现方法。"开始"选项卡下的"新建幻灯片"与"插入"选项卡下的"新建幻灯片"命令功能相同。

（1）选定幻灯片

①选定一张幻灯片。单击要选定的幻灯片。

②选定不连续的多张幻灯片。在 WPS Office 演示软件窗体的缩略图区中先选定一张幻灯片，按住 Ctrl 键，再单击其他要选定的幻灯片；或者单击"视图"选项卡下的"幻灯片浏览"，选定一张幻灯片，按住 Ctrl 键，再单击其他要选定的幻灯片。

③选定连续的多张幻灯片。在 PowerPoint 窗口的缩略图区中，先选定第一张幻灯片，按

下 Shift 键，再单击最后一张幻灯片，或者单击"视图"选项卡下的"幻灯片浏览"，先选定第一张幻灯片，按下 Shift 键，再单击最后一张幻灯片。

④选定全部幻灯片。单击 WPS Office 演示软件窗体缩略图区的第一张幻灯片，按下 Shift 键，再单击最后一张幻灯片，或按 Ctrl + A 组合键；或者单击 WPS Office 演示软件的浏览视图中的第一张幻灯片，按下 Shift 键，再单击最后一张幻灯片。

（2）插入幻灯片

①在"开始"选项卡下单击"新建幻灯片"命令按钮图标，则在当前选定幻灯片的后面插入一张新的幻灯片，版式为默认格式；若单击"新建幻灯片"命令右侧的箭头，则打开"新建幻灯片"窗口，用户可以选择插入幻灯片的版式。

②在缩略图区中选定一张幻灯片，单击缩略图下边沿上的"＋"，则打开"新建幻灯片"窗口，用户可以选择插入幻灯片的版式。

③在缩略图区中选定一张幻灯片，右击，从弹出的快捷菜单中选择"新建幻灯片"命令。

④在缩略图区中选定一张幻灯片，按 Enter 键，则在其后插入一张新的幻灯片。

后两种方法需要在添加一张幻灯片后选择该幻灯片，在"开始"选项卡下的"版式"中选择一种版式进行应用。

（3）复制幻灯片

①在"开始"选项卡下单击"新建幻灯片"命令右侧的箭头，在"新建幻灯片"窗口中单击左下角的"重用幻灯片"命令，则将选定的幻灯片复制到当前位置的下一页。

②在缩略图区中选定一张幻灯片，右击，从弹出的快捷菜单中选择"复制幻灯片"命令，则选定的幻灯片复制到当前位置的下一页。

③在普通视图的缩略图区或幻灯片浏览视图中按下 Ctrl 键，拖动幻灯片缩略图，移动到目标位置后释放鼠标，则被拖动的幻灯片复制到指定位置。

④在普通视图的缩略图区或幻灯片浏览视图中选中幻灯片后，按下 Ctrl + C 组合键，在目标位置按下 Ctrl + V 组合键，则选中的幻灯片被复制到指定位置。

（4）移动幻灯片

①在普通视图的缩略图区拖动幻灯片缩略图，将幻灯片移动到目标位置。

②在幻灯片浏览视图中拖动幻灯片缩略图，将幻灯片移动到目标位置。

③在普通视图的缩略图区或幻灯片浏览视图中选定幻灯片，按下 Ctrl + X 组合键，在目标位置按下 Ctrl + V 组合键，则幻灯片被移动到指定位置。

（5）删除幻灯片

①在缩略图区选定要删除的幻灯片，右击，从弹出的快捷菜单中选择"删除幻灯片"命令。

②在缩略图区选定要删除的幻灯片，按 Del 或 BackSpace 键。

③在缩略图区选定要删除的幻灯片，右击，从弹出的快捷菜单中选择"剪切"命令，或者使用 Ctrl + X 组合键，将选定的幻灯片剪切到剪贴板上。

7. 文本格式操作

（1）字符格式设置

①通过"开始"选项卡"字体"组中的命令实现，也可以单击该组的"对话框启动

器"按钮，在打开的"字体"对话框中进行设置。设置字符格式中的字体和字符间距。

②通过附加选项卡"文本工具"中"字体"组中的命令实现，也可以单击该组的"对话框启动器"按钮，在打开的"字体"对话框中设置。设置字符格式中的字体和字符间距。

③在附加选项卡"文本工具"中的"艺术字样式"组中，可以将文字转换为艺术字。可通过"文本填充""文本轮廓""文本效果"命令将文本设置成艺术字效果。

（2）设置段落格式

①通过"开始"选项卡"段落"组中的命令实现，也可以单击该组的"对话框启动器"按钮，在打开的"段落"对话框中设置。段落设置有对齐方式、行间距、文字排列方向、项目符号等。

②通过附加选项卡"文本工具"中"段落"组中的命令实现，也可以单击该组的"对话框启动器"按钮，在打开的"段落"对话框中设置。段落设置组有对齐方式、行间距、文字排列方向、项目符号等。

8. 幻灯片版式

幻灯片版式是指幻灯片内容在页面上的分布情况，也就是幻灯片中的文本，包括正文和标题、图片、表格等对象在幻灯片中的布局样式。单击"开始"选项卡→"新建幻灯片"下拉按钮，可以看到演示文稿幻灯片包含了"标题""标题和内容"等多种版式。

9. 占位符

占位符就是先占用一个固定的位置，再往里面添加内容的符号，广泛用于计算机中各类文档的编辑。其在幻灯片上为一个虚框，虚框内部往往有"单击此处添加标题"之类的提示语，单击之后，提示语会自动消失。播放时占位符提示文字不会出现。在创建母版时，占位符非常重要，它能起到规划幻灯片结构的作用。

任务实施

步骤1：创建空白演示文稿

双击电脑桌面上的"WPS Office"图标，进入 WPS Office 工作界面，默认进入"首页"窗体，单击左侧的"新建"按钮，如图3-1-1-3所示。

图3-1-1-3 新建 WPS 文件

制作旅游景点介绍
演示文稿（一）

在"新建"窗体中,单击左侧导航栏中的"新建演示",然后单击白色方块,如图3-1-1-4所示。

步骤2:保存文件

单击"文件"选项卡下的"保存"命令,如图3-1-1-5所示。

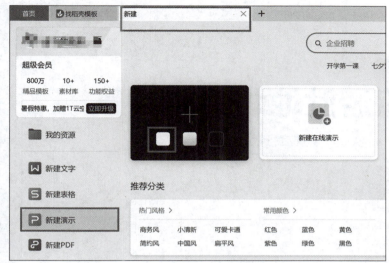

图3-1-1-4 新建WPS演示文件

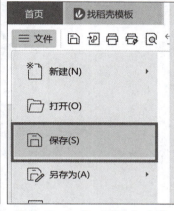

图3-1-1-5 "保存"命令

在弹出的"另存文件"窗体内设置文件路径之后,设置文件的保存类型,再设置文件名,最后单击"保存"按钮,完成保存操作,如图3-1-1-6所示。

图3-1-1-6 "另存文件"界面操作

步骤3：设置标题幻灯片

在工作区占位符"空白演示"中输入"旅游胜地北戴河"，在占位符"单击此处输入副标题"处输入"滨海旅行社"，如图3-1-1-7所示。

图3-1-1-7　标题页幻灯片效果

步骤4：添加目录页幻灯片

在"开始"选项卡下单击"新建幻灯片"按钮，在弹出的窗体左侧选中"新建"，选择"母版版式"组中的第一行第二项，如图3-1-1-8所示。

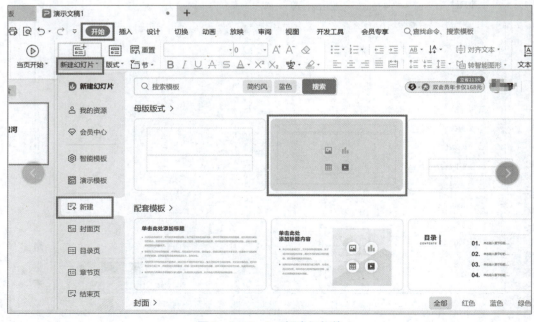

图3-1-1-8　新建幻灯片

在标题占位符内输入"北戴河十大景点",在下面的内容占位符中输入前五个景点名称后,将文本占位符选中,按住 Ctrl 键不动,拖动文本框向右,通过对齐虚线调整两个文本占位符同高,如图 3-1-1-9 所示,将内容改为后五个景点。

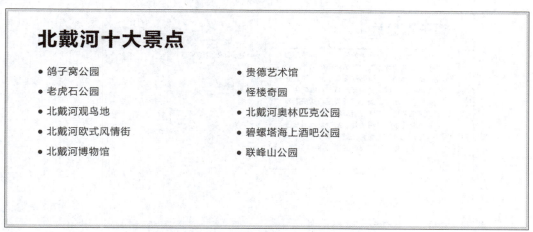

图 3-1-1-9　目录页幻灯片完成效果

步骤 5:添加内容和图片

在"开始"选项卡下单击"新建幻灯片"按钮,在弹出的窗体左侧选中"新建",然后单击"母版版式",在弹出的列表中选择第二行第一项,如图 3-1-1-10 所示。

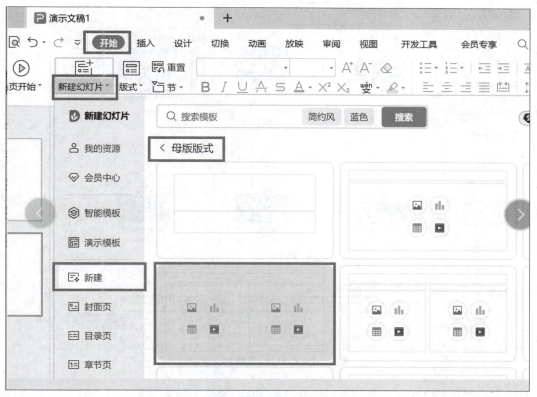

图 3-1-1-10　新建内容页幻灯片

在标题占位符内输入"鸽子窝公园",在下面的内容占位符中复制关于鸽子窝公园的文字描述后,在右侧文本占位符中单击"图片"按钮,如图 3-1-1-11 所示。

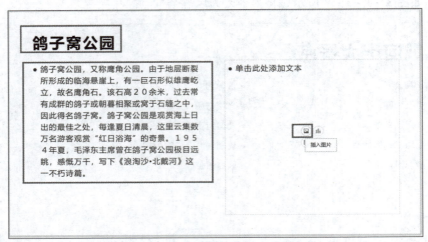

图 3-1-1-11 在幻灯片内输入文本

在弹出的"插入图片"窗体中选择图片文件所在位置、图片类型和对应的图片,单击"打开"按钮,如图 3-1-1-12 所示。

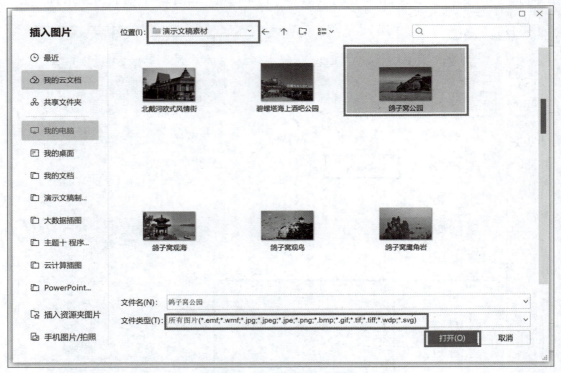

图 3-1-1-12 选择插入图片

选中幻灯片缩略图区的第三张幻灯片,按 Enter 键,会插入和上一张幻灯片版式相同的新空白幻灯片。重复上面的操作方法，完成 10 个景点的幻灯片内容编辑。

步骤 6：添加结束页幻灯片

在"开始"选项卡下单击"新建幻灯片"按钮，在弹出的窗体左侧选中"新建"，选择"母版版式"组中的第三行第一项。

在空白版式幻灯片内单击"插入"选项卡→"艺术字"按钮，在弹出的下拉列表中选择第二行第三个样式，如图 3–1–1–13 所示。

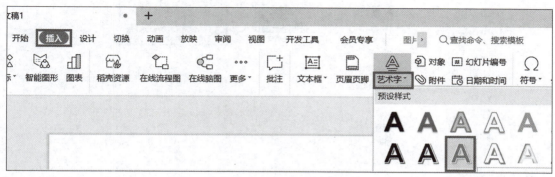

图 3–1–1–13　插入艺术字

直接输入"谢谢欣赏"替换原有艺术字"请在此处输入文字"，效果如图 3–1–1–14 所示。

图 3–1–1–14　插入艺术字文本

在"插入"选项卡下单击"视频"下拉按钮，选择"嵌入视频"，在弹出的"插入视频"窗体中选择视频文件所在位置、视频文件类型，最后选择具体文件"北戴河浪淘沙（片段）"，单击"打开"按钮，如图 3–1–1–15 所示。

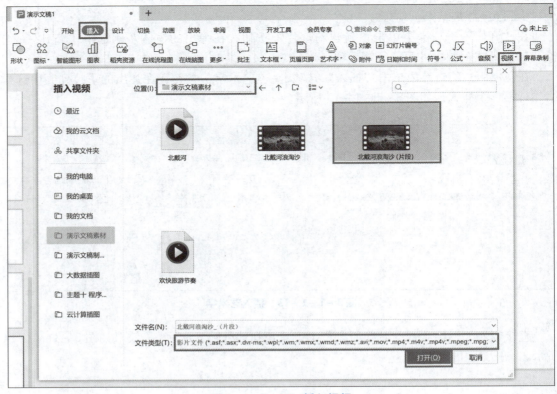

图 3-1-1-15 插入视频

右击视频,在弹出的快捷菜单里单击"置于底层"→"下移一层",如图 3-1-1-16 所示。

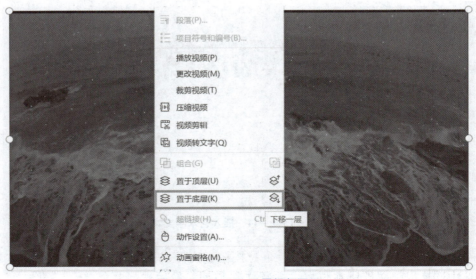

图 3-1-1-16 设置视频图层

在附加选项卡"视频工具"下设置音量为静音,开始为"自动",选中"未播放时隐藏"和"循环播放,直到停止",如图3-1-1-17所示。

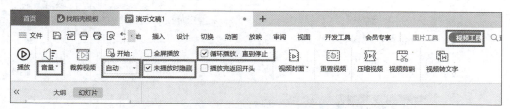

图3-1-1-17 视频播放设置

步骤7:套用演示文稿模板

在"设计"选项卡下单击任一模板,如图3-1-1-18所示。

图3-1-1-18 选择任一设计模板

制作旅游景点介绍演示文稿(二)

在弹出的"全文美化"窗体中,选中左侧"一键美化",在展示区上侧单击"分类"按钮列出模板分类方式,选择"简约"风格,再选中绿色系列进行细化查找。选择适合的美化模板,进行预览,如图3-1-1-19所示。

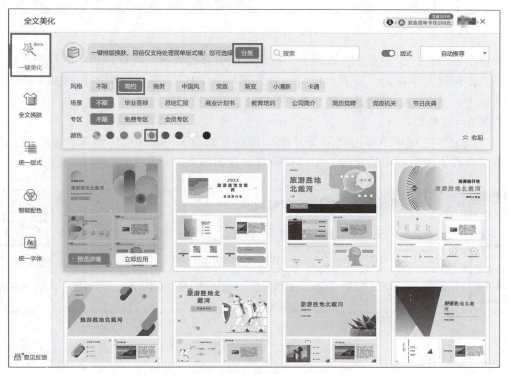

图3-1-1-19 选择美化模板

单击"应用美化"按钮,如图3-1-1-20所示。

图3-1-1-20　应用美化

浏览全部幻灯片,检查是否有因为一键美化而引起的问题。将标题页中的标题占位符调整一下,使标题文字在同一行上,日期改为"2023/01/01"。在目录页中,将减少的四个项目手动加上,其余页如需调整,则稍微调整一下。

步骤8:放映幻灯片

在"放映"选项卡下单击"从头开始"按钮,如图3-1-1-21所示,在播放幻灯片时,单击或者下滑鼠标小滑轮控制幻灯片换页,直到结束。

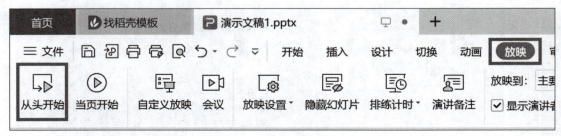

图3-1-1-21　放映幻灯片

步骤9:设置对象动画效果

选中第一张幻灯片标题幻灯片,选定标题"旅游胜地北戴河",在"动画"选项卡下选择"出现"选项,如图 3-1-1-22 所示。

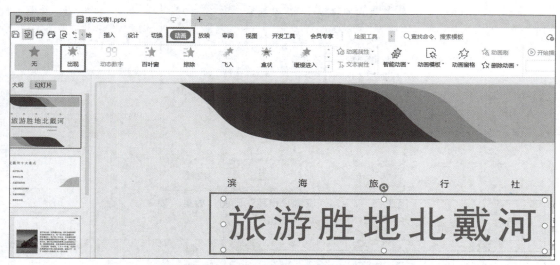

图 3-1-1-22　为标题页幻灯片标题设置动画

在"动画"选项卡下单击"动画窗格"按钮,在右侧"动画窗格"里单击动画项右侧的下拉按钮,选中"效果选项(E)…",如图 3-1-1-23 所示。

图 3-1-1-23　设置动画效果

在弹出的"出现"对话框中,选中"效果"选项卡,在"动画文本"项中选择"按字母",如图 3-1-1-24 所示。

选择设置好动画效果的标题"旅游胜地北戴河",双击"动画"选项卡下的"动画刷",然后单击"滨海旅行社"和日期,使其与标题设置成相同的动画效果,按 Esc 键取消动画刷,将副标题与日期的开始效果依次设置为"在上一动画之后",如图 3-1-1-25 所示。

图 3-1-1-24　设置"出现"动画"效果"项

图 3-1-1-25　设置动画顺序

用同样的方法将所有幻灯片中的标题、文本、图片添加动画效果。通过放映，查看动画效果。

步骤 10：设置幻灯片切换效果

选择第一张幻灯片，单击"切换"选项卡下的"溶解"项。设置换片方式既可以手动单击换片，又可以自动换片。勾选"单击鼠标时换片"和"自动换片"，设置自动换片时间为 10 秒。单击"应用到全部"按钮，如图 3-1-1-26 所示。通过放映查看切换效果。

图 3-1-1-26　设置幻灯片切换效果

步骤11：插入背景音乐

选中第一张幻灯片标题幻灯片，在"插入"选项卡下单击"音频"下拉按钮，在弹出的列表中选择"嵌入背景音乐"，如图3－1－1－27所示。

图3－1－1－27　插入背景音乐

在"从当前页插入背景音乐"对话框中选择音频文件所在位置和文件类型，再找到文件，单击"打开"按钮，如图3－1－1－28所示。

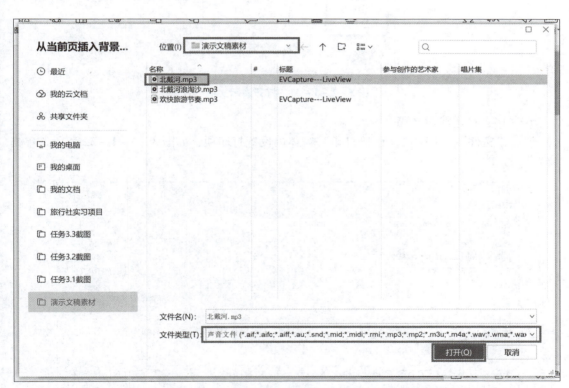

图3－1－1－28　在"从当前页插入背景音乐"对话框中选择音频文件

在"音频工具"选项卡下选择"设为背景音乐"，如图3－1－1－29所示。

步骤12：关闭演示文稿

按Ctrl+S组合键进行保存。单击演示文稿窗体标题栏上的红点，使之变成叉号，单击，关闭

图3－1－1－29　音频默认设置为背景音乐

该演示文稿，如图 3-1-1-30 所示。

步骤 13：打开演示文稿

双击电脑桌面上的"WPS Office"图标，在"首页"窗体内单击"打开"，如图 3-1-1-31 所示。在"打开文件"窗体中找到文件所在位置，选择文件类型，找到文件，单击"打开"按钮。

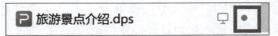

图 3-1-1-30　关闭演示文稿

图 3-1-1-31　打开演示文稿

步骤 14：打印演示文稿

单击"文件"→"打印"，在"打印"窗体内设置打印项，如图 3-1-1-32 所示，单击"确定"按钮。

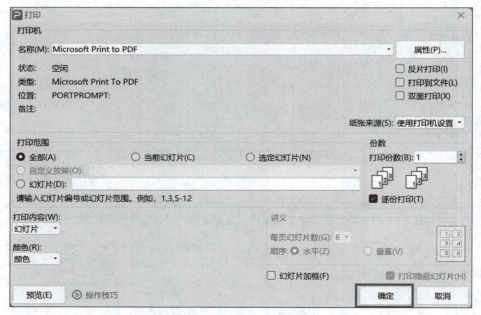

图 3-1-1-32　打印设置

关闭文件。

> 小贴士：
> ◆ PowerPoint 的主题概念与 WPS 中的模板概念是对应的，但是相应的实例并不是一一对应的，因此不要执着地认为用两种软件能做出完全相同的演示文稿效果。
> ◆ PowerPoint 2016 自带的动画效果、切换效果与 WPS Office 演示软件自带的不是完全相同的，在设置时根据实际情况选择应用。
> ◆ PowerPoint 2016 添加背景音乐时，对于音频图标，既要设置"播放时隐藏"，又要在动画中设置"播放后隐藏"，并且手动设置音乐"跨页播放"以及"循环播放，直至停止"的效果来实现背景音乐的效果。
> ◆ PowerPoint 2016 保存文档时，使用".pptx"文件类型。

任务单

查看并填写任务单。

任务评价

任务单　　　任务评价表　　　知识拓展答题

查看并填写任务评价表。

任务拓展

知识拓展

【单项选择题】

1. 在 WPS Office 演示软件中，停止幻灯片播放的快捷键是（　　）。
   A. Enter　　　　B. Shift　　　　C. Ctrl　　　　D. Esc
2. 在 WPS Office 演示软件中，当要改变一个幻灯片模板时，（　　）。
   A. 所有幻灯片都采用新模板　　　　B. 只有当前幻灯片采用新模板
   C. 所有剪贴画都丢失　　　　D. 除空白幻灯片外，均采用新模板
3. 在幻灯片视图窗格中，状态栏中出现了"幻灯片 2/7"的文字，则表示（　　）。
   A. 共有 7 张幻灯片，目前编辑了 2 张
   B. 共有 7 张幻灯片，目前编辑的是第 2 张
   C. 共编辑了 2/7 张幻灯片
   D. 共有 9 张幻灯片，目前显示的是第 2 张
4. 在 WPS Office 软件中，格式刷位于（　　）选项卡中。
   A."开始"　　　B."设计"　　　C."切换"　　　D."审阅"
5. 在"幻灯片切换"任务窗格中，不可以设置幻灯片切换的（　　）。
   A. 换页方式　　　B. 颜色　　　C. 效果　　　D. 声音

能力拓展

1. 下载"制作旅游景点演示文稿"拓展任务资源，使用 PowerPoint 软件制作北戴河旅游景点介绍演示文稿。
2. 用创新的思维去设计完善示例中的内容与效果。
3. 制作宣传自己家乡或者美丽中国的演示文稿。

能力拓展视频 1

能力拓展视频 2

任务 2　制作研学旅行报告演示文稿

任务要求

假期临近，滨海旅行社让实习生小王制作一份针对小学生研学旅行的演示文稿，发送给滨海小学的各个班级。小王将按照 1 + X 研学旅行策划与管理（EEPM）证书中的规范要求，利用 WPS 演示模板制作一份演示文稿，并且上交 PDF 格式文档和打包文件，上交一份屏幕录制文件备案。在制作演示文稿时，注重长城文化、山海文化、美丽中国的宣传。

任务目标

1. 了解幻灯片的放映类型，会使用排练计时进行放映；
2. 掌握幻灯片不同格式的导出方法；
3. 熟悉演示文稿不同视图方式的应用；
4. 了解放映时的屏幕录制方法；
5. 培养信息素养、信息社会责任以及数字化创新与发展素养；
6. 关注美丽中国的宣传。

知识准备

1. 演示文稿组成

一套完整的演示文稿一般包含片头动画、封面、前言、目录、过渡页、图表页、图片页、文字页、封底、片尾动画等。所采用的素材有文字、图片、图表、动画、声音、影片等。在演示文稿的制作过程中，一般只用到其中的一部分内容。

2. 演示文稿模板

模板是演示文稿的一种文件形式，用于提供演示文稿的格式、配色方案、母版样式、字体样式等，扩展名为 .dpt。应用设计模板可以快速制作出其中包含封面、目录页、过渡页、内容页、封底等页面的演示文稿。有的模板还带有动画、切换以及放映方式等设置。用户根据设计要求加入文本、图形、图片、表格、图表、音频、视频等，使模板成为需要使用的演示文稿。

3. 视图方式

视图是将处理焦点集中在演示文稿的某个要素上，WPS Office 演示软件提供了普通视图、幻灯片浏览视图、备注页视图、阅读视图、母版视图等。经常使用的视图如下：

（1）普通视图

普通视图是 WPS Office 演示软件默认的视图方式，启动 WPS Office 演示软件后，直接进入普通视图方式。一般情况下，幻灯片的编辑、设计都在该视图方式下进行。

在普通视图方式下，窗口分成3个区域：缩略图区、工作区和备注区。

（2）幻灯片浏览视图

在"视图"选项卡下单击"幻灯片浏览"命令，切换到幻灯片浏览视图方式。在该视图方式下，可以在屏幕上同时看到演示文稿的所有幻灯片，幻灯片按序号由小到大排列，并以缩略图方式显示。

在幻灯片浏览视图方式下，可以方便地添加、删除和移动幻灯片及选择幻灯片切换方式。

（3）备注页视图

在"视图"选项卡下单击"备注页"命令，切换到备注页视图方式。备注页视图在幻灯片下方显示备注页，可在此处创建备注。

（4）阅读视图

在"视图"选项卡单击"阅读视图"命令，切换到幻灯片阅读视图方式。阅读视图中的幻灯片以平面形式展现，失去动画和切换效果。

（5）母版视图

母版视图中的幻灯片母版是设计模板的重要方式，主要作用是方便对演示文稿进行全局修改，使整个演示文稿具有统一的风格。

4. 幻灯片放映方式

在 WPS Office 演示软件中，放映方式为"演讲者放映（全屏幕）"和"展台自动循环放映（全屏幕）"两种方式。通过排练计时可以将幻灯片切换时间保持在最精确的状态，为幻灯片放映做准备，还可以通过录制屏幕将演示文稿的播放录制成视频的形式，能够更精准地控制播放效果。

①在"放映"选项卡下单击"从头开始"或者"当页开始"命令，则从第1张幻灯片或者从当前幻灯片开始放映。单击"演讲者视图"则放映时会显示备注页内容和下一页信息。

②在"视图"选项卡下选择"阅读视图"命令，可以阅读模式放映幻灯片。单击工作区右下方的"阅读视图"按钮，也是以阅读模式放映幻灯片。

③选中左侧缩略图，单击"当页开始"按钮，或者单击工作区右下角的"从当前幻灯片开始放映"按钮，都是从当前页开始放映幻灯片。

④在幻灯片放映过程中右击，从弹出的快捷菜单中选择"定位"命令，选择一张幻灯片，可以快速切换到该张幻灯片上继续放映。

⑤在幻灯片放映过程中，右击，从弹出的快捷菜单中选择"墨迹画笔"，设置墨迹颜色和画笔类型，拖动鼠标，在幻灯片上进行标注。右击，从弹出的快捷菜单中选择"墨迹画笔"→"箭头"，则取消幻灯片标注状态。通过放映时的放映工具条也可以进行上述操作。

任务实施

步骤 1：创建空白演示文稿

双击电脑屏幕上的"WPS Office"图标，单击标题栏上的"+"（新建），单击"新建"窗体左侧导航栏中的"新建演示"，在搜索栏中输入"研学旅行"，单击右侧的"搜索"按钮，选中合适的模板，如图 3-1-2-1 所示。

制作研学旅行报告
演示文稿（一）

图 3-1-2-1　使用模板新建演示文稿

步骤 2：保存文件

单击"文件"选项卡下的"保存"按钮，在弹出的"另存文件"窗体内设置文件路径之后，设置文件的保存类型，再设置文件名，最后单击"保存"按钮，完成保存操作，如图 3-1-2-2 所示。

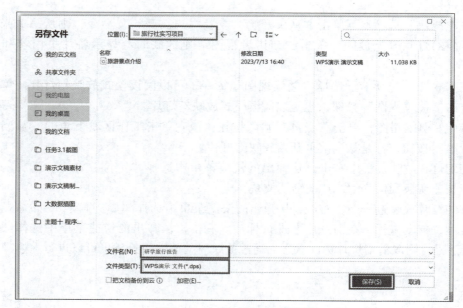

图 3-1-2-2　保存演示文稿

主题3 演示文稿制作

步骤3：修改文字内容

查看每一页的内容，将每张幻灯片里的提示性文字和无关文字改成需要的内容，如图3－1－2－3所示。

（a）

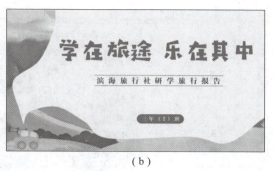
（b）

图3－1－2－3　修改模板中标题幻灯片内容
（a）默认效果；（b）修改后效果

在左侧缩略图中选中第4张幻灯片，按Del键删除，然后删除第8张幻灯片，之后删除第10张幻灯片，再删除第12张幻灯片。选择当前第9张幻灯片"研学行程安排"页，将文字内容具体化为真实情况，修改日期，将右侧文本框中的内容修改为"山海关""北戴河""南戴河"。

步骤4：插入图片

单击"插入"选项卡→"图片"下拉按钮，在弹出的"插入图片"对话框中选择图片文件所在位置、图片类型和对应的图片，单击"打开"按钮，如图3－1－2－4所示。

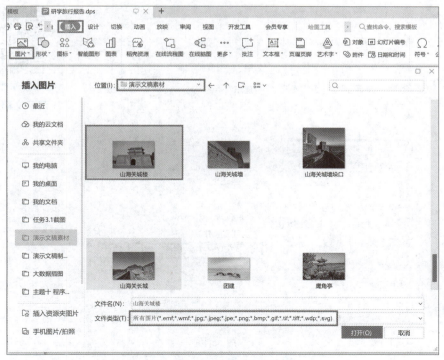

图3－1－2－4　插入所需图片

· 151 ·

双击插入的图片,在"对象属性"对话框中单击"大小与属性",设置图片高度为"3"。调整好图片位置,如图3-1-2-5所示。

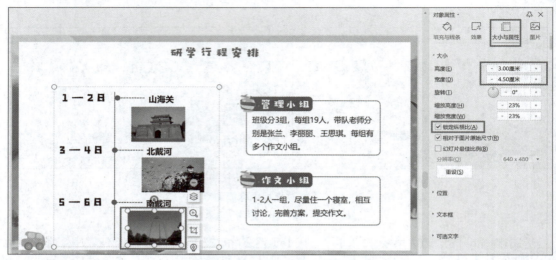

图3-1-2-5 设置图片属性

步骤5:设置放映方式

单击"放映"选项卡,选择"放映设置",设置放映类型为"演讲者放映(全屏幕)",换片方式选择"如果存在排练时间,则使用它",然后单击"确定"按钮,如图3-1-2-6所示。

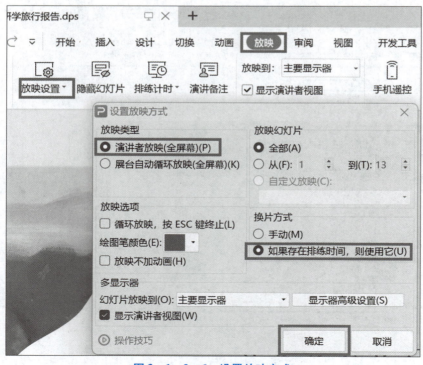

制作研学旅行报告
演示文稿(二)

图3-1-2-6 设置放映方式

步骤6：排练计时

在"放映"选项卡下单击"排练计时"下拉按钮，在弹出的下拉列表中选择"排练当前页"，如图3-1-2-7所示。

出现全屏放映界面后，根据幻灯片内容进行讲解，拉Esc键退出讲解。如果满意当前的讲解速度，在弹出的对话框中单击"是"按钮，否则，单击"否"按钮，如图3-1-2-8所示。

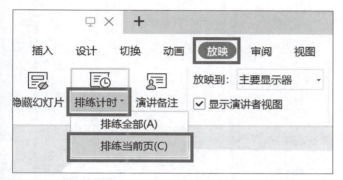

图3-1-2-7 排练计时

图3-1-2-8 确定排练计时成功

系统切换到"幻灯片浏览"视图，用同样的方式排练每一张幻灯片。

步骤7：屏幕录制

在"放映"选项卡下单击最右侧"屏幕录制"按钮，弹出"屏幕录制"界面，如图3-1-2-9所示。设置声音来源为"系统声音和麦克风"，然后单击"开始录制"按钮或者按快捷键F7开始录制。

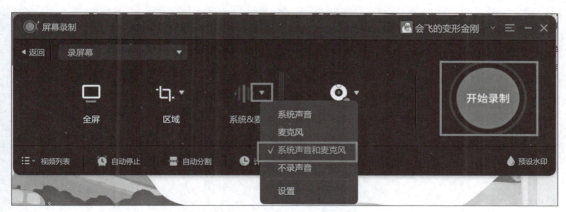

图3-1-2-9 设置屏幕录制

单击"开始录制"按钮后，会有3秒钟预备时间，单击"放映"选项卡下的"从头开始"按钮，对照幻灯片录制讲解即可，系统会根据排练计时自动切换幻灯片直到结束。结束时，按快捷键F7结束屏幕录制。弹出播放界面，检查录制内容是否满意。

步骤8：导出PDF文件

单击"文件"→"输出为PDF"，在"输出为PDF"窗体中设置输出幻灯片页数范围、文件保存位置，单击"开始输出"按钮，如图3-1-2-10所示。然后关闭此窗体。

· 153 ·

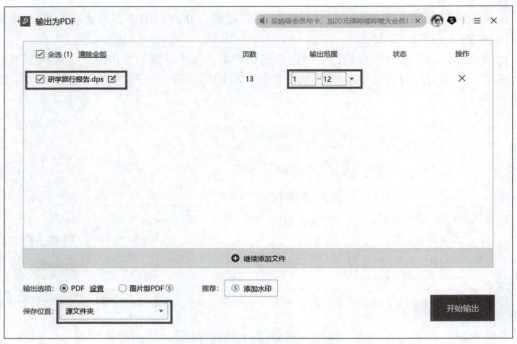

图 3-1-2-10　输出演示文稿为 PDF 文件

步骤 9：打包演示文稿

保存好演示文稿后，单击 "文件"→"文件打包"→"将演示文档打包成文件夹"，如图 3-1-2-11 所示。

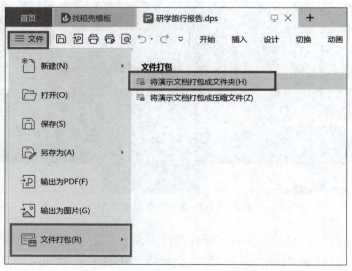

图 3-1-2-11　打包演示文稿设置

在"演示文件打包"对话框中设置文件夹名、保存位置、是否同时打包成一个压缩文件，然后单击"确定"按钮，如图 3-1-2-12 所示。然后关闭此窗体。

主题3　演示文稿制作

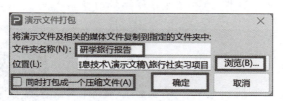

图 3-1-2-12　保存打包文件

> 小贴士：
> ◇ PowerPoint 2016 的排练计时没有单页计时项。
> ◇ PowerPoint 2016 中的录制旁白类似于 WPS Office 演示软件中的录制屏幕，但是旁白在放映时做单独处理，可以选择加与不加。
> ◇ PowerPoint 2016 中放映方式为三种，比 WPS Office 演示软件多了一种"观众自行浏览（窗口）"方式。
> ◇ PowerPoint 2016 将演示文稿另存为 PDF 格式和导出方式均可以将演示文稿转换为 PDF 文件。
> ◇ PowerPoint 2016 将打包演示文稿作为一种导出方式。

任务单

查看并填写任务单。

任务评价

查看并填写任务评价表。

任务单　　任务评价表　　知识拓展答题

任务拓展

知识拓展

【单选题】

1. 在幻灯片中应用模板可以起到（　　）的作用。
   A. 统一整套幻灯片风格　　　　B. 统一标题内容
   C. 统一图片内容　　　　　　　D. 统一页码内容
2. WPS Office 演示软件中用于显示文件名的位置是（　　）。
   A. 常用工具栏　　B. 菜单栏　　C. 标题栏　　D. 状态栏
3. 在 WPS Office 演示软件中，"文件"选项卡中的"新建"命令的功能是（　　）。
   A. 建立一个新演示文稿　　　　B. 插入一张新幻灯片
   C. 建立一个新超链接　　　　　D. 建立一个新备注
4. WPS Office 演示软件窗口中，"视图切换"按钮有（　　）。
   A. 4个　　　　B. 5个　　　　C. 6个　　　　D. 7个

155

5. WPS Office 演示软件中 18 磅字体比 8 磅字体（　　）。
A. 大　　　　　　　　　　　B. 小
C. 有时大，有时小　　　　　D. 一样

能力拓展

1. 下载"制作旅游防疫演示文稿"拓展任务资源，制作旅游防疫常识介绍演示文稿。
2. 下载"制作景点推介演示文稿"拓展任务资源，制作旅游景点推介演示文稿。

能力拓展视频 1

能力拓展视频 2

任务 3　制作个人工作总结演示文稿

任务要求

元旦将至，滨海旅行社要求每个员工做个人工作总结汇报，要求汇报时展示图文并茂的幻灯片对工作内容进行佐证。在制作过程中要体现敬业精神。

任务目标

1. 理解幻灯片的设计及布局原则；
2. 理解幻灯片母版的概念，掌握幻灯片母版、备注母版的编辑及应用方法；
3. 掌握幻灯片内超链接、动作按钮的应用方法；
4. 掌握在幻灯片中插入各类对象的方法，如符号、图形、表格等对象；
5. 培养计算思维与信息素养；
6. 培养敬业精神。

知识准备

1. 幻灯片的设计及布局原则

幻灯片母版的风格取决于演示文稿的应用场合，不同的主题需要不同的风格，结构合理的幻灯片母版是提高演示文稿制作效率的关键。

（1）风格化

设计模板之前要确定风格，以便搜集素材。汇总已搜集的素材，以便设计时随时调用。风格一定要和主题相匹配，不同的风格对应着不同的主题。

（2）主题化

模板设计一定要和内容主题相匹配，不同的内容主题，其结构和风格不同。

（3）结构化

模板设计的核心在于几个关键页面。专业模板的每一页都会结合内容精心设计。模板的结构包括封面、目录页、过渡页、内容页、封底。不同主题的模板，其组成结构也可能是不同的。

2. 幻灯片母版

幻灯片母版是存储有关应用的设计模板信息的幻灯片，包括字形、占位符大小或位置、

背景设计和配色方案。只需更改母版中的一项内容，便可更改所有幻灯片的设计。在 WPS Office 演示软件中有 3 种母版：幻灯片母版、讲义母版和备注母版。

幻灯片母版的进入与退出：

①在"视图"选项卡下单击"幻灯片母版"命令，切换到幻灯片母版视图。

②在附加选项卡"幻灯片母版"下单击"关闭母版视图"命令，切换到普通视图。也可以在"视图"选项卡下单击"普通"命令，切换到普通视图。

3. 超链接

超链接起初是指从一个网页指向一个目标的连接关系，这个目标可以是另一个网页，也可以是相同网页上的不同位置，还可以是一张图片、一个电子邮件地址、一个文件，甚至是一个应用程序。WPS Office 演示软件中引入了超链接功能，在一张幻灯片中用来超链接的对象还可以是一段文本或者是一张图片。当浏览者单击已经链接的文字或图片后，链接目标将显示在浏览器上，并且根据目标的类型来打开或运行。

4. 文本级别设置

在幻灯片中，文本按照级别展开，在文本级别设置的过程中，有如下方法。

①快捷键：选择要设置的内容或单击内容所在位置，然后按 Tab 键，降低级别，按 Shift + Tab 组合键提升级别。

②功能区：选中需要设置级别的文本或者所在位置，单击功能区附加选项卡"文本工具"，然后选择增加缩进量和减少缩进量进行调整。

📋 任务实施

步骤 1：创建空白演示文稿

双击电脑桌面上的"WPS Office"快捷图标，在弹出的界面中单击窗体顶端的"＋"（新建），在"新建"窗体中单击"新建演示"，单击白色方块"以【白色】为背景色新建空白演示"，如图 3 – 1 – 3 – 1 所示。

图 3 – 1 – 3 – 1　新建空白演示文稿

制作个人总结演示文稿（一）

步骤2：保存文件

单击窗体左上角快速访问工具栏上的"保存"图标，然后单击"浏览"按钮，弹出"另存文件"对话框。在"另存文件"对话框中找到文件待保存的位置，设置文件的保存类型以及文件名，单击"保存"按钮，完成保存操作，如图3-1-3-2所示。

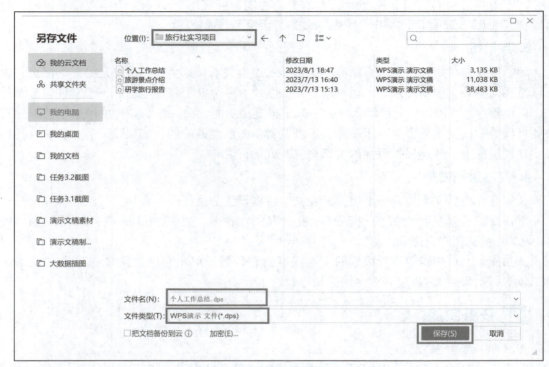

图3-1-3-2　保存新建演示文稿

步骤3：切换至母版视图

单击"视图"选项卡，选择"幻灯片母版"，如图3-1-3-3所示。

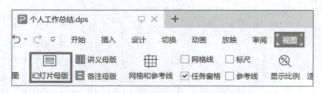

图3-1-3-3　切换"幻灯片母版"视图

步骤4：设置母版背景

单击左侧缩略图中第一张幻灯片母版缩略图，在右侧工作区幻灯片空白处右击，在弹出的快捷菜单中指向"更改背景图片"，在级联菜单中选择"其他"组中"自然"选项卡下的第二行第二项，如图3-1-3-4所示。

此步骤完成后，单击窗口左上角的"保存"按钮或者按Ctrl+S组合键保存。

步骤5：设置母版文字效果

选择工作区幻灯片中的标题占位符中的文字，设置字体颜色为白色；选择幻灯片中的文

主题3　演示文稿制作

图 3-1-3-4　选择母版背景图片

本占位符中所有文字，设置字体颜色为白色。设置后，所有版式中文字颜色均发生了变化。效果如图 3-1-3-5 所示。

图 3-1-3-5　设置母版文字效果

此步骤完成后，单击窗口左上角的"保存"按钮或者按 Ctrl+S 组合键保存。

步骤 6：设置目录页版式

选中左侧缩略图中第 3 张缩略图"标题和内容"，按 Ctrl+C 组合键复制，再用 Ctrl+V 组合键粘贴，然后右击缩略图，选中"重命名版式"，在弹出的对话框中，修改版式名称为

· 159 ·

"目录页"，如图 3-1-3-6 和图 3-1-3-7 所示。

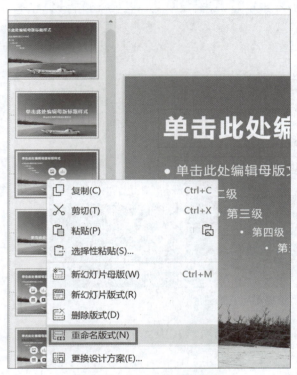

图 3-1-3-6 重命名版式

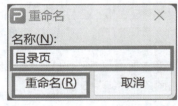

图 3-1-3-7 改名为"目录页"

在工作区选中标题占位符，单击附加选项卡"文本工具"下的居中对齐图标。在标题占位符中输入"请在此处输入目录标题"。选中文本占位符，同样设置为段落居中格式，选中第一级文本，设置字号为 24 磅，加粗，删除"第二级"到"第五级"文本内容。修改内容为"请在此处输入目录项"，如图 3-1-3-8 所示。

图 3-1-3-8 设置目录页母版文本格式

此步骤完成后，单击窗口左上角的"保存"按钮或者按 Ctrl+S 组合键保存。
步骤 7：设置内容页版式

选择左侧缩略图"标题和内容",在右侧工作区中选中内容占位符中的"第二级"文字,单击"项目符号"下拉按钮,选择对号项目符号,如图3-1-3-9所示。

图3-1-3-9 修改占位符中项目符号

步骤8:设置结束页版式

选择左侧最后一张缩略图"末尾幻灯片",在标题占位符中输入"感谢聆听"。在文本占位符中输入"感谢一路前行有你陪伴",如图3-1-3-10所示。

图3-1-3-10 设置末尾页母版效果

此步骤完成后,单击窗口左上角的"保存"按钮或者按Ctrl+S组合键保存。

步骤9:设置切换效果

选中第一张幻灯片母版缩略图,单击"切换"选项卡下的"溶解"项,如图3-1-3-11所示。

此步骤完成后,单击窗口左上角的"保存"按钮或者按Ctrl+S组合键保存。

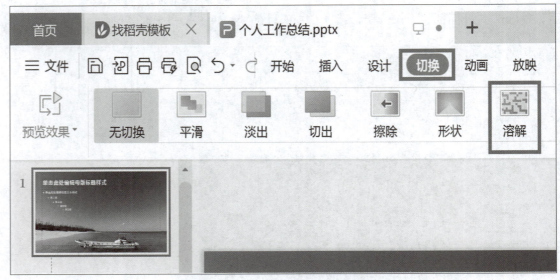

图3-1-3-11 设置母版切换效果

步骤10：设置动画效果

选择第一张幻灯片母版缩略图，在工作区选中标题占位符，按住Shift键，单击内容占位符，同时选中后，单击"动画"选项卡，单击"动画"组中的"出现"按钮，如图3-1-3-12所示。

图3-1-3-12 设置母版动画效果

此步骤完成后，单击窗口左上角的"保存"按钮或者按Ctrl+S组合键保存。

步骤11：设置备注页母版

单击"视图"选项卡下的"备注页母版"按钮，打开备注页母版。设置备注页内文字字号为18磅，删除"第二级"到"第五级"文字，如图3-1-3-13所示。

主题3　演示文稿制作

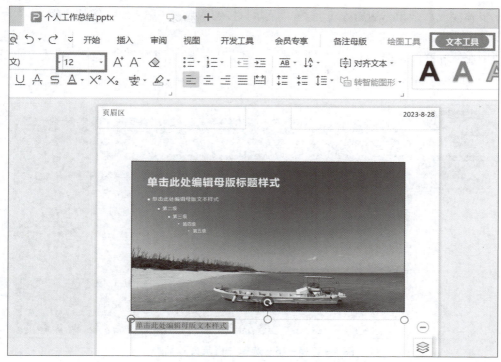

图 3-1-3-13　设置备注页母版效果

此步骤完成后，单击窗口左上角的"保存"按钮或者按 Ctrl + S 组合键保存。

步骤 12：添加标题页

在"视图"选项卡下单击最左侧的"普通"按钮，回到普通视图。在占位符"空白演示"处输入"个人工作总结"，在占位符"单击此处输入副标题"处输入"滨海旅行社　王鑫"，如图 3-1-3-14 所示。

制作个人总结演示文稿（二）

图 3-1-3-14　编辑幻灯片标题页

此步骤完成后，单击窗口左上角的"保存"按钮或者按 Ctrl + S 组合键保存。

步骤 13：添加目录页幻灯片

选中左侧缩略图，按 Enter 键，则新建一张幻灯片，默认即为"目录页"版式，如图 3 - 1 - 3 - 15 所示。

图 3 - 1 - 3 - 15　选择"目录页"版式

输入"目录"标题和各目录项，如图 3 - 1 - 3 - 16 所示。

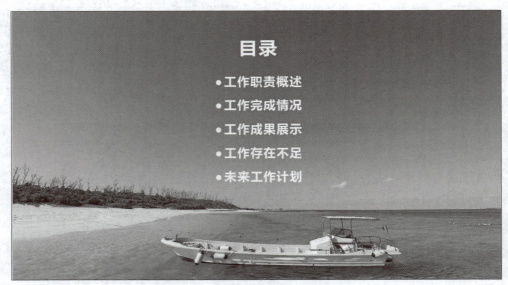

图 3 - 1 - 3 - 16　编辑幻灯片标题页

此步骤完成后，单击窗口左上角的"保存"按钮或者按 Ctrl + S 组合键保存。

步骤 14：添加内容页幻灯片

选中左侧目录页缩略图，按 Enter 键，则新建一张幻灯片，默认即为"目录页"版式。在"开始"选项卡下单击"版式"下拉按钮，在弹出的列表中选择第一行第三项"标题和内容",如图 3-1-3-17 所示。

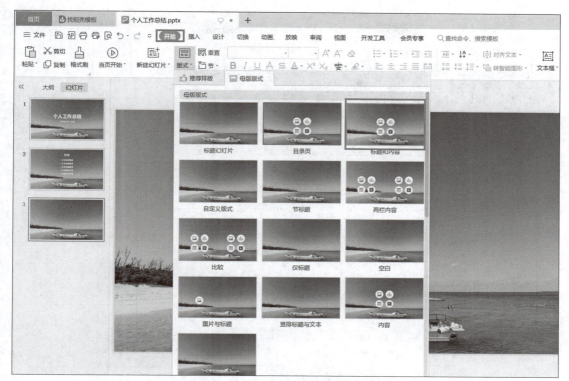

图 3-1-3-17　选择内容页版式

在标题占位符中输入"工作职责概述"。用同样的方式插入四张幻灯片,标题分别设置为"工作完成情况""工作成果展示""工作存在不足"和"未来工作计划"。

此步骤完成后,单击窗口左上角的"保存"按钮或者按 Ctrl+S 组合键保存。

步骤 15:添加末尾页幻灯片

选中左侧最后一张缩略图,按 Enter 键,则新建一张幻灯片,默认为"目录页"版式。单击"开始"选项卡下"版式"下拉按钮,在弹出的列表中选择最后一行最后一项"末尾页"。对末尾页不做任何修改。

此步骤完成后,单击窗口左上角的"保存"按钮或者按 Ctrl+S 组合键保存。

步骤 16:设置超链接

选中第二张幻灯片(目录页),选中"工作职责概述",单击"插入"选项卡,单击"超链接"按钮,选择"本文档幻灯片页",如图 3-1-3-18 所示。

在"插入超链接"对话框中,左侧导航默认"本文档中的位置",然后选择"3. 工作职责概述",单击"确定"按钮,如图 3-1-3-19 所示。

右击要设置超链接的文字,在弹出的快捷菜单中选择"超链接",在级联菜单中选择"超链接颜色",如图 3-1-3-20 所示。

将所有超链接均设为白色,如图 3-1-3-21 所示。

用同样的方法将所有目录项超链接到对应的幻灯片页。

此步骤完成后,单击窗口左上角的"保存"按钮或者按 Ctrl+S 组合键保存。

图 3-1-3-18　进行超链接设置

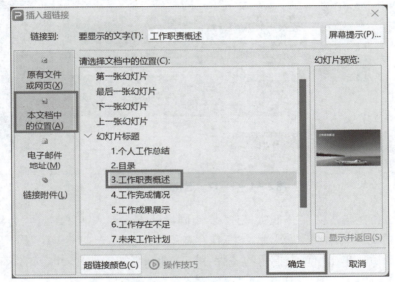

图 3-1-3-19　设置目录项超链接

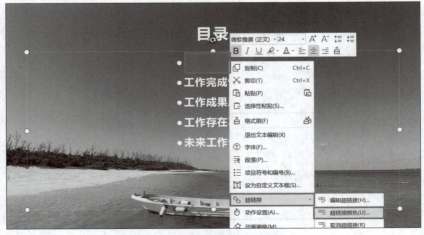

图 3-1-3-20　设置超链接颜色

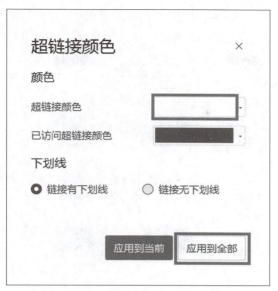

图 3-1-3-21　设置所有超链接颜色为白色

步骤 17：设置智能图形

选中第三张幻灯片，单击"插入"选项卡下的"智能图形"，在弹出的"智能图形"窗体中的"并列"选项卡下选择第三行第三项，如图 3-1-3-22 所示。

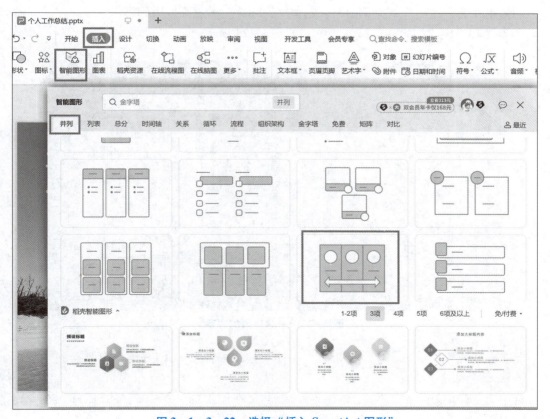

图 3-1-3-22　选择"插入 SmartArt 图形"

调整智能图形的位置与大小，单击左上角图片位置，在"插入图片"对话框中选择"旅游大巴"图片，如图3-1-3-23所示。

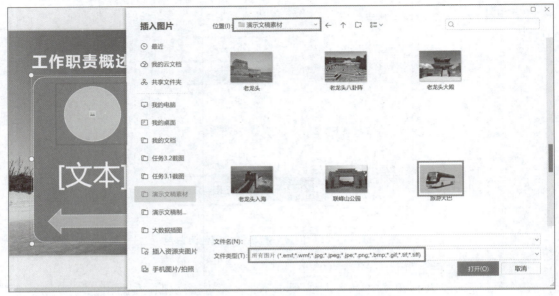

图3-1-3-23　在 SmartArt 图形中插入图片

插入图片后，在图片下方单击"[文本]"，输入"交通"。用同样的方法输入"住宿"和"景点"项，删除内容占位符，如图3-1-3-24所示。

图3-1-3-24　添加内容

此步骤完成后，单击窗口左上角的"保存"按钮或者按 Ctrl + S 组合键保存。

步骤18：设置表格

选中第4张幻灯片"工作完成情况"。单击文本框中的"插入表格"图标，在弹出的"插入表格"窗体中，输入4行3列，单击"确定"按钮，如图3-1-3-25所示。

图 3-1-3-25　设置表格行、列

在表格中输入内容。然后选中表格中所有单元格，在"表格工具"选项卡下单击左右居中和上下居中图标按钮，如图 3-1-3-26 所示。

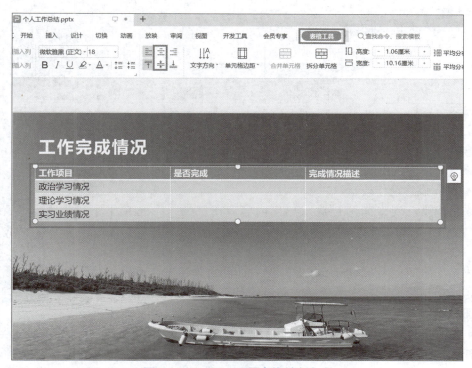

图 3-1-3-26　设置表格对齐方式

步骤19：插入符号

将光标放到第二行第二列单元格内，单击"插入"选项卡下的"符号"下拉按钮，在弹出的列表中选择最后一项"其他符号"。在弹出的"符号"界面中选择字体为"宋体"，子集为"数字运算符"，选中"√"后单击"插入"按钮，如图3-1-3-27所示。或者在近期使用过的符号中选择"√"，直接插入即可。

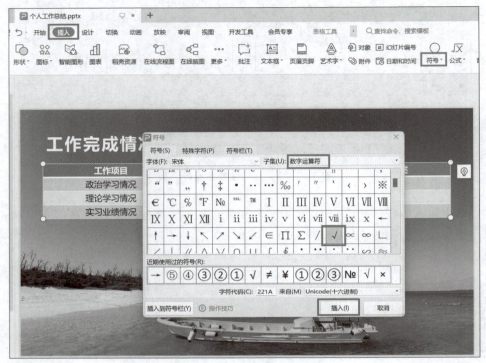

图3-1-3-27 插入符号

用同样的方法在第三行第二列单元格、第四行的第二列单元格内均输入"√"。

此步骤完成后，单击窗口左上角的"保存"按钮或者按Ctrl+S组合键保存。

步骤20：设置动作按钮

在表格中第三列中间两行输入相应内容。在"插入"选项卡下单击"形状"按钮，选择最下端"动作按钮"组中的最后一项"自定义"，如图3-1-3-28所示。

制作个人总结演示文稿（三）

在表格中第四行第三列画出按钮，然后在随之弹出的"动作设置"对话框中"单击鼠标"选项卡下选择"超链接到"单选项，单击下面对应的下拉按钮，选择"幻灯片…"，在弹出的"超链接到幻灯片"对话框中选择"5.工作成果展示"，单击"确定"按钮，返回"动作设置"对话框，单击"确定"按钮，完成操作，如图3-1-3-29所示。

右击动作按钮，选择"编辑文字"命令，如图3-1-3-30所示。在动作按钮内输入"工作成果展示"。

双击动作按钮，在右侧"对象属性"窗格里默认"形状选项"组中"填充与线条"选项卡下填充效果选择"无填充"，线条效果选择"无线条"，如图3-1-3-31所示。

主题3　演示文稿制作

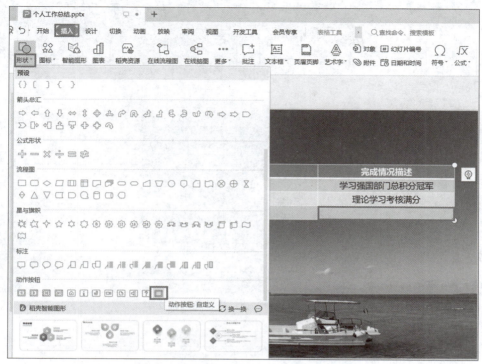

图3-1-3-28　插入"自定义"动画按钮

图3-1-3-29　设置动作按钮超链接

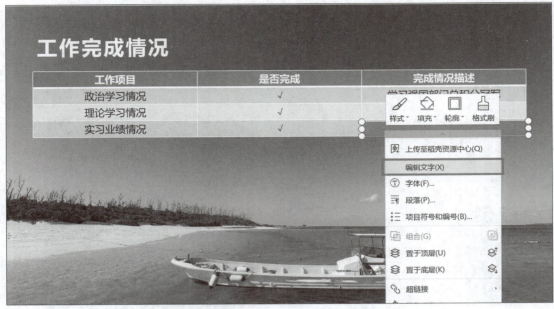

图3-1-3-30 为动作按钮添加文字

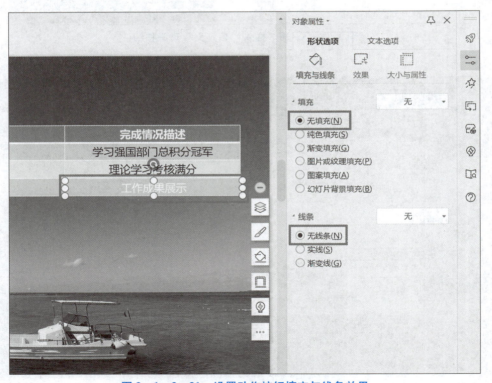

图3-1-3-31 设置动作按钮填充与线条效果

设置动作按钮文字"工作成果展示"字体颜色为黑色。完成后的效果如图3-1-3-32所示。

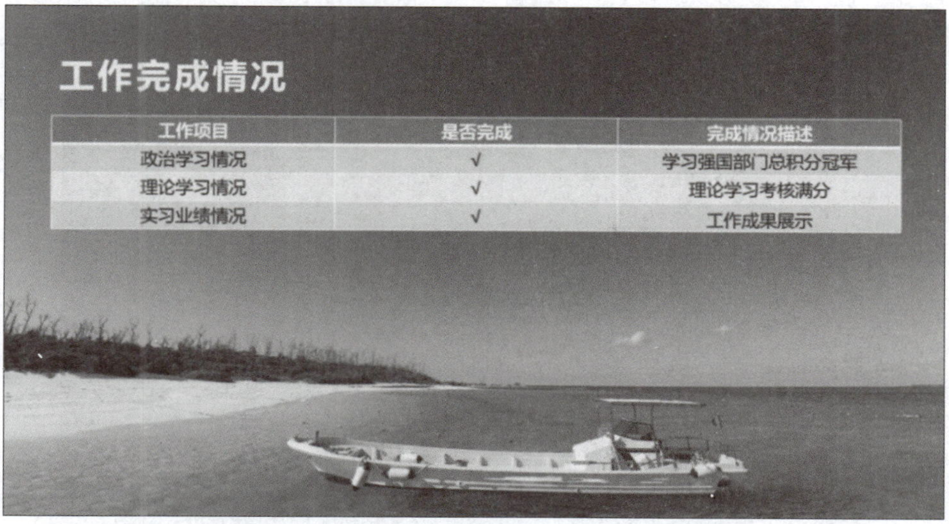

主题3　演示文稿制作

图 3 – 1 – 3 – 32　"工作完成情况"页完成效果

此步骤完成后，单击窗口左上角的"保存"按钮或者按 Ctrl + S 组合键保存。

步骤 21：设置图表

选择第 5 张幻灯片"工作成果展示"，单击"插入图表"按钮。在弹出的"图表"窗体左侧导航栏中选择"柱形图"，在右边上侧"簇状柱形图"组中选择第一项，如图 3 – 1 – 3 – 33 所示。

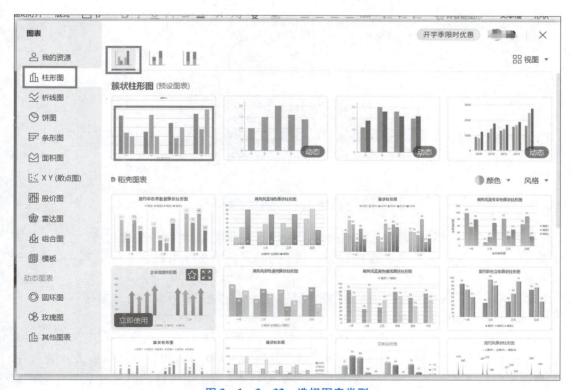

图 3 – 1 – 3 – 33　选择图表类型

· 173 ·

在图表上右击,选择"编辑数据",如图 3-1-3-34 所示。

图 3-1-3-34　选择数据源

在弹出的"WPS 演示中的图表"窗体内编辑图表源数据。修改类别名与系列名,填充数据。然后单击窗体右上角的"关闭"按钮,返回幻灯片界面,如图 3-1-3-35 所示。

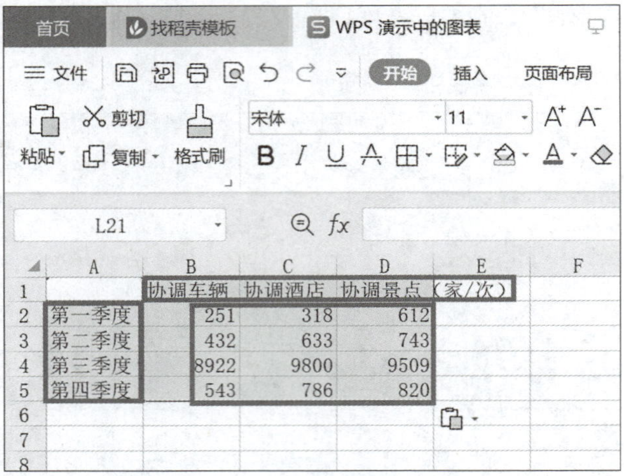

图 3-1-3-35　设置图表数据区

双击图表,在"对象属性"窗格中将"绘图区选项"修改为"图表选项"。在"填充与效果"选项卡下,"填充"组中设置"纯色填充",颜色改为白色,如图 3-1-3-36 所示。

此步骤完成后,单击窗口左上角的"保存"按钮或者按 Ctrl+S 组合键保存。

步骤 22:分级录入文本

选中第 6 张幻灯片,单击内容占位符,输入"人际交往方面",按 Enter 键换行,按 Tab 键后输入"焦躁、不冷静"。按 Enter 键换行,按 Shift+Tab 键后输入"工作能力方面",按 Enter 键换行,按 Tab 键后输入"依赖性强、适应性差"。使用同样的方式完成第 7 张幻灯片,如图 3-1-3-37 所示。

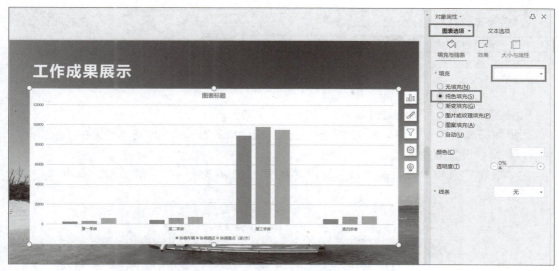

图 3-1-3-36 设置图表格式

图 3-1-3-37 输入文本

步骤 23：放映幻灯片

单击"放映"选项卡，单击最左侧"从头放映"按钮，如图 3-1-3-38 所示，播放每一张幻灯片。在播放过程中检查每页的文本、图片、按钮等是否出现问题，及时完善每张幻灯片的动画与切换设置。

图 3-1-3-38 放映幻灯片

步骤 24：插入备注

选中第 1 张幻灯片，单击备注区，输入本页对应的讲稿内容，如图 3-1-3-39 所示。

图 3-1-3-39 输入演讲备注

用同样的方式为每页幻灯片输入讲稿备注文字。

此步骤完成后,单击窗口左上角的"保存"按钮或者按 Ctrl+S 组合键保存。

步骤 25:设置放映方式

在"放映"选项卡下勾选"显示演讲者视图",如图 3-1-3-40 所示。

图 3-1-3-40 设置"显示演讲者视图"

此步骤完成后,单击窗口左上角的"保存"按钮或者按 Ctrl+S 组合键保存。

步骤 26:放映幻灯片

将播放幻灯片的计算机连接到投屏设备上,在演讲者视图下完成个人工作总结的演讲。

> **PowerPoint 2016 提示:**
> ◇ PowerPoint 2016 在母版幻灯片中可以自由插入占位符,灵活设置占位符的位置与格式,但是占位符不能通过复制方式应用。
> ◇ PowerPoint 2016 在投屏播放时,默认方式时,显示演讲者视图,播放设备上会有备注内容显示,同时会显示播放效果。

任务单

查看并填写任务单。

任务单

任务评价表

任务评价

查看并填写任务评价表。

任务拓展

知识拓展

【单选题】

1. 在演示文稿中插入超链接时，所链接的目标不能是（　　）。
   A. 另一个演示文稿　　　　　　B. 同一演示文稿的某一张幻灯片
   C. 其他应用程序的文档　　　　D. 幻灯片中的某个对象

2. 在 WPS 演示软件中，为建立图表而输入数字的区域是（　　）。
   A. 边距　　　　　　B. 数据表　　　　　　C. 大纲　　　　　　D. 图形编译器

3. 在 WPS Office 演示文稿的各种视图中，可以同时浏览多张幻灯片，便于选择、添加、删除、移动幻灯片等操作的是（　　）。
   A. 备注页视图　　　　　　　　B. 幻灯片浏览视图
   C. 普通视图　　　　　　　　　D. 幻灯片放映视图

4. 在 WPS Office 软件中，对于幻灯片中文本框内的文字，设置项目符号时，可以采用（　　）。
   A. "格式"选项卡中的"编辑"按钮
   B. "开始"选项卡中的"项目符号"按钮
   C. "格式"选项卡中的"项目符号"按钮
   D. "插入"选项卡中的"符号"按钮

5. WPS Office 演示软件中的图表用于（　　）。
   A. 可视化地显示数字　　　　　B. 可视化地显示文本
   C. 说明一个进程　　　　　　　D. 显示一个组织的机构

能力拓展

下载"制作个人工作总结演示文稿"拓展任务资源，使用 PowerPoint 软件制作个人工作总结演示文稿。

能力拓展视频 1

能力拓展视频 2

能力拓展视频 3

主题 4

信息检索

信息检索是人们查找所需信息的过程,是人们获取信息的主要方法,其中,网络信息检索已成为当今最直接、最普遍的信息检索方式。掌握网络信息的高效检索方法,是信息社会对高素质技术技能人才的基本要求。本主题包含三个项目,分别对应搜索引擎、专业文献资料和常用生活信息的检索方法,可以帮助学习者掌握信息检索的基础知识和搜索引擎以及其他信息检索平台的使用技巧,提高获取信息的能力和对信息的敏感度,为职业发展和终身学习奠定基础。

项目 1
在搜索引擎高效搜索招聘信息

项目介绍

小明想在毕业前找一份实习工作，经过搜索引擎搜索后，他面临两个问题：一是搜索结果太多，很难从中找到有价值的信息；二是搜索结果的真假难以分辨。本项目以使用搜索引擎搜索见习岗位招聘信息为例，共设置两项任务，分别是指定网站搜索招聘信息和指定文件类型或网页标题搜索信息，重点解决在使用搜索引擎的过程中面临的突出问题，帮助学习者掌握搜索引擎的使用技巧，提高搜索引擎的使用效率，培养获取信息能力和职业规划能力。

项目目标

1. 能够在搜索引擎中通过指定网站搜索信息；
2. 能够在搜索引擎中通过指定文件类型搜索信息；
3. 能够在搜索引擎中通过指定网页标题搜索信息；
4. 了解域名的概念；
5. 培养获取信息的能力和对信息的敏感度；
6. 培养专业意识、职业规划能力。

知识导图

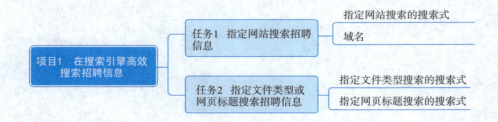

任务 1　指定网站搜索招聘信息

任务引入

为帮助高校毕业生提升就业能力，人力资源和社会保障部、教育部等 10 个部门分别于

2022年、2023年实施了"百万就业见习岗位募集计划",该计划中的见习岗位多来自政府机关和中央企业,因此,在用搜索引擎查找实习信息时,可以将搜索范围限制在政府机关或中央企业的网站,这样可以更精准地搜索到实习信息。

知识准备

1. 信息检索系统和搜索引擎

搜索引擎是一个信息检索系统,使用搜索引擎检索信息也是当今人们获取信息的主要方式。一个信息检索系统主要有两个关键环节:一个是信息组织,另一个是信息检索。信息组织是利用一定的规则、方法和技术对信息的外部特征和内容特征进行揭示与描述,并按给定的参数和序列公示排列,使信息从无序集合转换为有序集合的过程。信息检索就是从用户特定的信息需求出发,对特定的信息集合采用一定的方法、技术手段,根据一定的线索与规则从中找出相关的信息。信息组织是信息检索的基础。《永乐大典》是我国古代创建的检索工具,这套百科全书以"用韵以统字,用字以系事"的信息组织形式,构建了一套信息的检索系统。搜索引擎是通过现代计算机和网络技术,根据一定的搜索策略抓取互联网上的网页,然后按照一定的规则对抓取的网页建立索引并形成索引数据库,用户通过检索关键字表示查询请求,搜索引擎根据用户关键字在数据库中进行查找和匹配,最后将符合要求的结果返回给用户。

2. 域名

域名是互联网上某一台计算机或计算机组的名称,用于在数据传输时对计算机的定位进行标识。一个完整的域名由2个或3个部分组成,各部分之间用英文句号"."来分隔,最后一个"."的右边部分称为顶级域名,而左边部分称为二级域名,二级域名的左边部分称为三级域名。顶级域名又分为三类:一是国家和地区顶级域名,例如中国顶级域名是"cn";二是通用顶级域名,例如工商企业是"com"等;三是新顶级域名。常见顶级域名及适用范围见表4-1-1-1。中国有自己专属的国家顶级域名"cn",并在其下采用层次结构设置"类别域名"和"行政区域名"两个类别。例如,适用政府部门的".gov"和适用教育科研机构的"edu"是类别域名;北京市的"bj"和河北省的"he"是行政区域名。二级域名是指域名注册人自定义的网上名称,例如,"baidu.com"中的"baidu"为自定义的域名。在搜索引擎中指定网站进行信息检索,通常是通过指定某个网站的二级域名+顶级域名进行信息检索。

表4-1-1-1 常见顶级域名和适用范围

域名	适用	域名	适用
com	商业机构	cn	中国
net	无限制	gov.cn	政府行政机关
org	无限制	edu.cn	教育机构

3. 指定网站搜索信息

在搜索引擎中,通过在搜索关键字后加空格再加"insite:网站域名",可以在指定网站的范围内进行搜索,语法为"关键字 insite:网站域名"。使用这种方法产生的搜索结果基本来自指定网站,因此能够获得更精准的搜索结果,提高搜索效率。例如,河北省政府的网站网址是"www.hebei.gov.cn",如果指定在该网站进行信息检索,则可以在搜索引擎中通过关键字和该网站的域名"hebei.gov.cn",即使用"关键字 insite:hebei.gov.cn"进行信息检索。

任务实施

启动浏览器,在浏览器地址栏中输入必应搜索引擎的网址"www.bing.com.cn",打开该搜索引擎。先指定河北省政府网站搜索见习岗位信息,在搜索框中输入"见习岗位 insite:hebei.gov.cn",单击"搜索"按钮并查看结果。然后将"insite:hebei.gov.cn"改为"insite:gov.cn",如图4-1-1-1所示,进行搜索并查看结果。这项修改意味着,不仅在河北省政府网站进行搜索,还要针对所有域名为"gov.cn"的政府机关网站进行搜索,这样可以扩大搜索范围,能够搜索到更多的见习岗位。

操作演示

图4-1-1-1 指定网站搜索

> 小贴士:
> ◇ 需要注意的是,insite:后面可以是"hebei.gov.cn"或"gov.cn",但一般不用"www.hebei.gov.cn"。因为前者针对整个网站进行搜索,而后者只对网站的首页进行搜索。

任务单

查看并填写任务单。

任务单

任务2 指定文档类型或网页标题搜索招聘信息

任务引入

在搜索见习岗位时发现,很多招聘报名通知中都含有附件文档,并且报名通知会显示在网页标题中,因此,针对这类文档或网页标题进行搜索,可以更高效地获取搜索结果。请分别针对文件类型为".xls"的电子表格文档和网页标题中含有"见习报名"的网页搜索见习信息。

知识准备

1. 指定文件类型搜索

搜索引擎支持通过"filetype:文档扩展名"对指定文档进行搜索,可以搜索的文档类型包括.doc、.xls、.ppt、.pdf和.rtf。搜索式语法为"关键字 filetype:文档扩展名"。

2. 网页标题

网页标题不仅是文章意义上的标题,更是网页中一个非常重要的结构和组成部分。网页是由HTML超文本标记语言制作成的文件,在这种文件中,每一部分都有一个专属标签,例如超链接的标签是"<a>超链接文字</a>"、图片的标签是"<img/>",而网页标题的标签是"<title>网页标题文字</title>",在该标签中的内容就是网页标题,它会显示在浏览器的右上角,更容易被搜索引擎抓取。因此,可利用网页标题进行信息搜索。

3. 指定网页标题搜索

通过"intitle:指定网页标题",可以指定网页标题进行搜索。使用这种方法能够获得更精准的搜索结果,提高搜索效率。

任务实施

步骤1:指定文件类型搜索见习岗位

启动浏览器,在浏览器地址栏中输入必应搜索引擎的网址 www.bing.com.cn。在搜索栏中输入关键字"见习岗位 filetype:xls",单击"搜索"按钮,查看搜索结果。

步骤2:指定网页标题搜索见习岗位

打开浏览器,在浏览器中输入必应搜索引擎的网址 www.bing.com.cn。在搜索栏中输入关键字"intitle:见习岗位报名",单击"搜索"按钮,查看搜索结果。

任务单

查看并填写任务单。

任务单

任务评价表

参考答案

项目评价

查看并填写任务评价表。

项目总结

本项目针对使用搜索引擎过程中的突出问题设置了两项任务,旨在介绍搜索引擎的自定义检索方法。需重点掌握:指定网站搜索、指定文件类型搜索、指定网页标题搜索,从而培养信息获取能力,提高信息敏感度。

项目拓展

1. 以下选项针对学习网站搜索"1+X办公应用"考试的是(   )。

A. 1+X 办公应用 www.edu.com

B. edu.cn 1+X 办公应用

C. site:edu.cn 1+X 办公应用

D. 1+X 办公应用 site:www.edu.cn

2. 以下选项不是域名的是（　　）。

A. baidu.com
B. www.baidu.com

C. baikai.baidu.com
D. baidu.com/default.html

3. 下列（　　）选项作为关键字，可以更高效地搜索到英语四级词汇表的 PDF 文档。

A. 英语四级 filetype:pdf
B. filetype:英语四级.pdf

C. 英语四级.pdf
D. filetype:英语四级 pdf

4. 在搜索引擎中搜索网页标题含有"人工智能"相关信息的检索式为（　　）。

A. intitle:人工智能
B. intitle 人工智能

C. 人工智能 intitle
D. intitle"人工智能"

5. 分组讨论：在某网站进行站内搜索和通过搜索引擎指定该网站搜索有何不同？

6. 搜索本专业的招聘信息，然后分组讨论，本专业有哪些就业岗位？这些岗位要求具备哪些职业技能？

项目 2 搜索"人工智能"相关文献资料

项目介绍

小明是建筑专业的学生,他想了解本专业和人工智能相关的知识,通过搜索引擎检索后,发现查找的信息不够系统、权威。本项目以搜索建筑学领域与人工智能相关的专业文献资料为例,介绍专业文献资料的检索途径,如知网、万方等知识服务平台和国家图书馆系统等。文献信息是指图书、期刊、学位论文等较为系统、准确、可靠的信息源。在本项目实施的过程中,读者也可以将建筑学替换为自己所学专业,搜索人工智能与自身专业相关的信息,通过本项目掌握布尔逻辑检索、截词检索等检索技术,提高获取专业文献资料的能力和职业规划能力。

项目目标

1. 了解知网、万方、维普等知识服务平台;
2. 能够使用布尔逻辑检索快速、准确地检索信息;
3. 能够使用截词检索快速、准确地检索信息;
4. 了解国家图书馆书目检索系统;
5. 提高获取信息的能力和对信息的敏感度;
6. 增强专业意识、职业规划能力。

知识导图

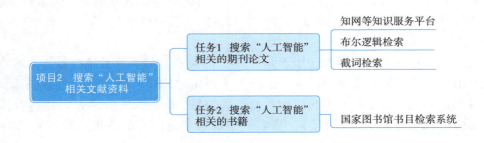

任务1 搜索"人工智能"相关的期刊论文

任务引入

中国知网是常用的期刊论文检索平台,请在知网中通过布尔逻辑检索的形式搜索建筑学领域和人工智能相关的文献资料。

知识准备

1. 布尔逻辑检索

布尔逻辑检索,也称作布尔检索,是指利用布尔逻辑运算符连接各个检索词,然后由计算机进行相应逻辑运算,从而找出所需信息的方法。大部分检索系统都支持布尔逻辑检索。

(1)逻辑"与"检索

逻辑"与"指检索词之间在逻辑上是"与"的关系,即要求系统检索同时含有所有检索词的信息。这种关系使用"AND"或"*"连接检索词。例如,检索既包含"人工智能"又包含"大数据"的信息,则检索式为"人工智能 AND 大数据"(或为"人工智能 * 大数据"),检索结果是两个检索词的交集,如图4-2-1-1所示。

图4-2-1-1 布尔检索逻辑关系示意图

(2)逻辑"或"检索

逻辑"或"指检索词之间在逻辑上是"或"的关系,即要求系统检索包含任意一个指定检索词的信息。这种关系使用"OR"或"+"连接检索词。例如,检索包含"人工智能"或者"大数据"的信息,则检索式为"人工智能 OR 大数据"(或为"人工智能 + 大数据"),检索结果是两个检索词的并集,如图4-2-1-1所示。

(3)逻辑"非"检索

逻辑"非"指检索词之间在逻辑上是"非"的关系,即要求系统在检索含有指定检索词的基础上,排除某些检索词信息。这种关系使用"NOT"或"-"连接检索词。例如,检索包含"人工智能"但不含"大数据"的信息,则检索式为"人工智能 NOT 大数据"(或为"人工智能 - 大数据"),检索结果是两个检索词的补集,如图4-2-1-1所示。

2. 截词检索

截词是指在检索词的合适位置进行截断,然后使用词干或不完整的词形查找信息的一种方法，这种方法一般用于西文检索系统中。常使用的截词符号一般有"？""$"和"＊"等（注意，不同系统中的截词符号用法可能有差异）。截词方式有前截断、中截断和后截断。截词方式和符号的用法见表4－2－1－1。

表4－2－1－1 截词方式和符号用法示例

符号及含义		？任意一个字符	$任意零或一个字符	＊任意若干字符
前截断	检索词	??equal	$$equ	＊equal
	检索结果	unequal	unequal	unequal
中截断	检索词	??equat?	$$equat$	＊equat＊
	检索结果	adequate	adequate	adequate、inadequate
后截断	检索词	equal???	equal$$$	equal＊
	检索结果	equality	equal、equality	equal、equality

3. 专业文件检索途径

（1）中国知网

中国知网（www.cnki.net）是中国知识基础设施工程，也是通过该工程创建的学术平台，现已建成的中国知识资源总库包括CNKI源数据库、外文类、工业类、农业类、医药卫生类、经济类和教育类多种数据库，面向海内外读者提供中国学术文献、外文文献、学位论文、报纸、会议、年鉴、工具书等各类资源统一检索、统一导航、在线阅读和下载服务。知网总库提供文献的主题、关键词、全文、作者、作者单位、基金、摘要、参考文献等的检索途径。

（2）万方数据

万方数据（www.wanfangdata.com.cn）知识服务平台整合了中国学位论文全文数据库、中国学术期刊全文数据库、中国学术会议全文数据库等海量学术文献，提供文献检索、文献检测等服务。

（3）维普

维普资讯网（www.cqvip.com）是国内外重要的中文信息服务及综合性文献服务网站之一。提供的服务包括中文科技期刊数据库、中国科技经济新闻数据库、中文科技期刊数据库（引文版）、维普论文检测系统等。

任务实施

步骤1：搜索既含有"建筑学"又含有"人工智能"的文献

此步需使用逻辑"与"进行搜索。打开知网"www.cnki.net"，单击搜索框右侧的"高级检索"按钮，进入高级检索页面，将第一行搜索框设置为"主题"，并输入关键字"建筑学"，将第二行搜索框也设置为"主题"，并输入关键字"人工智能"，最后将两个关键字之间的逻辑连接设置为"AND"，如图4－2－1－2所示，单击"搜索"按钮查看结果。

步骤2：搜索含有"建筑学"或"人工智能"的文献

此步需要使用逻辑"或"进行搜索。在步骤1的基础上继续在知网的高级检索页面进

操作演示

图4-2-1-2 使用逻辑"与"设置检索关键字

行设置,将两个关键字之间的逻辑连接设置为"OR",其余保持不变,单击"搜索"按钮查看结果。

步骤3:搜索含有"建筑学"并排除"人工智能"的文献

此步需要使用逻辑"非"进行搜索。在步骤1的基础上继续在知网的高级检索页面进行设置,将两个关键字之间的逻辑连接设置为"NOT",其余保持不变,单击"搜索"按钮查看结果。

任务单

查看并填写任务单。

任务单

任务2 搜索"人工智能"相关的书籍

任务引入

相对于期刊论文来说,书籍中的专业资料更加系统,因此,请在国家图书馆官网搜索建筑学领域和人工智能相关的书籍。

知识准备

国家图书馆的官方网站网址为 www.nlc.cn,用户可以在官网使用"文津搜索"系统搜索国家图书馆的馆藏书目信息。中国国家图书馆包含国家总书库、国家书目中心、国家古籍保护中心、国家典籍博物馆。国家图书馆馆藏宏富,品类齐全,古今中外,集精撷萃。随着信息载体的发展变化,国家图书馆馆藏规模不断扩大,不仅收藏了丰富的缩微制品、音像制品,还建成了中国最大的数字文献资源库和服务基地。

任务实施

启动浏览器,打开国家图书馆官网"www.nlc.cn",进入网站,在文津搜索框中输入关键字"建筑学"和"人工智能",然后单击"检索"按钮查看结果。

任务单

查看并填写任务单。

项目评价

任务单

任务评价表

参考答案

查看并填写任务评价表。

项目总结

本项目以搜索专业资料为情境，在介绍专业文献资料的检索途径的同时，进一步讲解了信息检索的高级使用方法，需重点掌握布尔逻辑检索和文献资料的常用检索平台，从而增强信息获取能力和专业意识，为职业发展和终身学习奠定基础。

项目拓展

1. （　　）表示搜索既含有计算机一级又含有 WPS 相关的信息。
   A. 计算机一级 WPS　　　　　　　　B. 计算机一级 and WPS
   C. 计算机一级 or WPS　　　　　　 D. 计算机一级 – WPS
2. （　　）不能在搜索引擎中屏蔽广告。
   A. 关键字 – 广告　　　　　　　　　B. 关键字广告
   C. 关键字 NOT 广告　　　　　　　 D. 关键字 – 推广
3. 分组讨论：布尔检索中的"与、或、非"分别适合在什么场景使用？
4. 分组讨论：分享你知道的图书检索工具。

项目 3
搜索生活信息

项目介绍

很多专用信息都有对应的检索平台,例如检索专利、商标等信息可在专用的垂直检索系统进行查询,比搜索引擎的结果更准确。此外,通过社交媒体也能检索信息,并且也具有一定的参考价值。本项目通过搜索有关水稻的专利和商标及社交媒体搜索"北戴河旅游景区"实时信息两个任务,介绍在生活、学习和工作中如何通过信息检索免受假冒侵权商品损害和避免侵犯他人知识产权,以及如何通过社交媒体获取有价值的信息,帮助学习者了解专利、商标的检索途径,提高辨别虚假信息的能力,培养知识产权意识。

项目目标

1. 了解专利信息和商标信息的检索途径;
2. 了解常用社交媒体的搜索方法;
3. 提高有效辨别虚假信息的能力;
4. 培养知识产权意识,树立诚信价值观。

知识导图

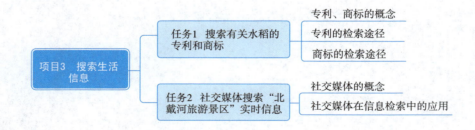

任务 1 搜索有关水稻的专利和商标

任务引入

2022 年,全国市场监管部门共查处专利、商标违法案件 4.4 万件,涉案金额 16.2 亿元。中华人民共和国国家知识产权局提供了专利和商标的检索服务,可以在一定程度上避免假冒伪劣商品的侵害，提高知识产权保护意识。请在中华人民共和国国家知识产权局网站搜索水稻相关的专利信息和商标信息。

知识准备

1. 专利

专利是一项发明创造的首创者所拥有的受保护的独享权益。专利在我国分为发明专利、实用新型专利和外观设计专利三种类型。发明专利，是指对产品、方法或者其他改进所提出的新的技术方案。实用新型专利，是指对产品的形状结构或者其他结构所提出的适于实用的技术方案，仅限于产品，它必须具有一定的形状结构。外观设计专利，是对产品的形状、图案、色彩或其结构所做出的具有美感的适合工业上应用的新设计，而且必须用于具体的产品上。

2. 专利检索途径

国家知识产权局是国务院直属机构，主管专利工作和统筹协调涉外知识产权事宜。国家知识产权局的网站（www.cnipa.gov.cn）提供我国专利信息的免费检索服务（该系统需要注册后使用）。

3. 商标检索途径

商标是用于识别和区分商品或者服务来源的标志。国家知识产权局的商标局是国家知识产权局所属事业单位，主要职责为：承担商标审查注册、行政裁决等具体工作；参与商标法及其实施条例、规章、规范性文件的研究制定；参与规范商标注册行为；参与商标领域政策研究；参与商标信息化建设、商标信息研究分析和传播利用工作；承担对商标审查协作单位的业务指导工作；组织商标审查队伍的教育和培训；完成国家知识产权局交办的其他事项。国家知识产权局的网站提供商标检索服务。

任务实施

步骤1：搜索有关水稻的专利信息

在浏览器地址栏中输入网址 www.cnipa.gov.cn，打开国家知识产权局官网，在"政务服务"栏目中找到并打开"专利检索"页面，注册登录后，在搜索框输入关键字"水稻"，单击"搜索"按钮查看结果。

步骤2：搜索有关大米的商标信息

用浏览器打开国家知识产权局官网，在"政务服务"栏目中找到并打开"商标查询"页面，搜索你所知道的大米商标，然后查看搜索结果。

任务单

查看并填写任务单。

任务单

任务2　社交媒体搜索"北戴河旅游景区"实时信息

任务引入

在旅行时，希望及时了解旅游目的地的天气、人流量等实时信息，此时可以尝试在社交媒体进行检索。请在常用的社交媒体中搜索"北戴河旅游景区"的实况信息，并注意分辨信息真伪。

知识准备

社交媒体指互联网上用户彼此之间用来分享意见、见解、经验和观点的工具与平台。目前常见的社交媒体包括抖音、微博、微信等。社交媒体每时每刻都产生大量信息，是人们获取信息的重要途径，但是在使用过程中还需注意分辨信息的真伪。

任务实施

步骤1：使用社交媒体搜索"北戴河旅游景区"实况信息

在你常用的社交媒体中，使用"北戴河""北戴河实况"等关键字搜索"北戴河旅游景区"实况信息。

步骤2：辨别信息真伪

查看并讨论如何辨别搜索结果的真伪。

任务单

查看并填写任务单。

任务单

任务评价表

项目评价

查看并填写任务评价表。

项目总结

本项目在前两个项目的基础上进一步介绍专利、商标的检索平台和社交媒体的搜索系统，需重点了解：专利、商标的检索方法和社交媒体的检索方法，在增强信息获取能力的同时培养知识产权意识，提高分辨虚假信息的能力。

项目拓展

1. 分组讨论：举例说明日常生活工作中可能出现知识产权侵权的场景，以及保护知识产权的重要意义。
2. 分组讨论：社交媒体可以用来搜索哪些内容？
3. 分组讨论：举例说明你在社交媒体中遇到过的虚假信息。

主题 5

新一代信息技术概述

国家"十二五"规划《国务院关于加快培育和发展战略性新兴产业的决定》中列了七大国家战略性新兴产业体系,其中包括"新一代信息技术产业"。经过十年的努力奋斗,我国的"十二五"规划已经取得良好成效。在"十四五"规划中提到新一代信息技术已经是以人工智能、量子信息、移动通信、物联网、区块链等为代表的新兴技术。它既是信息技术的纵向升级,也是信息技术之间及其与相关产业的横向融合。本主题包含新一代信息技术的基本概念、技术特点、典型应用、技术融合等内容。

项目
用新一代信息技术看世界

项目介绍

本项目通过介绍新一代信息技术，使学习者能够了解信息技术的最前沿，了解各项新一代信息技术的基本概念、技术特点、典型应用。能够辨识生活中遇到的实际应用所使用的信息技术，同时培养学习者的数字化创新与发展素养以及信息社会责任，推进数字强国背景下的文化自信自强。

项目目标

1. 理解新一代信息技术及其主要代表技术的基本概念；
2. 了解新一代信息技术各主要代表技术的技术特点；
3. 了解新一代信息技术各主要代表技术的典型应用；
4. 了解新一代信息技术与制造业等产业的融合发展方式；
5. 培养数字化创新与发展素养以及信息社会责任；
6. 推进数字强国背景下的文化自信。

知识导图

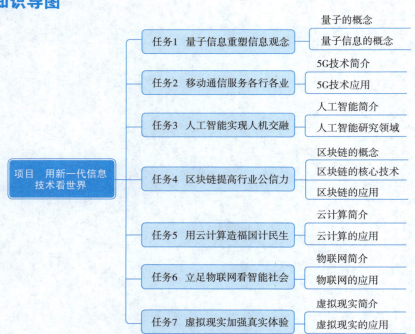

任务1　量子信息重塑信息观念

任务引入

本任务从量子的概念入手，讲解到量子信息的概念，提出量子信息的最终物理实现会导致信息科学观念和模式的重大变革。学习者通过对量子信息的思考，转而形成对数字强国的思考。

知识准备

量子（quantum）是现代物理的重要概念。即一个物理量如果存在最小的不可分割的基本单位，则这个物理量是量子化的，并把最小单位称为量子。

量子一词来自拉丁语 quantus，意为"有多少"，代表"相当数量的某物质"，它最早是由德国物理学家普朗克在 1900 年提出的。他假设黑体辐射中的辐射能量是不连续的，只能取能量基本单位的整数倍，从而很好地解释了黑体辐射的实验现象。

自从普朗克提出量子这一概念以来，经爱因斯坦、玻尔、德布罗意、海森堡、薛定谔、狄拉克、玻恩等人的完善，在 20 世纪的前半期，初步建立了完整的量子力学理论。绝大多数物理学家将量子力学视为理解和描述自然的基本理论。

> **小贴士：**
> 2016 年 8 月 16 日 1 时 40 分，中国在酒泉卫星发射中心使用"长征二号"丁运载火箭成功地将"墨子号"量子科学实验卫星发射升空，进入预定轨道。中国建成全球首个星地量子通信网，创造 500 km 的现场光纤量子通信世界纪录。

任务实施

步骤 1：认识量子

量子是一个态，所谓态，在物理上不是一个具体的物理量，不是一个单位，也不是一个实体，而是一个可以观测记录的一组记录（也就是确定一组不变量去测量另外一组量），但是这组记录可以运算，并可以求出某时刻的值与已观测的记录是否吻合。这就是波动力学的基础。要解决量子信息，首先要在逻辑上有一个多值逻辑理论，才能将量子态对应于一个实体，也就是所谓的给量子的态赋给实体的功能，这样就可以实现某些交换，也就是可以计算。只要这组态符合一定的条件，根据波动力学，结论一定成立。这就是量子信息学的基础。一旦能找到符合理论的这些态，则计算能力将不是现有计算机的 N 次幂，而是计算的超量完成。对某个有限大的数组，在量子态可以理论上是 0 时完成，也就是超距变换。这是量子信息学的研究动力。

步骤 2：了解量子信息

根据摩尔（Moore）定律，每 18 个月计算机微处理器的速度就增长一倍，其中单位面积（或体积）上集成的元件数目会相应地增加。可以预见，在不久的将来，芯片元件就会达到它能以经典方式工作的极限尺度。因此，突破这种尺度极限是当代信息科学所面临的一个重大科学问题。量子信息的研究就是充分利用量子物理基本原理的研究成果，发挥量子相干特性的强大作用，探索以全新的方式进行计算、编码和信息传输的可能性，为突破芯片极限提供新概念、新思路和新途径。量子力学与信息科学结合，不仅充分显示了学科交叉的重要性，而且量子信息的最终物理实现，会导致信息科学观念和模式的重大变革。事实上，传统计算机也是量子力学的产物，它的器件也利用了诸如量子隧道现象等量子效应。但仅仅应用量子器件的信息技术，并不等同于量子信息技术。量子信息主要是基于量子力学的相干特征，重构密码、计算和通信的基本原理。

任务 2　移动通信服务各行各业

任务引入

从"十二五"规划发布至今，"新一代通信网络"已经从 3G 历经 4G 变成了 5G。本任务介绍了 5G 技术的特点和典型应用。学习者在完成任务时，会增强数字强国背景下的文化自信。

知识准备

第五代移动通信技术（5th Generation Mobile Communication Technology，5G）是具有高速率、低时延和大连接特点的新一代宽带移动通信技术，5G 通信设施是实现人机物互联的网络基础设施。

移动通信延续着每十年一代技术的发展规律，已历经 1G、2G、3G、4G 的发展。每一次代际跃迁，每一次技术进步，都极大地促进了产业升级和经济社会发展。从 1G 到 2G，实现了模拟通信到数字通信的过渡，移动通信走进了千家万户；从 2G 到 3G、4G，实现了语音业务到数据业务的转变，传输速率成百倍提升，促进了移动互联网应用的普及和繁荣。当前，移动网络已融入社会生活的方方面面，深刻改变了人们的沟通、交流乃至整个生活方式。4G 网络造就了繁荣的互联网经济，解决了人与人随时随地通信的问题，随着移动互联网快速发展，新服务、新业务不断涌现，移动数据业务流量爆炸式增长，4G 移动通信系统难以满足未来移动数据流量暴涨的需求，急需研发下一代移动通信系统。5G 技术应运而生。

5G 作为一种新型移动通信网络，不仅要解决人与人之间的通信，为用户提供增强现实、虚拟现实、超高清（3D）视频等更加身临其境的极致业务体验，更要解决人与物、物与物通信问题，满足移动医疗、车联网、智能家居、工业控制、环境监测等物联网应用需求。最终，5G 将渗透到经济社会的各行业各领域，成为支撑经济社会数字化、网络化、智能化转型的关键新型基础设施。

> **小贴士：**
> 2019 年 6 月 6 日，工业和信息化部向四家运营商颁发 5G 牌照，中国通信行业进入 5G 时代。2019 年 10 月 31 日，在 2019 年中国国际信息通信展览会上，工信部宣布：5G 商用正式启动。据工信部统计，我国已建成全球规模最大、技术领先的 5G 网

络。2021年12月14日，中国工程院发布"2021年度全球十大工程成就"，第五代移动通信技术入选。

📋 任务实施

步骤1：5G在工业产业中的应用

以5G为代表的新一代信息通信技术与工业经济深度融合，为工业乃至产业数字化、网络化、智能化发展提供了新的实现途径。

➢ 5G车联网助力汽车、交通应用服务的智能化升级。
➢ 在电力领域，能源电力生产包括发电、输电、变电、配电、用电五个环节，5G在电力领域的应用主要面向输电、变电、配电、用电四个环节开展。
➢ 在煤矿领域，5G应用涉及井下生产与安全保障两大部分。
➢ 5G在教育领域的应用主要围绕智慧课堂及智慧校园两方面开展。
➢ 5G通过赋能现有智慧医疗服务体系，提升远程医疗、应急救护等服务能力和管理效率，并催生5G+远程超声检查、重症监护等新型应用场景。
➢ 5G在文旅领域的创新应用将助力文化和旅游行业步入数字化转型的快车道。
➢ 5G助力智慧城市在安防、巡检、救援等方面提升管理与服务水平。
➢ 金融科技相关机构正积极推进5G在金融领域的应用探索。

步骤2：5G在智慧商业综合体领域中的应用

5G给垂直行业带来变革与创新的同时，也孕育新兴信息产品和服务，改变人们的生活方式。在智慧商业综合体领域，5G+AI智慧导航、5G+AR数字景观、5G+VR电竞娱乐空间、5G+VR/AR全景直播、5G+VR/AR导购及互动营销等已开始在商圈及购物中心落地应用，并逐步规模化推广。

任务3 人工智能实现人机交融

📋 任务引入

本任务从人工智能的概念入手，了解人工智能主要技术的特点和典型应用以及人工智能技术与制造产业的融合发展方式，学习者深刻体会数字强国背景下的文化自信。

> **小贴士：**
> 2023年4月，美国《科学时报》刊文介绍了正在深刻改变医疗保健领域的五大领先技术：可穿戴设备和应用程序、人工智能与机器学习、远程医疗、机器人技术、3D打印。

知识准备

人工智能是研究、开发用于模拟、延伸和扩展人的智能的理论、方法、技术及应用系统的一门新的技术科学。熟悉和掌握人工智能相关技能，是建设未来智能社会的必要条件。人工智能（AI）具有以下几个主要特点：

①自主性：AI 系统能够在一定程度上自主地进行学习、推理和决策，而无须人类的干预和控制。

②自适应性：AI 系统能够根据环境和数据的变化，调整和优化自身的模型和策略，以适应不同的任务和场景。

③智能交互：AI 系统可以通过自然语言处理、语音识别和图像识别等技术，与人类进行智能交互，提供更加友好和便捷的用户体验。

④大数据处理能力：AI 系统具有强大的数据处理和分析能力，可以处理大量复杂的数据，挖掘其中的规律和价值。

⑤学习能力：AI 系统通过机器学习和深度学习等技术，可以从数据中学习知识和经验，不断提高自身的性能和能力。

⑥实时响应：AI 系统可以实时响应和处理各种任务和问题，提高决策和执行的速度与效率。

⑦高度集成：AI 系统可以集成多种技术和算法，实现多任务和多领域的智能应用。

⑧模式识别：AI 系统擅长识别复杂数据中的模式和关系，从而实现预测、分类、聚类等功能。

⑨错误容忍性：AI 系统可以在一定程度上容忍输入数据的不完整和噪声，依然能够进行有效的推理和决策。

⑩并行处理能力：AI 系统可以利用并行计算和分布式计算技术，提高计算和处理的速度和规模。

需要注意的是，人工智能系统的具体特点可能因应用领域、技术方法和发展阶段而有所不同。随着技术的不断创新和发展，AI 系统的特点和能力将会进一步拓展和完善。

任务实施

步骤 1：人工智能在计算机视觉领域的研究

计算机视觉是一门研究如何使机器"看"的科学，更进一步地说，就是指用摄影机和电脑代替人眼对目标进行识别、跟踪和测量等机器视觉，并进一步做图形处理，使电脑处理成为更适合人眼观察或传送给仪器检测的图像。计算机视觉的主要任务是通过对采集的图片或者视频进行处理，以获得相应场景的三维信息。目前在智能安防和人脸识别打拐中取得了突出成效。

步骤 2：人工智能在语音识别领域的研究

语音识别是一门交叉学科。语音识别技术所涉及的领域包括信号处理、模式识别、概率论和信息论、发声机理和听觉机理、人工智能等。目前语音识别在智能医院、口语评测中得到了广泛应用。

步骤 3：人工智能在专家系统领域的研究

专家系统是人工智能中最重要的也是最活跃的一个应用领域，它是指系统内部含有大量的某个领域专家水平的知识与经验，利用人类专家的知识和解决问题的方法来处理该领域问题的智能计算机程序系统。当前在无人驾驶汽车、天气预报以及智慧城市领域得到应用。

步骤4：人工智能在智能控制领域的研究

机器人是自动执行工作的机器装置。它既可以接受人类指挥，又可以运行预先编排的程序，也可以根据以人工智能技术制定的原则纲领行动。它的任务是协助或取代人类的工作，例如生产业、建筑业，或是危险的工作。

步骤5：人工智能在自然语言处理领域的研究

自然语言处理是一门融语言学、计算机科学、数学于一体的科学。自然语言处理并不是一般的研究自然语言，而在于研制能有效地实现自然语言通信的计算机系统，特别是其中的软件系统，因而它是计算机科学的一部分。自然语言处理的目的是实现人与计算机之间用自然语言进行有效通信的各种理论和方法。其在外文翻译、虚拟个人助理以及智能病例处理方面已经小有成效。

任务4　区块链提高行业公信力

任务引入

2023年6月16日，国家新闻出版署发布《出版业区块链技术应用标准体系表》等10项行业标准，区块链已经进入人们的日常生活，通过本任务的学习，学习者能够了解区块链在生活中的实际应用，感受数字强国的丰硕成果。

知识准备

狭义区块链是按照时间顺序，将数据区块以顺序相连的方式组合成的链式数据结构，并以密码学方式保证的不可篡改和不可伪造的分布式账本。广义区块链技术是利用块链式数据结构验证与存储数据，利用分布式节点共识算法生成和更新数据，利用密码学的方式保证数据传输和访问的安全，利用由自动化脚本代码组成的智能合约编程和操作数据的全新的分布式基础架构与计算范式。

> 小贴士：
> 2021年，国家高度重视区块链行业发展，各部委发布的区块链相关政策已超60项，区块链被写入"十四五"规划纲要中。
> 2023年3月30日，全国医保电子票据区块链应用启动仪式在浙江省杭州市举行。

任务实施

步骤1：了解区块链的核心技术

区块链的核心技术有以下几个：

➢ **分布式账本**：分布式账本指的是交易记账由分布在不同地方的多个节点共同完成，而且每一个节点记录的是完整的账目，因此它们都可以参与监督交易合法性，同时也可以共同为其作证。

➢ **非对称加密**：存储在区块链上的交易信息是公开的，但是账户身份信息是高度加密的，只有在数据拥有者授权的情况下才能访问到，从而保证了数据的安全和个人的隐私。

➢ **共识机制**：共识机制就是所有记账节点之间怎么达成共识，去认定一个记录的有效性，这既是认定的手段，也是防止篡改的手段。区块链提出了几种不同的共识机制，适用于不同的应用场景，在效率和安全性之间取得平衡。

➢ **智能合约**：智能合约是基于这些可信的不可篡改的数据，可以自动化地执行一些预先定义好的规则和条款。

步骤 2：了解区块链的应用

区块链的应用非常广泛，下面了解几种常见的应用。

➢ **金融领域**：区块链在国际汇兑、信用证、股权登记和证券交易所等金融领域有着潜在的巨大应用价值。

➢ **物联网和物流领域**：区块链在物联网和物流领域也可以天然结合。通过区块链可以降低物流成本，追溯物品的生产和运送过程，并且提高供应链管理的效率。该领域被认为是区块链一个很有前景的应用方向。

➢ **公共服务领域**：区块链在公共管理、能源、交通等领域都与民众的生产生活息息相关，但是这些领域的中心化特质也带来了一些问题，可以用区块链来改造。

➢ **数字版权领域**：通过区块链技术，可以对作品进行鉴权，证明文字、视频、音频等作品的存在，保证权属的真实、唯一性。作品在区块链上被确权后，后续交易都会进行实时记录，实现数字版权全生命周期管理，也可作为司法取证中的技术性保障。

➢ **保险领域**：在保险理赔方面，保险机构负责资金归集、投资、理赔，往往管理和运营成本较高。通过智能合约的应用，既无须投保人申请，也无须保险公司批准，只要触发理赔条件，保单自动理赔。

➢ **公益领域**：区块链上存储的数据可靠性高且不可篡改，天然适合用在社会公益场景。公益流程中的相关信息，如捐赠项目、募集明细、资金流向、受助人反馈等，均可存放于区块链上，并且有条件地进行透明公开公示，方便社会监督。

➢ **司法领域**：为进一步加强区块链在司法领域应用，充分发挥区块链在促进司法公信、服务社会治理、防范化解风险、推动高质量发展等方面的作用，最高人民法院在充分调研、广泛征求意见、多方论证基础上，制定了《最高人民法院关于加强区块链司法应用的意见》，于 2022 年 5 月 25 日发布。

任务 5 用云计算造福国计民生

任务引入

本任务从云计算的概念入手，了解云计算主要技术的特点和典型应用。学习者在完成任务的过程中，深切感受到数字强国背景下的文化自信。

主题 5　新一代信息技术概述

📖 知识准备

云计算是一种利用互联网实现随时随地、按需、便捷地使用和共享计算设施、存储设备、应用程序等资源的计算模式。熟悉和掌握云计算技术及关键应用，是助力新基建、推动产业数字化升级、构建现代数字社会、实现数字强国的关键技能之一。

云计算是一种商业计算模型，它将计算任务分布在大量计算机构成的资源池上，这种资源池称为"云"。也有一些可以进行自我维护和管理的虚拟计算资源，这些资源通常是一些大型服务器集群，包括计算服务器、存储服务器和宽带资源等。云计算之所以称为"云"，是因为它在某些方面具有现实中云的特征。例如：云一般都较大；云的规模可以动态伸缩，它的边界是模糊的；云在空中飘忽不定，无法也无须确定它的具体位置，但它确实存在于某处。

按是否公开发布服务分类，可分为公有云、私有云和混合云。按服务类型，分为三类：基础设施即服务、平台即服务和软件即服务。不同云计算解决方案之间相互渗透融合，同一种产品往往横跨两种以上类型。

> **小贴士：**
> 2020 年，我国云计算市场规模达到 1 781 亿元，增速为 33.6%。其中，公有云市场规模达到 990.6 亿元，同比增长 43.7%；私有云市场规模达 791.2 亿元，同比增长 22.6%。

📖 任务实施

步骤 1：云计算在农业上的应用

农业云以云计算商业模式应用与技术（虚拟化、分布式存储和计算）为支撑，统一描述、部署异构分散的大规模农业信息服务，满足千万级农业用户对计算、存储的可靠性、扩展性要求，实现按需部署或定制所需的农业信息服务。资源最优化和效益最大化，多途径、广覆盖、低成本、个性化的农业知识普惠服务，为用户带来一站式的智慧农业全新体验。

步骤 2：云计算在工业上的应用

工业云为中小企业提供购买或租赁信息化产品服务，整合 CAD、CAE、CAM、CAPP、PDM、PLM 一体化产品设计以及产品生产流程管理，并利用高性能计算技术、虚拟现实以及仿真应用技术，提供多层次的云应用信息化产品服务。

工业云帮助中小企业解决研发创新以及产品生产中遇到的信息化成本高、研发效率低、产品设计周期较长等多方面问题；缩小中小企业信息化的"数字鸿沟"，为中小企业信息化提供咨询服务、共性技术、支撑保障、技术交流和高效服务，对加速中小企业转型升级具有重要的现实意义。

步骤 3：云计算在政务上的应用

政务云（Government Cloud）是指运用云计算技术，统筹利用已有的机房、计算、存储、网络、安全、应用支撑、信息资源等，发挥云计算虚拟化、高可靠性、高通用性、高可扩展性及快速、按需、弹性服务等特征，为政府行业提供基础设施、支撑软件、应用系统、信息资源、运行保障和信息安全等综合服务平台。

任务6　立足物联网看智能社会

任务引入

本任务从物联网的概念入手，了解物联网主要技术的特点和典型应用以及物联网技术与制造产业的融合发展方式，深刻体会数字强国给国人带来的美好生活。

知识准备

物联网是指通过信息传感设备，按约定的协议，将物体与网络相连接，物体通过信息传播媒介进行信息交换和通信，实现智能化识别、定位、跟踪、监管等功能的技术。物联网是继计算机、互联网和移动通信之后的新一轮信息技术革命。物联网概念是在互联网概念的基础上，将其用户端延伸和扩展到任何物品与物品之间，进行信息交换和通信的一种网络概念。其定义为：通过射频识别、红外感应器、全球定位系统等信息传感设备，按约定的协议，把任何物品与互联网相连接，进行信息交换和通信，以实现智能化识别、定位、跟踪、监控和管理的一种网络。"全面感知""可靠传输"以及"智能处理"是物联网的三大特征。

> **小贴士：**
> 2021年9月，工信部等八部门印发《物联网新型基础设施建设三年行动计划（2021—2023年）》，明确到2023年年底，在国内主要城市初步建成物联网新型基础设施，社会现代化治理、产业数字化转型和民生消费升级的基础更加稳固。

任务实施

步骤1：物联网在智慧物流中的应用

智慧物流是新技术应用于物流行业的统称，指的是以物联网、大数据、人工智能等信息技术为支撑，在物流的运输、仓储、包装、装卸、配送等各个环节实现系统感知、全面分析及处理等功能。智慧物流的实现能大大降低各行业运输的成本，提高运输效率，提升整个物流行业的智能化和自动化水平。

步骤2：物联网在智能安防中的应用

智能安防的核心在于智能安防系统，系统主要包括门禁、报警和监控三大部分。安防是物联网的一大应用市场，传统安防对人员的依赖性比较大，非常耗费人力，而智能安防能够通过设备实现智能判断。

步骤3：物联网在智慧能源中的应用

智慧能源属于智慧城市的一部分。当前，将物联网技术应用在能源领域，主要用于水、电、燃气等表计，以及根据外界天气对路灯的远程控制等，基于环境和设备进行物体感知，通过监测来提升利用效率，减少能源损耗。

步骤4：物联网在智能医疗中的应用

智能医疗的两大主要应用场景：医疗可穿戴和数字化医院。在智能医疗领域，新技术的应用必须以人为中心。而物联网技术是数据获取的主要途径,能有效地帮助医院实现对人的智能化管理和对物的智能化管理。对人的智能化管理指的是通过传感器对人的生理状态(如心跳频率、体力消耗、血压高低等)进行捕捉,将其记录到电子健康文件中,方便个人或医生查阅。对物的智能化管理,指的是通过 RFID 技术对医疗物品进行监控与管理,实现医疗设备、用品可视化。

步骤 5:物联网在智慧建筑中的应用

物联网应用于建筑领域,主要体现在用电照明、消防监测以及楼宇控制等方面。智慧建筑越来越受到人们的关注,是集感知、传输、记忆、判断和决策于一体的综合智能化解决方案。

步骤 6:物联网在智慧家居中的应用

智慧家居的发展分为三个阶段:单品连接、物物联动以及平台集成,当前处于单品向物物联动过渡阶段。智慧家居指的是使用各种技术和设备来提高人们的生活方式,使家庭变得更舒适、安全和高效。物联网应用于智慧家居领域,能够对家居类产品的位置、状态、变化进行监测,分析其变化特征。同时,根据人的需要,在一定程度上进行反馈。

步骤 7:物联网在智慧农业中的应用

智慧农业指的是利用物联网、人工智能、大数据等现代信息技术与农业进行深度融合,实现农业生产全过程的信息感知、精准管理和智能控制的一种全新的农业生产方式,可实现农业可视化诊断、远程控制以及灾害预警等功能。

任务 7　虚拟现实加强真实体验

任务导入

从虚拟现实的概念入手,了解虚拟现实主要技术的特点和典型应用以及虚拟现实技术与制造产业的融合发展方式,深刻体会数字强国。

知识准备

虚拟现实是一种可创建和体验虚拟世界的计算机仿真系统。其利用高性能计算机生成一种模拟环境,是一种多源信息融合的、交互式的三维动态视景和实体行为的系统仿真。其已广泛应用于娱乐、教育、设计、医学、军事等多个领域。

虚拟现实技术(Virtual Reality,VR)具有浸沉感、交互性和构想性三大特点。

> 小贴士:
> 2022 年 12 月 2 日,虚拟现实/增强现实入选"智瞻 2023"论坛发布的十项焦点科技名单。

任务实施

步骤 1:在影视娱乐中的应用

第一现场 9DVR 体验馆自建成以来,在影视娱乐市场中的影响力非常大,此体验馆可以让观影者体会到置身于真实场景之中的感觉，让体验者沉浸在影片所创造的虚拟环境之中。同时，随着虚拟现实技术的不断创新，此技术在游戏领域也得到了快速发展。虚拟现实技术和可穿戴设备的研发降低了体育项目的参与门槛，诸如赛车、国际象棋等运动，选手们可接入服务器"穿越"到世界各地赛场，与各国高手同台竞技。

步骤2：在教育中的应用

利用虚拟现实技术可以帮助学生打造生动、逼真的学习环境，使学生通过真实感受来增强记忆，激发学生的学习兴趣。此外，各大院校利用虚拟现实技术还建立了与学科相关的虚拟实验室来帮助学生更好地学习。

步骤3：在设计领域的应用

人们可以把室内结构、房屋外形通过虚拟技术表现出来，使之变成可以看得见的物体和环境。同时，在设计初期，设计师可以将自己的想法通过虚拟现实技术模拟出来，在虚拟环境中预先看到室内的实际效果，这样既节省了时间，又降低了成本。

步骤4：在医学方面的应用

医学专家们利用计算机，在虚拟空间中模拟出人体组织和器官，让学生在其中进行模拟操作，并且能让学生感受到手术刀切入人体肌肉组织、触碰到骨头的感觉，使学生能够更快地掌握手术要领。而且，主刀医生们在手术前也可以建立一个病人身体的虚拟模型，在虚拟空间中先进行一次手术预演，这样能够大大提高手术的成功率，让更多的病人得以痊愈。

步骤5：在军事方面的应用

由于虚拟现实的立体感和真实感，在军事方面，人们将地图上的山川地貌、海洋湖泊等数据通过计算机进行编写，利用虚拟现实技术，能将原本平面的地图变成一幅三维立体的地形图，再通过全息技术将其投影出来，这更有助于进行军事演习等训练，提高我国的综合国力。

任务单

查看并填写任务单。

任务单　　　任务评价表

项目评价

查看并填写项目评价表。

项目总结

本项目通过量子信息重塑信息观念、移动通信服务各行各业、人工智能实现人机交融、区块链提高行业公信力、用云计算造福国计民生、立足物联网看智能社会和虚拟现实加强真实体验七个任务，对量子信息、移动技术、人工智能、区块链、云计算、物联网和虚拟现实做了简单的介绍，使学习者大体上了解新一代信息技术，为信息技术课程拓展模块的学习奠定基础，同时也在学习者心中播下了数字强国的种子，树立了文化自信。

任务拓展

知识拓展

【多选题】

1. 下面属于新一代信息技术的有（　　）。
   A. 人工智能　　　B. 区块链　　　C. 云计算　　　D. 虚拟现实
2. 人工智能（AI）具有（　　）特点。
   A. 自适应性　　　B. 智能交互　　　C. 学习能力　　　D. 模式识别
3. 云计算的应用行业有（　　）。
   A. 工业　　　B. 农业　　　C. 政府　　　D. 医疗
4. （　　）是物联网应用。
   A. 智慧物流　　　B. 智能安防　　　C. 智慧建筑　　　D. 智慧家居
5. 虚拟现实在（　　）方面有应用。
   A. 教育　　　B. 设计　　　C. 医学　　　D. 军事
6. 区块链的核心技术有（　　）。
   A. 分布式账本　　　B. 非对称加密　　　C. 共识机制　　　D. 智能合约
7. 5G 技术的应用有（　　）。
   A. 5G 车联网　　　B. 电力输电环节　　　C. 智慧课堂　　　D. 智慧医疗

能力拓展

1. 通过搜索引擎了解更多关于新一代信息技术的资料。
2. 现实生活中你遇到过哪几种新一代信息技术？
3. 你认为还会有什么样的信息技术会诞生？

主题 6

信息素养与社会责任

　　党的二十大报告在"实施科教兴国战略，强化现代化建设人才支撑"部分强调"为党育人、为国育才"，"人"与"才"所肩负的历史使命更加艰巨。中国特色社会主义教育事业需要能为人民服务的人才，为人民的根本利益和长远利益服务的人才。现代社会高素质技能型人才要具有基础知识、基本能力、基本方法，又注重核心素养、综合能力，注重信息素养、数字素养。要坚持全面发展，把社会责任、道德修养、知识能力、审美能力和身体素养融为一体，做德智体美劳全面发展的社会主义建设者和接班人。

　　本主题包括提升信息素养、明确信息社会责任两个项目，着重培养学习者发现问题、分析问题、解决问题的能力，帮助学习者学会思考、善于分析、正确抉择，做到稳重自持、从容自信、坚定自励。

项目 1
提升信息素养

项目介绍

当今社会是一个数字化、网络化、智能化深入发展的信息社会。每个人都是信息社会的主体，面对大量纷繁复杂的信息，如何快速获取信息、有效识别信息、合理运用信息已经成为信息社会人才的必备素养。本项目通过介绍信息素养内涵、信息技术发展史帮助学习者内化信息素养；通过制作思维导图和流程图帮助学习者提升信息技术应用能力，实现知行合一，融通致用，做一个在信息社会终身学习的人。

项目目标

1. 了解信息素养主要要素；
2. 能够简述信息技术的发展史；
3. 熟练掌握梳理信息的四个步骤；
4. 能够根据需求绘制思维导图；
5. 能够根据工作过程绘制流程图；
6. 培养流程化思维方式；
7. 养成总结归纳习惯；
8. 提升信息处理能力。

知识导图

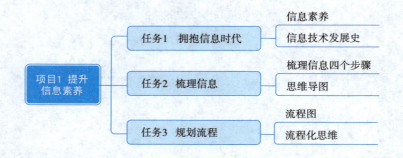

任务1　拥抱信息时代

任务引入

科技进步、网络发达的今天，人们的生活、学习、工作节奏随着科技与信息技术的迅速发展而不断加快。信息素养的提升和信息技术的应用越来越重要。信息社会的每一个成员都要不断内化信息素养，在海纳百川的互联网时代做优秀的项目决策者、任务执行者，以昂扬向上的奋斗姿态拥抱信息时代，笃行不怠向未来。

知识准备

1. 信息

简单地说，信息就是消息。在生活中，人们时时刻刻都要和信息打交道。信息是具有新知识、新内容的消息、情报和信号，是人类的知识、学问及从客观现象提炼出来的各种消息的总和。

拥抱信息时代

2. 信息社会

信息社会也称信息化社会，是以电子信息技术为基础，以信息资源为基本发展资源，以信息服务性产业为基本社会产业，以数字化和网络化为基本社会交往方式的新型社会。

信息社会具有信息资源丰富、信息技术发达、信息交流方式多样、信息共享广泛四个主要特征。

①信息资源丰富：信息社会中信息资源丰富，信息流通快捷。

②信息技术发达：信息社会中信息技术发达，信息技术应用广泛。

③信息交流方式多样：信息社会中信息交流方式多样，可以通过电视、电话、网络等多种方式进行信息交流。

④信息共享广泛：信息社会中信息共享广泛，信息资源得到充分利用。信息社会的出现，使人们的生产力、生活方式、思维方式等方面发生了巨大变化，对社会经济、文化、政治等方面产生深远影响。

3. 信息技术

信息技术（Information Technology，IT）是指有关信息的收集、识别、提取、变换、存储、处理、检索、分析和利用等技术。

任务实施

步骤1：了解信息素养主要要素

信息素养主要是指从事信息活动所具备的基本能力，它是人们适应信息化社会生存、竞争和发展的需要而具备的基本素质。信息素养包括信息意识、信息知识、信息技能和信息道德四个方面。

信息意识是信息素养的前提，是人们从信息的角度对信息的敏感程度，是人们从信息的角度对自然界和社会的各种现象、行为、理论观点等的认识、理解和评价。

信息知识是信息素养的基础，是指与信息有关的理论、知识和方法，包括信息理论知识与信息技术知识。

信息技能是信息素养的核心，是指人们理解、获取、处理、存储、传递、组织和应用信息的能力。信息能力既是职场上必备的素质，也是衡量个人竞争力的重要标志。

信息道德是信息素养的准则，是信息活动中的道德规范。信息道德要求在组织和利用信息时，应该树立正确的法制观念，增强信息安全意识，提高对信息的判断和评价能力，准确、合理地使用信息资源。

> **小贴士：**
> 1989年，美国图书馆协会（American Library Association，ALA）在报告中对信息素养人做了具体的描述："要想成为具有信息素养的人，应该能认识到何时需要信息，并拥有确定、评价和有效利用所需信息的能力……从根本意义上说，具有信息素养的人是那些知道如何进行学习的人。他们知道如何进行学习，是因为他们知道知识是如何组织的，如何寻找信息，并如何利用信息。他们能为终身学习做好准备，因为他们总能寻找到作出决策所需的信息。"

步骤2：了解信息技术的发展史

信息技术的发展史分为五个阶段：

第一阶段：语言的产生与应用。人类能够进行思想交流和信息传播，是从猿到人的重要标志，人类信息能力产生了质的飞跃。

第二阶段：文字的发明与使用。人类对信息的保存和传播取得重大突破，首次超越了时间和空间的局限。

第三阶段：造纸术和印刷术的发明与应用。书籍、报刊成为重要的信息存储和传播的媒体，扩大了知识的生产、存储、流通，扩大了信息交流的范围。

第四阶段：电话、广播、电视及其他通信技术的发明与应用。人类进入利用电磁波传播信息的时代，信息传递手段发生历史性的变革，信息传递效率、手段产生质的飞跃，进一步突破了时间与空间的限制。

第五阶段：电子计算机与现代通信技术的应用。把人类从繁重的脑力劳动中解放出来，在社会各个领域中提高了信息的收集、处理和传播的速度与准确性，使人类逐步进入信息时代。

三、任务单

查看并填写任务单。

任务单

任务 2　梳理信息

任务引入

人类社会的发展是一个不断学习和进步的过程。能够有效梳理繁杂的信息，做一个终身学习的人变得十分重要。学习梳理信息的四个步骤，并使用 WPS Office 将梳理信息过程制作成思维导图，使知识的语言更简洁、条理更清晰、结构更明晰。"梳理信息"的思维导图如图 6-1-2-1 所示。

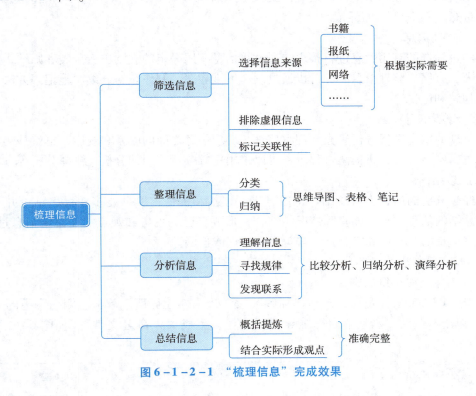

图 6-1-2-1　"梳理信息"完成效果

知识准备

1. 梳理信息

梳理信息是指对大量信息进行筛选、整理、分类、归纳、分析和总结的过程。在信息时代，梳理信息已经成为一项必不可少的技能。

2. 思维导图

思维导图（The Mind Map）又叫作心智导图，是表达发散性思维的有效图形思维工具，是一种简单有效的实用性思维工具。

有效梳理信息

任务实施

步骤1：了解梳理信息的四个步骤

梳理信息是一个复杂而又重要的过程。只有通过筛选、整理、分析和总结这四个步骤，才能够更好地应用信息，提高自己的学习和工作效率。

（1）筛选信息

对从各种途径获得的信息进行监测、评估，去除无用信息，留存有用信息。

首先根据个人需求和实际目的选择合适的信息来源，例如书籍、网络、报纸等；其次需要注意信息的可靠性和权威性，避免被虚假信息所误导；最后要根据其与主题的关联远近，对信息进行"关联性"的标记。

（2）整理信息

对经过筛选的有用信息进行整理。通过将信息按照一定的规则进行分类和归纳，使信息更加清晰、有序。整理信息时，可以通过制作思维导图、制作表格、编写笔记等方法加深对信息的理解和记忆。

（3）分析信息

对整理的信息进行分析。充分理解信息，发现信息之间的联系和规律，也就是建立信息之间的逻辑网络。在分析信息过程中，可以采用比较分析、归纳分析、演绎分析等方法。

（4）总结信息

对经过分析的信息进行总结。将信息进行概括和提炼，尽可能多地得出结论并不断推演，将总结的信息与自己的实际情况相结合，形成自己的思考和观点。在总结信息过程中，需要注意信息的准确性和完整性，避免出现错误或遗漏。

步骤2：制作思维导图

（1）新建空白思维导图

单击 WPS Office 标题栏的"新建标签"按钮进入新建界面，单击左侧列表中的"在线脑图"，单击右侧的"新建空白思维导图"按钮，生成"未命名文件"，如图6-1-2-2所示。

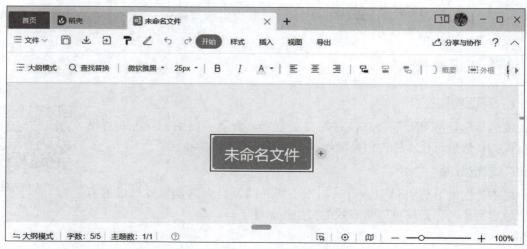

图6-1-2-2　新建空白思维导图

（2）输入主题名

选中"未命名文件（1）"文本框，输入"梳理信息"。

（3）插入子主题

➢ 单击文本框右侧的"＋"按钮插入一个分支主题，将分支主题文字修改为"筛选信息"。

➢ 单击"筛选信息"右侧的"＋"按钮新建一个子主题，修改文字为"选择信息来源"。

➢ 选中"选择信息来源"主题文本框，单击"开始"选项卡中的"同级主题"按钮，在"选择信息来源"下插入一个新的子主题，将文字修改为"排除虚假信息"。

➢ 选中"排除虚假信息"主题文本框，单击"开始"选项卡中的"同级主题"按钮，在"排除虚假信息"下插入一个新的子主题，将文字修改为"标记关联性"。

➢ 选中子主题"选择信息来源"，单击其右侧的"＋"按钮插入子主题，并输入"书籍"。

➢ 选中子主题"选择信息来源"，单击"开始"选项卡中的"子主题"按钮，在"书籍"下插入一个新的子主题，将文字修改为"报纸"。

➢ 连续插入两个"选择信息来源"的子主题，分别输入"网络"和"……"。

➢ 按 Ctrl 键将"书籍""报纸""网络""……"四个并列的子主题选中，单击"开始"选项卡中的"概要"按钮，插入"概要"，将概要文字修改为"根据实际需要"。制作完成的"筛选信息"子主题分支如图 1-6-2-3 所示。

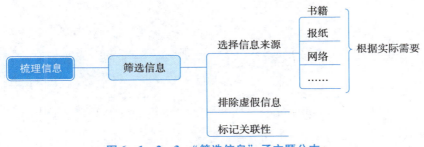

图 6-1-2-3 "筛选信息"子主题分支

（4）修改结构

单击"开始"选项卡中的"结构"按钮，在列表中选择"右侧分布"。

（5）继续插入主题分支

参照（3）插入子主题过程，依次插入"整理信息""分析信息""总结信息"三个子主题分支。

> **小贴士：**
> 可以将使用 WPS Office 制作的思维导图导出为 PNG、JPG 图片格式，也可以导出为 PPT、PDF、Word、Excel 等多种类型。

任务单

查看并填写任务单。

任务单

任务3 规划流程

任务引入

一个优秀的员工，在交流中能够系统、规范、高效地表达流程、突出重点，在工作中能够清晰、直观地理解流程、解决问题。流程图能够帮助用户描述日常工作流程、重要决策过程，规范企业管理流程，提高工作效率。

使用 WPS Office 在线流程图功能制作项目技术方案执行流程图，如图6-1-3-1所示。

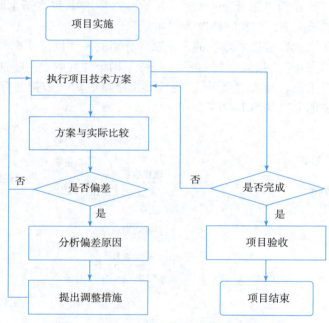

图6-1-3-1 项目技术方案执行流程图

知识准备

1. 流程图

以特定的图形符号加上说明来表示算法的图称为流程图。流程图是流经一个系统的信息流、观点流或部件流的图形代表。在企业中，流程图主要用来说明某一过程。这个过程既可以是生产线上的工艺流程，也可以是完成一项任务必需的管理过程。

合理规划流程

2. 流程化思维

流程化思维是从整体展开到局部，运用参与者、流程顺序等，将一切相关的流程步骤或者内容进行梳理，最后进行不断优化升级的思考模式。简单地说，流程化思维是为达成目标而设计一系列执行步骤，并持续优化至最佳的一种思维模式。

任务实施

步骤1：制作流程图

（1）创建空白流程图

单击WPS Office标题栏的"新建标签"按钮进入新建界面，单击左侧列表中的"在线流程图"，单击右侧的"新建空白流程图"按钮，生成"未命名文件"，如图6－1－3－2所示。

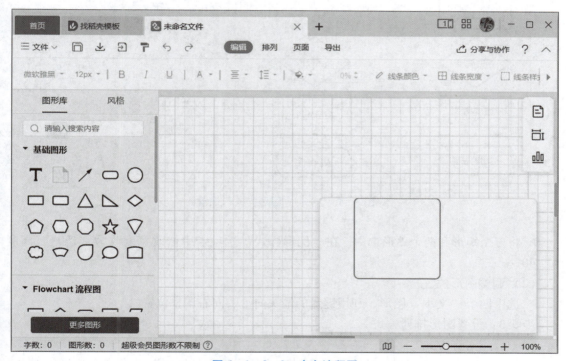

图6－1－3－2 空白流程图

（2）添加图形

➢ 在左侧"基础图形"列表中选中"开始/结束"图形并拖曳到绘图区，输入文本"项目实施"。按照任务样图所示继续添加一个"开始/结束"图形，输入文本"项目结束"。

➢ 依次添加五个"矩形"图形到任务样图所示位置，输入文本"执行项目技术方案""方案与实际比较""分析偏差原因""提出调整措施""项目验收"。

➢ 依次添加两个"菱形"图形到任务样图所示位置，输入文本"是否偏差""是否完成"。

➢ 依次添加四个"文本"图形到任务样图所示位置，输入文本"是""否"。

步骤2：修改图形样式

（1）修改图形大小

➢ 按 Ctrl 键，单击"项目实施""项目结束"，单击右侧的"图形样式"选项卡，在"布局"组中将图形宽度修改为"100"，高度修改为"40"，如图6-1-3-3所示。

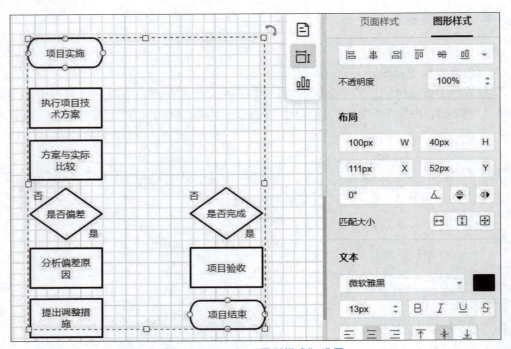

图6-1-3-3 "图形样式"设置

➢ 将五个矩形和两个菱形选中，在"图形样式"选项卡中修改宽度改为"150"，高度为"40"。

（2）调整图形位置

➢ 选中四个"文本"图形，利用键盘的箭头向上、向右调整位置。

步骤3：设置图形排列方式

（1）设置对齐方式

➢ 将左侧一列除"文本"以外的六个图形选中，单击"排列"选项卡，选择"对齐"中的"居中对齐"。

➢ 将右侧一列除"文本"以外的三个图形选中，单击"排列"选项卡，选择"对齐"中的"居中对齐"。

（2）设置分布方式

➢ 将左侧一列除"文本"以外的六个图形选中，单击"排列"选项卡，选择"分布"中的"垂直平均分布"。

➢ 将右侧一列除"文本"以外的三个图形选中，单击"排列"选项卡，选择"分布"中的"垂直平均分布"。

步骤4：连接图形

选中"项目实施",单击其下侧的"+"添加连接线,将鼠标移动到连接线箭头位置按下左键将连线箭头指向"执行项目技术方案"顶端连接点;按照任务样图所示添加其余连接线。

> 小贴士:
> 在 WPS 文字工具"插入"选项卡的"形状"中,有一类叫作"流程图"的形状,可用于在文档中直接绘制简单流程图。

任务单

查看并填写任务单。

项目评价

查看并填写项目评价表。

任务单　　项目评价表

项目总结

本项目面向信息社会特点与人才需求,以学习者和职业人两个身份为立足点,依据高等职业教育信息技术课程标准要求,结合实际岗位工作任务介绍了信息素养内涵和提升信息能力的手段、工具,打造具有计算机思维和工作流程的学习型、创新型人才。

任务拓展

知识拓展

完成题目,加深知识理解和记忆。

知识拓展答案

【单选题】

1. 信息素养主要是指从事(　　)所具备的基本能力,它是人们适应信息化社会生存、竞争和发展的需要而具备的基本素质。
   A. 信息检索　　　B. 信息活动　　　C. 信息利用　　　D. 信息运用
2. 信息技术的发展史分为(　　)个阶段。
   A. 三　　　　　　B. 四　　　　　　C. 五　　　　　　D. 六
3. 信息技术发展的第三阶段是(　　)。
   A. 文字的发明与使用　　　　　　　B. 印刷术的发明与使用
   C. 电话、广播和电视的发明与使用　D. 计算机和互联网的发明与使用
4. (　　)把人类从繁重的脑力劳动中解放出来,在社会各个领域中提高了信息的收集、处理和传播的速度与准确性,使人类逐步进入信息时代。
   A. 文字的发明与使用　　　　　　　B. 印刷术的发明与使用
   C. 电话、广播和电视的发明与使用　D. 计算机和互联网的发明与使用
5. (　　)是信息素养的核心。
   A. 信息意识　　　B. 信息知识　　　C. 信息能力　　　D. 信息道德

6. （　　）是指对大量信息进行筛选、整理、分类、归纳、分析和总结的过程。
   A. 利用信息　　　　B. 分析信息　　　　C. 总结信息　　　　D. 梳理信息
7. （　　）又叫作心智导图，是表达发散性思维的有效图形思维工具，是一种简单有效的实用型思维工具。
   A. 流程图　　　　B. 组织结构图　　　　C. 思维导图　　　　D. 智能图形
8. 对由各种途径获得的信息进行监测、评估，去除无用信息，留存有用信息的过程叫作（　　）。
   A. 筛选信息　　　　B. 整理信息　　　　C. 分析信息　　　　D. 总结信息
9. 通过将信息按照一定的规则进行分类和归纳，使信息更加清晰、有序，这一过程叫作（　　）。
   A. 筛选信息　　　　B. 整理信息　　　　C. 分析信息　　　　D. 总结信息
10. 充分理解信息，发现信息之间的联系和规律，建立信息之间的逻辑网络，这一过程叫作（　　）。
    A. 筛选信息　　　　B. 整理信息　　　　C. 分析信息　　　　D. 总结信息
11. 以特定的图形符号加上说明来表示算法的图，称为（　　）。
    A. 组织图　　　　B. 结构图　　　　C. 流程图　　　　D. 过程图
12. （　　）是从整体展开到局部，运用参考者、流程顺序等，将一切相关的流程步骤或者内容进行梳理，最后进行不断优化升级的思考模式。
    A. 流程化思维　　　　B. 工业化思维　　　　C. 步骤化思维　　　　D. 图形化思维
13. 制作流程图时，多个对象的对齐在（　　）选项卡中进行设置。
    A. 对齐　　　　B. 排列　　　　C. 页面　　　　D. 编辑
14. 制作流程图过程中，需要在某个位置放置文字，则可以通过添加基本图形中的（　　）来实现。
    A. 开始　　　　B. 结束　　　　C. 矩形　　　　D. 文本
15. 在流程图中从上到下选择了5个矩形，要设置它们"垂直平均分布"，应选择"排列"选项卡中的（　　）。
    A. 置顶　　　　B. 匹配　　　　C. 对齐　　　　D. 分布

能力拓展

利用网络搜索学习信息技术的概念以及特征；分析、总结搜索到的概念和特征，制作思维导图。

项目 2
明确信息社会责任

项目介绍

信息技术的广泛应用和快速发展带来了许多变化和机会，同时也带来了一些挑战和问题。本项目通过介绍如何应对这些挑战和问题，确保信息社会的可持续发展和道德完善，帮助学习者正确理解信息技术给人们学习、生活和工作带来的影响，明确信息社会责任，在遵守制度约束中形成个体自律，逐步养成在信息社会中学习、生活的良好习惯，能安全自信、积极主动地融入信息社会。

项目目标

1. 能够识别虚假信息，做出合理判断；
2. 能够严于律己，不信谣不传谣；
3. 能够恪守职业道德；
4. 能够杜绝不良行为；
5. 能够有效保护个人信息；
6. 能够积极面对生活，做一个有生活情趣的人；
7. 能够积极面对工作，做一个优秀的职业人；
8. 提升法律意识；
9. 提升信息安全意识。

知识导图

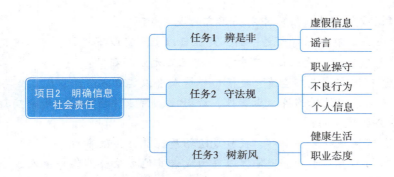

任务1　辨是非

任务引入

《礼记》中曾提到"明事理，辨是非，知善恶"，这是一个亘古不变的真理。通过学习真实案例来提升明辨是非的能力，做明理之人。

知识准备

1. 虚假信息

随着互联网的不断发展，虚假信息的数量也在不断增加。虚假信息指的是那些不真实、不可靠的信息，这些信息可能会误导人们，给人们带来一定的损失。

2. 谣言

谣言是一种有充分证据证明与事实不符，而且是有人出于主观上的恶意，故意四处散播并在客观上广泛传播的假消息。谣言属于虚假消息。

任务实施

步骤1：学习案例

2023年5月，四川齐某某看到"湖北武汉一小学生在校内被老师撞倒并二次碾压身亡"的相关信息后，在未经证实的情况下，在某网站平台编造发布"小孩妈妈哭得伤心都是演戏，一共赔偿了260万元，足够他们一家人过上好日子，还想怎样"等谣言信息，引发大量传播扩散，造成恶劣的社会影响。经四川成都公安机关依法调查，齐某某对违法行为供认不讳。之后，公安机关依法对齐某某处以行政拘留的处罚，并对其造谣网络账号采取关停措施。

散布谣言是扰乱公共秩序的行为。散播谣言需要承担的法律责任包括民事责任、行政责任，构成犯罪的还要依据《中华人民共和国刑法》的规定追究刑事责任。

> **小贴士：**
> 我国《治安管理处罚法》中有关谣言的规定如下。
> 第二十五条　有下列行为之一的，处五日以上十日以下拘留，可以并处五百元以下罚款；情节较轻的，处五日以下拘留或者五百元以下罚款：
> （一）散布谣言，谎报险情、疫情、警情或者以其他方法故意扰乱公共秩序的；
> （二）投放虚假的爆炸性、毒害性、放射性、腐蚀性物质或者传染病病原体等危险物质扰乱公共秩序的；
> （三）扬言实施放火、爆炸、投放危险物质扰乱公共秩序的。
> 《刑法》第二百四十六条规定，以暴力或者其他方法公然侮辱他人或者捏造事实诽谤他人，情节严重的，处三年以下有期徒刑、拘役、管制或者剥夺政治权利。

> 第二百九十一条之一规定，编造虚假的险情、疫情、灾情、警情，在信息网络或者其他媒体上传播，或者明知是上述虚假信息，故意在信息网络或者其他媒体上传播，严重扰乱社会秩序的，处三年以下有期徒刑、拘役或者管制；造成严重后果的，处三年以上七年以下有期徒刑。

步骤2：明辨是非

（1）判断虚假信息

虚假信息是编造出来的，很难找到它的来源，并且虚假信息为了吸引人们的注意并引起共鸣往往夸大其词，充满感情色彩，但又缺乏逻辑。

有时候，正确的信息误传也会导致虚假信息。因此，在判断虚假信息时，要保持理性思考，可以采用以下方法：

- 检查信息来源是否为可信的媒体、官方机构或专业组织，或者检查作者的资质和背景。
- 查看多个不同的信息源，进行比对。
- 检查信息的描述语言是否存在夸张成分、过多的情绪化修饰、前后逻辑混乱情况。
- 对信息中的数据、图标等进行查证，核验真伪。
- 关注可信度较高的权威专家、专业人士的意见、评价和观点。

（2）正确面对网络谣言

正确使用互联网，守法上网，文明上网。面对网络谣言，要保持理智和清醒，警惕主观臆断，自觉抵制网络谣言。提高对网络信息的甄别能力，不转发、不传播和不扩散未经证实的虚假信息和非权威来源的各种类型信息。主动承担公民社会责任，提高理论素养和国情知识，自觉抵制网络谣言。发现微信群、朋友圈、微博、贴吧等平台传播的没有正规来源的聊天截图、视频、音频文字等信息，主动向网信、公安部门举报。

> **小贴士：**
> 我国《网络安全法》《全国人民代表大会常务委员会关于加强网络信息保护的决定》《互联网信息服务管理办法》等法律法规中均有关于网络谣言治理的条款。
> 网络不是法外之地，利用网络传播虚假信息不是小事！
> 编造、故意传播网络谣言，轻则承担侵权责任，重则罚款拘留，甚至涉嫌犯罪。

任务单

查看并填写任务单。

任务单

任务 2　守法规

任务引入

在现代化建设和法治化进程中，法规的地位愈加重要。每个人都要学法规、用法规、守法规，明确信息社会中的文化修养、道德规范和行为自律等方面应当承担的责任。

知识准备

1. 职业操守

职业操守是指人们在从事职业活动中必须遵从的最低道德底线和行业规范。它既是对从业人员在职业活动中的行为要求，又是对社会所承担的道德、责任和义务。

2. 不良行为

不良行为一般泛指一切违反社会规范的行为，包括违反一般生活准则的行为，违反社会生活、学习、劳动纪律、企业管理等公共道德规范的行为，违反法律规范的行为和犯罪行为。

3. 个人信息

我国法律明确规定，个人信息是指以电子或者其他方式记录的能够单独或者与其他信息结合识别自然人个人身份的各种信息，包括但不限于自然人的姓名、出生日期、身份证件号码、个人生物识别信息、住址、电话号码等。

4. 信息安全

信息安全是指信息产生、制作、传播、收集、处理、选取、使用过程中的信息资源安全。

任务实施

步骤1：恪守职业道德，培养职业操守

（1）坚守诚信准则

面对公司内部工作，言出必行，主动承担责任，并对结果负责。在业务活动中，守法诚信，公平公正竞争，按期保质保量完成合约。

（2）遵守法律法规

严格遵守公司各项规章制度，遵守一切与公司业务有关的法律法规。杜绝弄虚作假，确保公司资产安全。保守商业秘密，维护公司权益。

步骤2：杜绝不良行为，加强自我防范

（1）提升法律意识

遵纪守法是现代社会公民的基本素质和义务，是保持社会和谐安宁的重要条件。要提升法律意识，了解相关的法律法规和社会规范，识别和避免可能的不良行为，做一个遵纪守法的公民。

主题6　信息素养与社会责任

（2）加强安全意识

加强安全意识，注意身边的环境和人群，减少不必要的风险和危险。工作上立足本职工作，恪尽职守，照章作业，不断学习，树立大局意识。

（3）倡导正直正义

积极宣传正义和道德观念，传递正确的价值观，形成正确的认知和行为模式。不仅自己遵纪守法，还要监督、劝慰他人不触犯法律，要同违法犯罪行为作斗争。

（4）提高心理素质

学会认真思考，正确认识自己，提高心理素质，给予自己正面的鼓励，及时排解负面情绪，增强抗压能力，更好地面对挑战和压力，减少不良行为的发生。遇到问题不逃避，在法律法规允许范围内努力寻找解决问题的方案。

步骤3：保护个人信息，尊重他人隐私

互联网深刻改变着人们的生产生活，有力推动着社会发展，越来越多的网站、应用程序在电脑和手机中被访问和使用，个人信息的收集、使用更为广泛。一些企业、机构甚至个人，从商业利益等出发，随意收集、违法获取、过度使用、非法买卖个人信息，利用个人信息侵扰人民群众生活安宁、危害人民群众生命健康和财产安全等问题凸显出来。建立信息安全意识，了解信息安全相关技术，掌握常用的信息安全应用，是现代信息社会对高素质技术技能人才的基本要求。

> **小贴士：**
>
> 2021年8月20日第十三届全国人民代表大会常务委员会第三十次会议通过《中华人民共和国个人信息保护法》，不仅提到了要保护个人信息，同时也规定了个人隐私的不容侵犯性。《民法典》明确规定了自然人的个人信息受法律保护，处理个人信息应当遵循合法、正当、必要原则，不得过度处理。《刑法》第二百五十三条之一规定，违反国家规定，向他人出售或者提供公民个人信息，情节严重的，处三年以下有期徒刑或者拘役，并处或者单处罚金；情节特别严重的，处三年以上七年以下有期徒刑，并处罚金。

（1）保护个人信息

信息安全意识就是人们头脑中建立起来的信息化工作必须安全的观念，也就是人们在信息化工作中对各种各样有可能对信息本身或信息所处的介质造成损害的外在条件的一种戒备和警觉的心理状态。

互联网时代，网民规模和互联网普及率逐年扩大，保护个人信息，保障信息安全尽量做到以下几点：

- 小心对待来历不明的链接、消息、邮件，做到不随意点击。
- 仔细阅读涉及个人隐私内容权限获取申请。
- 保护个人位置信息，及时关闭软件定位功能。
- 不要随意公开照片、证件、机票、火车票、车牌等信息。
- 谨慎使用手机公共充电装置和无密码的 WiFi。
- 学会正确安装应用程序，选择官方渠道下载。
- 安装具有摄像、录音功能的智能设备时，及时更改设备初始密码，设置位数不低于八位的复杂密码,养成定期更改密码的习惯。

➢ 及时销毁使用过的带有个人信息的票据。

(2) 尊重他人隐私

树立隐私意识,面对涉及他人隐私的问题,不刻意窥探,自觉地、有意识地予以回避。强化责任与信誉意识,学会保守秘密。

网络空间是亿万民众共同的家园,作为网络空间的一分子,要自觉履行网络安全的法律义务,自觉维护网络空间秩序,成长为一个具有高度法治观念和高尚道德情操的合格公民。

任务单

任务单

查看并填写任务单。

任务3 树新风

任务引入

文明是人类在认识世界和改造世界的过程中逐步形成的思想观念以及不断进化的人类本性的具体体现。文明社会的每一个人,都要积极乐观面对生活和工作,树立正确的人生价值观、职业理念,树立良好新风尚。

知识准备

1. 生活情趣

生活情趣是人类精神生活的一种追求,是对积极生活态度的培育;是对生命之乐的一种感知,是一种乐观志趣的培养。每个人都应该有一双善于发现美好的眼睛,有感知美好的能力。培养自己的生活情趣,于枯燥无聊中寻找新意。

生活情趣虽只是个人的外在行为表现,但实际上反映的却是其对人生、事业和生活的态度,是个人道德品行和思想修养的直接体现,是检验个人世界观、人生观、价值观正确与否的一个重要标尺。

2. 职业态度

职业态度是指个人对所从事职业的看法及在行为举止方面反映的倾向。

任务实施

步骤1:学习案例

被习近平总书记称为人民的好公仆,是县委书记的榜样,也是全党的榜样的焦裕禄,在兰考工作只有470多天,没有留下什么惊天动地的豪言壮语,却用身先士卒、以身作则的实际行动,留下了让兰考人民长久记忆的不朽业绩,真正走进了群众心里。这样一个好党员、好干部,在女儿焦守云心中是一个懂浪漫、会生活、热爱跳舞、喜欢琴棋书画,更是喜欢跟孩子互动的好父亲。拉二胡是焦裕禄从小练习的技能，六弦琴也是焦裕禄的拿手项目。焦裕禄在大连工作时，发型是当时流行的三七开。焦守云说，父亲休息时经常与穿着布拉吉的母亲去跳舞，焦裕禄还会用挣得的稿费领着工友在家里开派对。

要学习焦裕禄对待生活、家庭、孩子的情趣、态度和方法，做一个有生活情趣，有家庭情感，和蔼可亲，平易近人，懂得怎样呵护、教育孩子的人。

步骤2：做有生活情趣的人

《礼记·大学》中提道："欲治其国者，先齐其家；欲齐其家者，先修其身；修身而后齐家，齐家而后治国，治国而后天下太平。"这句话告诉我们，高尚的道德情操和健康的生活情趣能够帮助人们有所成就，提高人生高度。拥有健康的生活情趣可以帮助放松紧张的情绪，让疲惫的身心得到舒缓，充分享受生活的美好。

（1）热爱生活

珍惜拥有的一切，认真过好每一天。学会从生活的点滴中发现美好。

（2）关爱家人

不将负面情绪带回家，浪漫、温暖，珍惜与家人相处的每一时刻。

（3）淡泊名利

保持豁达的心态，学会放弃和坚持的平衡；给自己一个宁静的心态，不以物喜，不以己悲。

（4）兴趣广泛

广泛培养兴趣爱好，勤学善思，合理安排时间学习，通过不断探索充盈自己。

著名诗人何其芳在《生活是多么广阔》中写道：生活是多么广阔，生活是海洋。凡是有生活的地方，就有快乐和宝藏。去参加歌咏队，去演戏，去建设铁路，去做飞行师，去坐在实验室里，去写诗，去高山上滑雪，去驾一只船颠簸在波涛上，去北极探险，去热带搜集植物，去带一个帐篷在星光下露宿……去过极寻常的日子，去在平凡的事物中睁大你的眼睛，去以自己的火点燃旁人的火，去以心发现心。生活是多么广阔，生活又多么芬芳。凡是有生活的地方，就有快乐和宝藏。

只要懂得生活，就会发现其中的欢乐，敞开心扉去热爱生活，去挖掘生活中快乐的宝藏。

步骤3：做优秀的职业人

优秀的职业人一定爱岗敬业，这是一种职业态度，是劳模精神的重要内涵。敬业笃行，推进人生实现从平凡到伟大、从优秀到卓越；为实现理想而扬帆远航，坚守岗位，不断实现自我价值。

（1）端正工作态度

保持一份良好的工作态度，积极乐观地面对工作中的挑战和困难，不断地推进自己的工作，虚心向他人学习，推进个人成长与职业发展。

（2）建立人际关系

尊重他人的意见和观点，善于沟通、合作，与同事之间建立良好的互信关系，共同推动工作的顺利进行。

（3）增强责任心

积极承担自己的工作职责和义务，不推卸自己的责任，以实际行动维护职场和谐。

（4）坚守职业道德

遵守职场规章制度和道德底线，坚守职业道德，讲究职业操守，营造健康向上的职场文化。

任务单

查看并填写任务单。

项目评价

查看并填写项目评价表。

任务单

项目评价表

项目总结

本项目结合实际案例讲授了作为信息社会一员，面对各种大量信息该如何学会分辨真伪、汲取有效信息、提升文化修养和法律意识、遵守道德规范，做有道德、有担当的信息社会好公民。

任务拓展

知识拓展

完成题目，加深知识理解和记忆。

【单选题】

1. （　　）指的是那些不真实、不可靠的信息，这些信息可能会误导人们，给人们带来一定的损失。

  A. 虚假信息　　　B. 谣言　　　C. 流言　　　D. 谎言

2. （　　）是一种有充分证据证明与事实不符，而且是有人出于主观上的恶意，故意四处散播并在客观上广泛传播的假消息。

  A. 虚假信息　　　B. 谣言　　　C. 流言　　　D. 谎言

3. （　　）是指人们在从事职业活动中必须遵从的最低道德底线和行业规范。

  A. 职业标准　　　B. 职业道德　　　C. 职业操守　　　D. 职业规范

4. 一切违反社会规范的行为都是（　　）。

  A. 不良行为　　　B. 违纪行为　　　C. 非法行为　　　D. 违法行为

5. （　　）是人类精神生活的一种追求，是对积极生活态度的培育。

  A. 生活目标　　　B. 生活情趣　　　C. 生活态度　　　D. 生活要求

【判断题】

1. 虚假信息是编造出来的，很难找到它的来源。此外，虚假信息为了吸引人们的注意并引起共鸣，往往夸大其词，充满感情色彩，但又缺乏逻辑。

2. 面对网络谣言，要保持理智和清醒，警惕主观臆断，自觉抵制网络谣言。

3. 发现微信群、朋友圈、微博、贴吧等平台传播的没有正规来源的聊天截图、视频、音频文字等信息，主动向网信、公安部门举报。

4. 在工作上应该立足本职工作，恪尽职守，照章作业，不断学习，树立大局意识。

5. 每一个职业人面对公司内部工作时，都要做到言出必行，主动承担责任，并对结果负责。

6. 只要自己遵守法律就行了，不要多管闲事。

能力拓展

搜集成功人士案例，寻找其生活和工作的态度。

主题 7

信息安全

党的二十大报告指出,要建设现代化产业体系:坚持把发展经济的着力点放在实体经济上,推进新型工业化,加快建设制造强国、质量强国、航天强国、交通强国、网络强国、数字中国。这是继2021年"十四五规划"明确提出"网络强国"建设目标之后,党中央再次浓墨重彩地进行描述,并为我国未来的发展方向奠定基调。信息安全作为网络强国、数字中国的底座,将在未来的发展中承担托底的重担,是我国现代化产业体系中不可或缺的部分,既关乎国家安全、社会安全、城市安全、基础设施安全,也和每个人的生活密不可分。

信息安全包括系统安全和网络安全。其中,系统安全包括操作系统管理的安全、数据存储的安全、对数据访问的安全等;网络安全包括信息传输的安全、网络访问的安全认证和授权、身份认证、网络设备的安全等。本主题以系统安全中网络操作系统的用户管理作为研究对象,解决企业网络操作系统用户安全配置问题。

项目
企业网络操作系统用户安全配置

项目介绍

本项目从信息安全的角度配置企业网络操作系统，使学习者能够理解信息安全的概念、思路及工作方法，能够根据企业人员职责在 Windows Server 2016 环境下分配用户及其使用权限，根据企业需要按计划备份数据库。项目实施在满足企业信息安全需求的同时，培养学习者的信息安全意识，提高学习者信息安全防护技能，为建设数字强国贡献力量。

项目目标

1. 能够理解用户和组的关系；
2. 能够理解本地安全策略的工作原理；
3. 能够理解文件权限的控制作用；
4. 能够理解备份和还原的工作机制；
5. 能够配置用户和组；
6. 能够设置本地安全策略；
7. 能够设置文件权限；
8. 能够备份和还原数据；
9. 能够具有信息安全防护意识；
10. 能够了解信息安全防护工作的基本内容。

知识导图

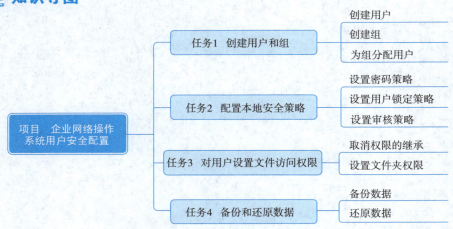

任务1 创建用户和组

任务引入

某公司秘书授权可以登录领导的计算机，定期为领导备份文件，并执行网络配置方面等有关管理工作，因此，在领导的计算机中要新建一个用户组，满足秘书的应用需求。

知识准备

1. 用户

每个用户都需要有一个账户，以便登录到域访问网络资源或登录到某台计算机访问该机上的资源。

2. 组

组是用户账户的集合，管理员通常通过组来对用户的权限进行设置，从而简化了管理。

3. Windows Server 2016 用户的种类

本地用户（Local User Account）、域用户（Domain User Account）和内置用户（Built – in User Account）。

任务实施

新建用户"secretary"和用户组"Daily Work Group"，其中，"Daily Work Group"组具有"Network Configuration Operators"的权限，并将 secretary 添加到"Daily Work Group"组中。

步骤1：新建用户

单击"开始"→"控制面板"→"管理工具"→"计算机管理"，弹出窗口，展开"本地用户和组"，右击"用户"，新建"secretary"用户。

步骤2：管理用户

右击用户，可以设置密码、删除账号或重命名；右击用户，选择"属性"，在"隶属于"选项卡中将 secretary 账户添加到 Backup Operations 组和 Net Configuration Operators 组中，即为 secretary 账户授予 Backup Operations 组和 Net Configuration Operators 组的权限。

操作演示

步骤3：新建本地组

右击"组"，在弹出的窗口中填写组名和描述信息，并选择"添加"，将 secretary 添加到日常工作组中，这样"Daily Work Group"组也具有 Backup Operations 组和 Net Configuration Operators 组的权限。

任务单

查看并填写任务单。

任务单

任务 2　配置本地安全策略

任务引入

公司管理层计算机安全策略要求：启用密码复杂性策略，将密码最小长度设置为 8 个字符，设置密码使用期限为 30 天，当用户输入错误数据超过 3 次时，用户将被锁定，锁定时间为 5 分钟；启用审核登录成功和失败策略，登录失败后，通过事件查看器查看 Windows 日志。

知识准备

1. 本地安全策略

本地安全策略是保护本地文件而使用的策略，是若干规定的集合。一般有用户策略、本地策略等。

2. 用户策略

用户策略包括密码策略和用户锁定策略，用于规定密码的设置条件和触发用户锁定的条件。

任务实施

在本地安全策略中分别设置密码策略、用户锁定策略、审核登录时间策略和审核对象访问策略。

步骤 1：密码策略设置

单击"开始"→"控制面板"→"管理工具"→"本地安全策略"→"用户策略"→"密码策略"，启动密码复杂性策略；设置"密码长度最小值"为"8"个字符；密码最长使用期限为"30"天。

步骤 2：用户锁定策略设置

单击"开始"→"控制面板"→"管理工具"→"本地安全策略"→"用户策略"→"用户锁定策略"，设置用户锁定时间为"5"分钟；用户锁定阈值为"3"次。

步骤 3：审核策略设置

单击"开始"→"管理工具"→"本地安全策略"→"本地策略"→"审核策略"，审核登录策略设置为"失败"；审核对象策略设置为"失败"。

操作演示

任务单

查看并填写任务单。

任务单

任务3　对用户设置文件访问权限

任务要求

经理要下发一个通知，存于"通知"文件夹中，经理对该文件夹及文件可以完全控制，秘书只有修改文稿的权限，其他人员只有浏览的权限。

知识准备

1."读取"权限

读取是指用户具有读取文件内容但不能更改文件内容的权限。

2."写入"权限

写入是指用户具有读取和更改文件内容的权限。

任务实施

首先要取消"通知"文件夹的父项继承的权限，之后分配 Administrators 组（经理）完全控制的权限、"Daily Work Group"组（秘书）除了删除权限以外的各权限和 Users 组（其他人员）只读权限。

步骤1：取消文件夹的父项继承的权限

右键单击"通知"文件夹，单击"属性"命令→"安全"标签→"高级"→"更改权限"，打开高级安全设置窗口，添加日常工作组和 Users 组到列表中，分别选择两组，取消"包括可从该对象的父项继承的权限"选项。删除继承权后，任何用户对该文件夹都无访问权限，只有该对象的所有者可分配权限。

操作演示

步骤2：经理权限

右键单击"通知"文件夹，单击"属性"命令→"安全"标签→"高级"→"更改权限"→"高级"→"添加"，添加经理的 Administrator 用户，单击"确定"按钮后，打开"通知的权限项目"窗口，选择"允许"→"完全控制"。

步骤3：秘书权限

在"通知的高级安全设置"窗口中继续添加日常工作组，单击"确定"按钮后打开"通知的权限项目"窗口，选择"允许"→"创建文件/写入数据"。

步骤4：其他用户权限

在"通知的高级安全设置"窗口中继续添加 Users 组，单击"确定"按钮后打开"通知的权限项目"窗口，选择"允许"→"列出文件夹/读取数据"。

📋 任务单

查看并填写任务单。

任务单

任务 4　备份和还原数据

📖 任务引入

公司为了考核每个员工的工作执行情况，秘书要对每个员工每天的任务完成情况填写"工作日志"，并定期汇总，为了防止大量数据丢失，公司要求每天 20:00 进行数据备份，即使系统出现安全问题，也可以进行数据还原。

📖 知识准备

1. 备份

Windows Server 2016 的备份是将数据按照一定的策略在磁盘上保存为副本，但是不具有可用性，需要时可以利用备份还原数据。

2. 还原

备份的反向过程，利用备份文件恢复原有的文件和数据。

📖 任务实施

首先要在系统中安装 Backup 功能组件，所有员工的工作日志按照每天一个文件夹存放，这样可以每天进行一次性备份。

步骤1：安装 Backup 功能组件

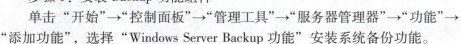

操作演示

单击"开始"→"控制面板"→"管理工具"→"服务器管理器"→"功能"→"添加功能"，选择"Windows Server Backup 功能"安装系统备份功能。

步骤2：一次性备份

单击"开始"→"所有程序"→"附件"→"系统工具"→"Windows Server Backup"，在该界面的右侧可以选择"一次性备份"，当向导进行到"选择备份配置"时，选择"自定义"，之后选择"工作日志"文件夹中相关文件进行备份。

步骤3：还原数据

单击"开始"→"所有程序"→"附件"→"系统工具"→"Windows Server Backup"，在该界面的右侧可以选择"恢复"，根据向导选择已备份的文件进行数据还原。

📋 任务单

查看并填写任务单。

任务单　　　项目评价表

📋 项目评价

查看并填写项目评价表。

📋 项目总结

本项目结合实际案例讲授了在数字化改革背景下,企业如何在 Windows Server 2016 环境下根据企业人员职责分配用户及其使用权限,以及企业如何根据需要按计划备份和还原数据库,从而实现企业信息数据的安全防护。项目实施在满足企业信息安全需求的同时,培养学习者的信息安全意识,提高学习者信息安全防护技能,为建设数字强国贡献力量。

📋 任务拓展

知识拓展

完成题目,加深知识理解和记忆。

知识拓展答案

【单选题】

1. 以下关于 Windows 内置账户和组的说法,正确的是（   ）。
   A. Everyone 包含任何用户（包括来宾用户）,设置开放的权限时经常使用
   B. Users 组的用户账户都具备管理员权限
   C. Power Users 用户组是新用户的默认组,可以运行大部分的应用程序
   D. Network Service 账户为 Windows 的所有服务提供访问系统的权限

2. 以下不属于 Windows 内置账户的是（   ）。
   A. Administrator　　B. Administrators　　C. Guest　　D. SYSTEM

3. 你是一台系统为 Windows Server 的计算机的系统管理员,出于安全性考虑,你希望使用这台计算机的用户账号在设置密码时不能重复前 5 次的密码,应该采取的措施是（   ）。
   A. 设置计算机本地安全策略中的密码策略,设置"强制密码历史"的值为 5
   B. 设置计算机本地安全策略中的安全选项,设置"账户锁定时间"的值为 5
   C. 设置计算机本地安全策略中的密码策略,设置"密码最长存留期"的值为 5
   D. 制定一个行政规定,要求用户不得使用前 5 次的密码

4. 你是一台 Windows Server 计算机的系统管理员,你在一个 NTFS 分区上为一个文件夹设置了 NTFS 权限,当你把这个文件夹复制到本分区的另一个文件夹下时,该文件夹的 NTFS 权限是（   ）。
   A. 继承目标文件夹的 NTFS 权限
   B. 原有 NTFS 权限和目标文件的 NTFS 权限的集合
   C. 保留原有 NTFS 权限
   D. 没有 NTFS 权限设置,需要管理员重新分配

5. 下面不属于 NTFS 权限的是（   ）。
   A. 写入　　　　B. 修改　　　　C. 读取　　　　D. 创建

能力拓展

1. 在 users 下创建用户 j1、j2、s1、s2（密码自定），j1、j2 属于 js（技术组），s1、s2 属于 sc（市场组）。要求 s1、s2 两个用户只能在周一至周五的时间登录。

2. 创建文件夹 sc，s1、s2 对文件夹内的文件具有完全控制权限，j1、j2 对文件夹内的文件只具有读取权限。

3. 创建备份计划，每天 22:00 备份数据。

主题 8

项目管理

  项目是为完成一项独特产品、服务或成果所做的临时性工作。项目管理就是把各种知识、技能、手段和技术应用于项目活动之中,以达到项目的要求。项目管理广泛应用于各行各业,小到学习备考,大到国家工程,都涉及项目管理的相关知识。系统化、规范化、程序化的项目管理系统是推动高质量发展的必然要求。本主题包含两个项目,分别是创建并管理迎新晚会项目和用 Project 管理农产品追溯系统开发项目,都是项目管理的典型应用场景,旨在让读者了解项目管理的四个阶段和五个过程,了解项目范围管理、质量监控、风险控制等知识,掌握项目工作分解结构的编制方法,能通过项目管理工具创建和管理项目及任务,培养系统观念、全局意识、严谨负责的职业态度和一丝不苟的工匠精神,提高沟通协作能力、用信息技术解决问题的能力。

项目 1
创建并管理迎新晚会项目

📺 项目介绍

本项目为创建并管理迎新晚会，虽是小型项目，但同样涉及项目管理的各个知识领域。例如，如何识别和整理项目需求，如何创建项目分解结构 WBS，如何编制项目计划，如何进行项目质量管理、风险和进度控制，都是本项目的内容。此外，还包括项目的四个阶段五个过程和项目管理过程中使用到的软件及其操作方法。一个项目要取得成功，往往受到多种因素的制约，读者在学习过程中要坚持系统观念，把握好全局和局部，用科学的方法思考，在掌握知识和技能的同时，锻炼组织与计划能力、沟通协作能力，提高信息技术应用能力。

操作演示

📺 项目目标

1. 了解项目管理的四个阶段和五个过程；
2. 了解项目范围管理的内容、工具和技术；
3. 掌握 WBS 的概念，能够编制任务分解表和 WBS 组织结构图；
4. 能够用软件编制项目进度甘特图；
5. 了解项目质量管理的内容和鱼骨图的用途；
6. 了解项目风险管理的内容、工具和技术；
7. 培养系统观念、全局观念和责任意识；
8. 培养用软件解决问题的能力、组织与计划能力。

📺 知识导图

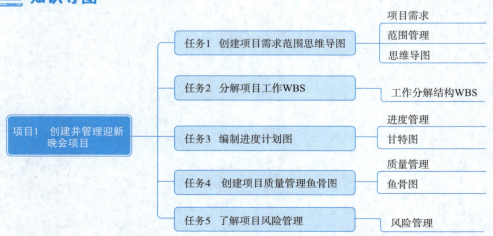

任务1　创建项目需求范围思维导图

任务引入

在晚会项目识别需求阶段，项目团队搜集和整理了学生观众和主办方的需求。学生的需求如图8-1-1-1所示，主办方的需求为"调动全体同学积极参与；节目主题健康向上，充满青春活力；互动氛围活跃；晚会时长控制在1.5~2.0小时之间；预算1万元"。请整理项目需求，并创建迎新晚会项目需求思维导图。

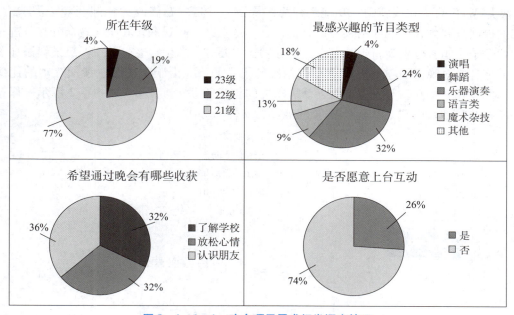

图8-1-1-1　晚会项目需求问卷调查情况

知识准备

1. 项目的阶段和过程

项目从启动到收尾通常要经历四个阶段，分别是识别需求阶段、提出方案阶段、执行项目阶段和结束项目阶段。每个阶段又分五个过程，依次为启动、计划、执行、监控、收尾。这些过程涉及项目管理的十个知识领域，即整体管理、项目范围管理、项目时间管理、项目成本管理、项目质量管理、项目人力资源管理、项目沟通管理、项目干系人管理、项目风险管理和项目采购管理。在实际中，项目阶段的划分并不是一成不变的，而是依赖于项目的管理与控制需要和项目本身的特征及其所应用的领域，并且每个阶段各个过程的执行侧重点也不同。

2. 项目需求管理

项目需求是产品、服务或成果所必需的条件或能力。需求管理最基本的任务就是明确需求,包括收集需求和需求跟踪。收集需求的工具与技术主要有访谈、引导式研讨会、问卷调查、观察、头脑风暴、原型法等。需求收集的结果可以整理成文档、表格或图表的形式。

3. 范围管理

项目范围来自项目需求,是为了达到项目目标所要做的工作。项目范围管理就是要做范围内的事,主要是通过规划范围管理、收集需求、定义范围、创建 WBS、确认范围和控制范围六个过程来实现的。范围管理是编制范围管理计划,书面描述定义、确认和控制项目范围的过程,其主要作用是在整个项目中对如何管理范围提供指南和方向。

任务实施

使用 WPS 的"在线脑图"功能创建思维导图,并将主题修改为"迎新晚会需求"。按需求的提出方划分,思维导图共两个分支,分别是主办方与观众,其中,观众分支可进一步分为两个子主题,分别为新生与老生。再分别在主办方、新生、老生的下一级继续添加子主题,并将各方对晚会的项目需求填写在相应的子主题下。由于新生愿意参加互动的比例更高,因此,在新生互动与主办方的互动需求之间创建关联,如图 8-1-1-2 所示。保存思维导图,并将结果以"迎新晚会需求.png"为文件名导出。

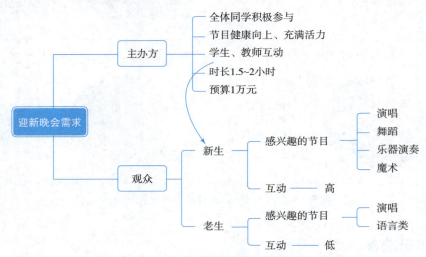

图 8-1-1-2　项目范围需求分析思维导图

任务单

查看并填写任务单。

任务 2　分解项目工作 WBS

任务单

任务引入

为了明确项目团队各方职责,有效地对项目任务进行管理,需要在晚会项目需求分析的基础上,分解项目工作并创建晚会项目工作分解结构 WBS 表。

· 240 ·

知识学习

WBS（Work Breakdown Structure，工作分解结构）指将项目分解为子项目，再将子项目继续分解为具体的工作任务。项目工作分解要求分解单元中都存在可交付成果，成果不一定是实物，但必须标志着某项任务或子项目正式完成。WBS 的结果以组织图或任务表的形式呈现。

任务实施

使用 WPS 文字创建一个文档，在文档中插入一个 18 行 7 列的表格。将晚会分解后的各项工作内容填在第一列，然后在左上角的单元格插入斜线表头，将列标题设置为"WBS"，行标题设置为"责任部门"，并在第 2 列至第 7 列依次填写各个责任部门的名称。接着在每个部门所对应任务单元格中填写其责任符号（●表示负责、○表示辅助、★表示审批），最终效果见表 8-1-2-1。

表 8-1-2-1 工作分解结构 WBS 表

WBS \ 责任部门		文艺部	服道部	外联部	宣传部	后勤部	导演
策划宣传	编写项目章程	●			○		★
	撰写策划方案	●			○		★
	编写宣传方案				●		★
	发出节目通知文件				●		
	最终确定晚会节目单	●					★
排练彩排	演出场景设计		●				★
	选拔主持人	●					★
	拉赞助及联系音响设备			●			
	租借采购服装道具		○			●	
	前后进行四次彩排	●	●				
	邀请嘉宾			●			
晚会演出	布置会场		●			○	
	带妆彩排	●	●				
	音响调试现场布置		●			○	
	各部门就位	●	●				
	节目演出						
收尾	演出结束后场地处理		●			●	

符号含义：●负责 ○辅助 ★审批

任务单

查看并填写任务单。

> **小贴士：**
> ◇ 创建 WBS 不受软件限制，既可以用 WPS 文档的表格功能创建，也可用 WPS 表格或其他软件创建。

任务单

任务3 编制计划进度图

任务引入

为保证项目如期完成，需要对项目进度进行管理，表 8-1-3-1 为项目时间估算表，请将其中内容创建为项目进度计划甘特图。

知识学习

1. 项目进度管理

项目进度管理是指在项目实施过程中对各阶段的进展程度和项目最终完成的期限所进行的管理。项目进度管理包括规划进度管理、定义活动、排列活动顺序、估算活动资源、估算互动持续时间、制订进度计划和控制进度。

2. 甘特图

甘特图又称为横道图、条状图，是通过条状图来显示项目、进度等。可以使用 WPS 表格等软件绘制甘特图。创建数据表后，将行标题设置为项目活动、列标题设置为时间，每个活动的计划用时和实际用时分别用不同颜色表示，按照活动和时间顺序依次用规定的颜色填充相应单元格，以便对比项目计划进度与实际进度的差异。表 8-1-3-1 所列为迎新晚会项目的计划进度甘特图。

表 8-1-3-1 项目活动计划用时表

序号	活动编号	活动名称	所需时间/天
1	2.1	编写项目章程	1
2	2.2	撰写策划方案	1
3	2.3	编写宣传方案	1
4	2.4	发出节目通知文件	1
5	2.5	最终确定晚会节目单	1
6	2.6	演出场景设计	2

续表

序号	活动编号	活动名称	所需时间/天
7	3.1	选拔主持人	1
8	3.2	拉赞助及联系音响设备	2
9	3.3	租借采购服装道具	2
10	3.4	前后进行四次彩排	4
11	3.5	邀请嘉宾	1
12	4.1	布置会场	1
13	4.2	音响调试现场布置	1
14	4.3	节目演出	0.05
15	5.1	演出结束后场地处理	0.1

任务实施

使用 WPS 表格创建一个电子表格文档。按照表 8-1-3-1，先将前三列分别设置为每项活动的"序号""活动编号"和"活动名称"，并在每列下方依次填写各个活动的信息，每项活动占两行，分别合并每项活动所对应的两行单元格，如图 8-1-3-1 所示。然后将项目的每个日期作为字段，依次填写在活动名称的右侧。最后，填充每项任务的计划和实际用时。由于每项任务占两行，上方的行填充计划用时，下方作为实际用时。用蓝色代表计划用时，填充在每项任务对应日期单元格中；再用黄色代表实际用时，根据项目实际情况，将其填充在对应的日期单元格中。填充后进行对比，并由此监督和控制项目的进度。

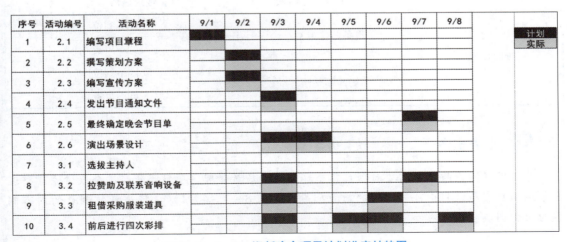

图 8-1-3-1　迎新晚会项目计划进度甘特图

任务单

查看并填写任务单。

任务4　创建项目质量管理鱼骨图

项目质量分析表见表8-1-4-1。

表8-1-4-1　项目质量分析表

质量重要环节	质量问题	原因
彩排	未按时开始	通知不到位
		人员迟到
		设备问题
	表演失误	准备不充分
		设备问题
		身体不适
服装、道具、会场布置	舞台设计不合理	未实地考察
		经验不足
	演出设备问题	经费不足
		设备未到位
节目表演	未就位	化妆超时
		服装未送到
		身体不适
	互动环节气氛不活跃	观众热情不高
收尾处理	设备归位混乱	安排不到位
		人员不负责
	场地不整洁	安排不到位
		人员不负责

任务引入

为了保证演出质量，需要对项目各个环节进行质量管理。项目团队经过会议讨论，整理出了在项目实施过程中可能出现的质量问题，见表8-1-4-1，请将质量控制表的内容制作为鱼骨图。

主题8 项目管理

知识准备

1. 质量管理

质量管理是指确定质量方针、目标和职责,并通过质量体系中的质量规划、质量保证、质量控制及质量改进来使其实现管理职能的全部活动。质量管理要识别和审计项目及其可交付成果的质量要求和标准,并要监督、记录质量活动的执行结果,同时要准备好对策来确保质量符合要求。质量管理的主要技术包括成本收益分析、标杆对照、头脑风暴、质量审计、过程分析等,主要工具有鱼骨图、流程图等。

2. 鱼骨图

鱼骨图是一种发现问题原因的方法。分别用鱼头和鱼骨表示问题和导致问题的原因,问题放在鱼的头部作为起点,然后将导致问题的原因画在鱼骨上,并在每个原因下方分析其子原因,大原因画在大鱼骨上,中小原因画在小鱼骨上,如图8-1-4-1所示。WPS在线脑图提供了鱼骨图功能。

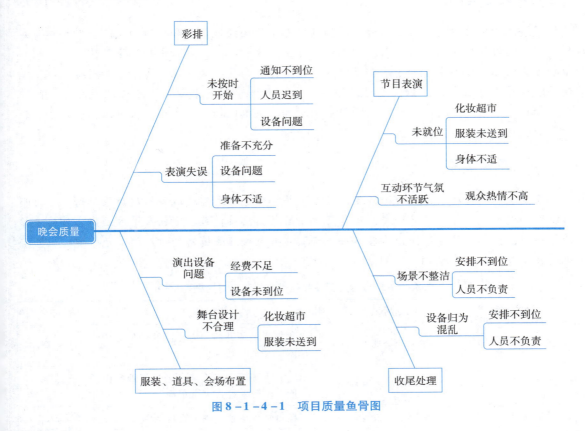

图 8-1-4-1 项目质量鱼骨图

任务实施

使用WPS创建在线脑图,将主题设置为"晚会质量",然后按照表8-1-4-1中"质量重要环节"列的每一项内容添加子主题。接着将表中每个质量重要环节对应的质量问题作为分支添加在相应的子主题下。最后，在表中查找每个问题产生的原因，将其作为对应问题的子分支添加到在线脑图中，并将脑图的结构设置为"左侧鱼骨图"，最终效果如图8-1-4-1所示。

任务单

查看并填写任务单。

任务单

任务5　了解项目风险登记册

任务引入

通过迎新晚会项目风险登记册学习项目风险管理的内容以及相关工具和技术。

知识学习

风险源于项目中的不确定因素。已知风险是指已经经过识别和分析的风险，对于这类风险，需要制订相应风险管理计划。但项目也存在着未知风险，并且未知风险很难管理。辩证唯物主义认为，任何事情和矛盾都可以在一定条件下向其反面转化，风险也具有可变性。面对风险要勇于承担责任，积极应对，降低损失。风险管理包括项目风险管理规划、风险识别、分析、应对和监控的过程。风险识别的工具与技术包括文档审查、头脑风暴、访谈、假设分析、鱼骨图、专家判断等。

任务实施

项目组可以针对项目风险进行会议讨论，并将会议结果整理成风险应对登记册，登记册可以用表格形式呈现。将风险事件及其产生的后果、应对措施、责任人等方面内容作为表格的每一列，将各个风险事件作为表格每一行，并将会议结果填写到对应的单元格中。风险登记册最终效果参考表8-1-5-1。

表8-1-5-1　迎新晚会项目风险及应对措施登记册

风险事件	后果	应对措施	责任人
赞助商资金不到位	影响晚会质量	积极联系赞助商，为费用的到位设定期限，并及时确认	外联部
场地冲突	晚会无法按时举办	与管理部门积极沟通，确认场地空闲时间，同时要经常进行跟踪	文艺部
场地安全	影响晚会安全	监督舞台搭建，制定安全条例	后勤部
设备、物资损坏	影响晚会质量	加强对设备、物资进项检查和跟踪	服道部

任务单

查看并填写任务单。

项目评价

任务单

任务评价表

参考答案

查看并填写任务评价表。

项目总结

本项目选取的案例为大部分读者日常所能接触到的熟悉又陌生的项目，以迎新晚会的策划和实施过程串联各个任务，旨在方便代入情境进行思考和学习。本项目需重点了解项目管理的四个阶段和五个过程，重点掌握如何编制 WBS 任务分解表，从而培养系统观念、全局观念、责任意识和组织计划能力。

项目拓展

1. 以下不属于范围管理活动的是（　　）。
   A. 收集需求　　　B. 创建 WBS　　　C. 确认范围　　　D. 控制进度
2. 项目管理的五个过程是启动、计划、执行、（　　）、收尾。
   A. 监控　　　　　B. 监督　　　　　C. 检测　　　　　D. 审查
3. （　　）用来查找问题产生的原因。
   A. 流程图　　　　B. 鱼骨图　　　　C. 思维导图　　　D. 结构图
4. 质量管理的目的是（　　）。
   A. 提高产品和服务的质量　　　　B. 确保项目质量符合标准
   C. 确保项目质量满足项目要求　　D. 以上都是
5. 分组讨论，举例说明鱼骨图应用场景。哪些软件可以绘制鱼骨图？
6. 以迎新晚会项目组成员的身份分组讨论：该项目存在哪些风险？应计划哪些应对措施？将讨论的结果整理成文档并提交（文档形式不限，文档、表格、图表均可）。

项目 2 用 Project 管理农产品追溯系统开发项目

项目介绍

Microsoft Project 为项目综合管理软件，具备创建项目、制订计划、分配资源等功能，涉及项目管理的诸多方面。本项目为通过 Project 项目管理软件，创建并管理农产品追溯信息系统项目，包含两项任务，分别是创建项目并添加任务和分配项目资源，旨在学习 Project 的基本操作方法。

任务目标

1. 了解 Project 创建项目的方法；
2. 了解 Project 制订项目计划的方法；
3. 了解 Project 资源分配的方法；
4. 提高时间观念、全局意识；
5. 提高沟通协作能力。

知识导图

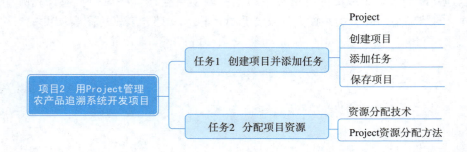

任务1　创建项目并添加任务

任务引入

农产品追溯系统开发项目经过了前期项目需求分析环节，已经确定了项目需求和系统功能，其系统功能需求结构图如图8-2-1-1所示。请根据该图使用 Microsoft Project 创建项目，并制订项目计划。

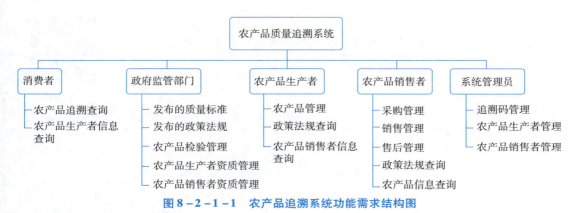

图8-2-1-1　农产品追溯系统功能需求结构图

知识准备

Project 是由微软开发销售的项目管理软件程序，其目的在于协助项目经理制订计划、为任务分配资源、跟踪进度、管理预算和分析工作量。使用 Project 管理项目首先需要创建项目和任务并为任务分配资源，然后可以使用报表等功能跟踪和查看项目。

任务实施

步骤1：创建项目

启动 Project，然后单击新建"空白项目"，如图8-2-1-2所示。切换到"视图"选项卡，选择"甘特图"，如图8-2-1-3所示。

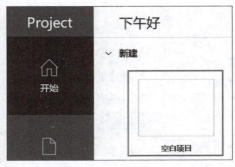

图8-2-1-2　新建项目

图8-2-1-3　切换视图为甘特图

步骤 2：添加任务

双击"任务名称"字段下的单元格，在弹出的"任务信息"对话框中输入任务名称"建立农产品信息数据库"等任务信息，如图 8-2-1-4 所示。

图 8-2-1-4　添加任务

步骤 3：保存项目

重复步骤 2，录入其他任务信息，单击左上角的"保存"按钮，将项目以"农产品质量追溯系统.mpp"为文件名进行保存。

📋 任务单

任务单

查看并填写任务单。

任务 2　分配项目资源

📋 任务引入

使用 Project 为"农产品质量追溯系统"项目中的任务分配资源。

📋 知识准备

创建项目后，应当为任务分配相应的资源。如果共享资源或关键资源只在特定时间可用且数量有限，或被过度分配，就需要进行资源平衡，也可以对活动进行调整，从而使项目预定的资源满足资源需求。

📋 任务实施

步骤 1：录入资源

打开"农产品质量追溯系统.mpp"项目，切换到"资源"选项卡，单击"工作组规划器"下拉菜单，选择"资源工作表"，如图 8-2-2-1 所示，可以在"资源工作表"中录入项目资源。

步骤 2：分配资源

单击"工作组规划器"，选择"甘特图"选项，切换回甘特图后，就可以为任务分配资源。单击每个任务后的

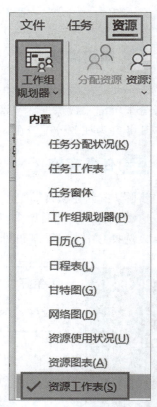

图 8-2-2-1　打开资源工作表

"资源名称",选择相应的资源即可。

📋 任务单

查看并填写任务单。

📋 项目评价

任务单　　任务评价表

查看并填写任务评价表。

📋 项目总结

本项目在项目1的基础上介绍了项目综合管理软件Project的基本使用方法,并围绕软件的核心功能和项目基本流程设置了两个任务。本项目需重点了解使用Project创建项目、制订计划和资源分配的方法,从而提高时间观念、全局意识和沟通协作能力。

📋 项目拓展

1. 分组讨论,在制订项目计划的过程中,Project和WPS表格在操作上有哪些异同?
2. 想泡茶喝需要做三件事:烧开水,洗茶杯,准备茶叶。分组讨论:如何为这三件事分配时间,才能在最短的时间内喝到茶?

主题 9

机器人流程自动化

党的二十大报告指出,要加快建设网络强国、数字中国。习近平总书记深刻指出,加快数字中国建设,就是要适应我国发展新的历史方位,全面贯彻新发展理念,以信息化培育新动能,用新动能推动新发展,以新发展创造新辉煌。中共中央、国务院印发了《数字中国建设整体布局规划》,从党和国家事业发展全局和战略高度,提出了新时代数字中国建设的整体战略,明确了数字中国建设的指导思想、主要目标、重点任务和保障措施。建设数字中国是数字时代推进中国式现代化的重要引擎,是构筑国家竞争新优势的有力支撑。

本主题开发能够处理采购申请业务的机器人,使学习者能够理解机器人流程自动化的基本概念、工作思路和使用方法,解决如何节省企业简单、重复类工作的人力资源的问题。

项目 开发"采购申请处理"机器人

项目介绍

影刀软件是我国一款自动化软件机器人品牌。它模拟人工的各种操作,帮助企业员工自动处理大量重复、有逻辑规则的工作。本项目模拟某企业后勤管理部门处理各部门提交的采购申请业务流程。项目使用该软件自动汇总各部门提交的 Word 文档"采购申请表",生成 Excel 文档"采购申请清单",从中筛选出采购总金额大于 5 000 元的采购项目做成表格并插入 Word 文档"需审批采购清单"。本项目的实施在满足企业不断提升工作准确性和效率性的同时,培养学习者的创新思维和流程自动化意识,提高学习者数字化素养,为建设数字强国贡献力量。

项目目标

1. 能够理解机器人流程自动化的基本概念;
2. 能够理解机器人流程自动化的工作思路;
3. 能够使用影刀软件依次读取 Word 文档表格中的数据;
4. 能够使用影刀软件将读取的数据写入 Excel 表中;
5. 能够使用影刀软件在 Excel 表中进行数据筛选;
6. 能够使用影刀软件将数据写入 Word 文档中;
7. 能够理解机器人流程自动化对提升工作效率所起的作用;
8. 能够理解数字化改革在我国国民经济发展中的重要意义。

知识导图

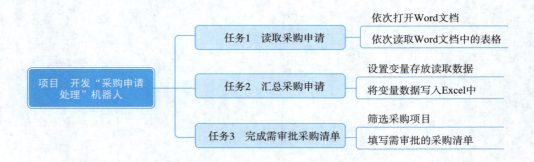

任务1　读取采购申请

任务引入

某公司各部门向后勤管理处提交采购申请表（Word 文档），后勤工作人员使用影刀软件依次读取 Word 文档中的表格数据，并存储为"word_table_data"。

知识准备

1. 机器人流程自动化

机器人流程自动化（Robotic Process Automation，RPA）是以软件机器人及人工智能（AI）为基础的业务过程自动化科技。机器人流程自动化系统是一种应用程序，它通过模仿最终用户在电脑上的手动操作方式，提供了另一种方式来使最终用户实现手动操作流程自动化。

2. 影刀

影刀是一款自动化软件机器人品牌，其模拟人工的各种操作，帮助企业员工自动处理大量重复、有逻辑规则的工作，让员工拥有更多的时间去处理更有创意和价值的事情。

任务实施

步骤1：打开影刀软件，新建"PC 自动化应用"。
步骤2：使用"获取文件列表"指令，获取存放采购申请表的文件夹路径，保存为"file_paths"。
步骤3：使用"ForEach 列表循环"指令，对列表"file_paths"中的每一项进行循环操作，将循环项保存为"loop_item"。
步骤4：使用"启动 Word"指令，打开"loop_item"中的 Word 文档，保存为"word_instance"。
步骤5：使用"读取 Word 表格"指令，读取"word_instance"中的 Word 文档表格，保存为"word_table_data"。
步骤6：使用"打印日志"指令，查看"word_table_data"。
步骤7：保存所建应用，命名为"采购申请处理"。

操作演示

任务单

查看并填写任务单。

任务单

任务2　汇总采购申请

任务引入

后勤工作人员将上一任务获取的 Word 数据使用影刀软件存放到 Excel 中。

知识准备

1. 变量

在程序运行的过程中，值是可以变化的量，变量名是标识符，变量的赋值就是将数据存入变量的过程，赋值的数据类型就是变量的数据类型，随着赋值数据类型的变化，变量的数据类型也随之变化。

2. 覆盖、插入、追加

覆盖是指将数据写入当前位置，当前位置的数据会被覆盖掉；插入指在当前位置插入空行，然后在空行写入数据；追加指在当前位置后插入空行，然后在空行写入数据。

任务实施

操作演示

步骤1：打开影刀软件，打开应用"采购申请处理"。

步骤2：使用"设置变量"指令，获取"word_table_data[0][1]"中的数据并存放到变量"采购部门"中。

步骤3：使用"设置变量"指令，获取"word_table_data"中的其他数据，存放到变量"申请人""审批人""采购商品""申请数量""总金额""采购事由"中。

步骤4：在流程的最开始插入"设置变量"指令，设置一个名为"申请清单二维列表"的列表变量。

步骤5：在步骤3最后一个变量"采购事由"下面，使用"列表插入一项"指令，在列表变量"申请清单二维列表"里面追加数据，数据内容为变量"采购部门""申请人""审批人""采购商品""申请数量""总金额""采购事由"。

步骤6：在循环结束标记后，使用"启动 Excel"指令打开 Excel 文件"采购申请清单"，并保存到 Excel 对象"excel_instance"中。

步骤7：使用"写入内容至 Excel 工作表"指令，将"申请清单二维列表"中的数据写入"excel_instance"中。

任务单

查看并填写任务单。

任务单

任务3　完成需审批采购清单

任务引入

后勤工作人员从"采购申请清单"中筛选出采购总金额大于 5 000 元的采购项目，并将此部分采购项目自动填写到"需审批采购清单"Word 文档的表格中。

知识准备

1. 列表

把一堆数据放在一种特定的容器中，这个容器就称为列表，每个数据叫作元素，每个元素都有一个索引来表示它在列表中的位置。

2. 二维列表

二维列表相比一维列表而言，就是在一维列表的基础上，将一维列表的元素换成一个列表。

任务实施

步骤1：打开影刀软件，打开应用"采购申请处理"。

步骤2：打开已有的 Excel "采购申请清单.xlsx"，将 Excel 对象结果保存到 excel_instance2 中。

步骤3：使用"筛选"指令，在 excel_instance2 中筛选出采购总金额大于 5 000 元的采购项目。

步骤4：使用"读取筛选内容"指令，读取上一步操作的筛选结果，保存到"待审批采购清单"。

操作演示

步骤5：使用"打开/新建 Word"指令打开"需审批采购清单.docx"，将 Word 对象保存到 word_instance2 中。

步骤6：使用"定位 Word 光标"指令，在 word_instance2 中定位到第一个文本"超过 5 000 元的采购申请清单："之后。

步骤7：使用"插入 Word 表格"指令，在 word_instance2 中插入表格，表格数据为"待审批采购清单"。

步骤8：使用"定位 Word 光标"指令，在 word_instance2 中定位到第一个文本"提交时间"之后。

步骤9：使用"写入文本至 Word"指令，在 word_instance2 中写入文本"2023 年 5 月"。

步骤10：使用"关闭 Word"指令，关闭 word_instance2。

步骤11：使用"关闭 Excel"指令，关闭 excel_instance2。

📋 任务单

查看并填写任务单。

📋 项目评价

查看并填写项目评价表。

任务单　　项目评价表

📋 项目总结

项目结合实际案例讲授了在数字化改革背景下，企业如何利用影刀机器人流程自动化软件自动处理 Word 文档和 Excel 表格的工作思路、方法和路径，从而提高企业人员的工作效率。本项目的实施在满足企业不断提升工作准确性和效率性的同时，培养学习者的创新思维和流程自动化意识，提高学习者数字化素养，为建设数字强国贡献力量。

📋 任务拓展

知识拓展

扫码查看并作答，加深知识理解和记忆。

知识拓展答案

【单选题】

1. RPA 的英文全称是（　　）。
   A. Robotic Process Automation　　　　B. Rational Process Automation
   C. Robotic Performing Automation　　D. Rational Performing Automation

2. 以下流程适合由软件机器人执行的是（　　）。
   A. 打印机通电—安装打印纸—发送文档到打印机—获取打印文档
   B. 从业务系统中抓取待发运的货物清单—填写发货单—发送订单至物流供应商系统
   C. 统计加班人数—业务系统订购快餐—分发快餐
   D. 从购物网站获取快递号—去快递柜收取快递—打开快递包裹

3. 用（　　）编写的程序能够直接被计算机识别。
   A. 低级语言　　　B. 高级语言　　　C. 机器语言　　　D. 汇编语言

4. 计算机在执行用高级语言编写的程序时，主要有两种处理方式，分别是（　　）。
   A. 汇编和解释　　　　　　　　　　B. 汇编和解释、编译混合
   C. 汇编和编译　　　　　　　　　　D. 编译和解释

5. 程序的 IPO 结构包括输入、处理和输出三部分，下列说法中，错误的是（　　）。
   A. 一个程序可以没有输入　　　　　B. 一个程序必须没有输出
   C. 一个程序可以没有输出　　　　　D. 一个程序可以没有处理

能力拓展

某企业财经处处理各部门提交的 2024 年预算项目。财经处使用影刀软件自动汇总各部门提交的 Word 文档"预算项目申请表"，生成 Excel 文档"预算项目申请清单"，从中筛选出采购总金额大于 50 000 元的采购项目，并做成表格插入"需审批预算项目清单"Word 文档中。

主题 10

程序设计基础

　　在信息化、数字化、智能化高速发展的今天，人们在工作、学习、生活中时时刻刻都在使用软件，而软件是用编程语言开发的，所以，掌握一种流行的编程语言能够开发简单易用的应用程序，从而大大提高工作效率。本主题介绍了目前比较流行的编程语言Python，通过开发"商品价格竞猜游戏"应用程序，培养学习者的编程能力，为解决工作中的实际问题提供有力支持。

项目
开发"商品价格竞猜游戏"应用程序

项目介绍

在本项目中,介绍如何开发"商品价格竞猜游戏"应用程序,使学习者能够了解程序设计的概念、思路及流程,学会程序设计语言 Python 的安装及配置,能够完成简单应用程序的编写及调试,为具体工作过程中遇到的应用程序开发任务提供必要的知识储备及技术技能支持,同时强化学习者的科技创新精神,为建设数字强国贡献力量。

本项目的内容能够对 Python 应用开发相关职业技能大赛及 1+X 证书《Python 应用开发》、全国计算机等级考试二级《Python 语言程序设计》提供有力的支撑。

项目目标

1. 了解程序设计的基本概念和步骤;
2. 掌握 Python 的安装及环境配置方法;
3. 掌握 Python IDLE 的使用方法;
4. 掌握 Python 的基础语法,学会 Python 数据类型、运算符、关键字等的使用方法;
5. 掌握程序流程控制方法,能够编写及调试简单的应用程序;
6. 培养学习者的法治意识和知识产权保护意识,使用正版软件;
7. 培养学习者规范书写代码的习惯、严谨认真的工作态度,提高责任心和自律精神;
8. 培养学习者使用信息技术分析问题、解决问题的能力,提高科技创新能力。

知识导图

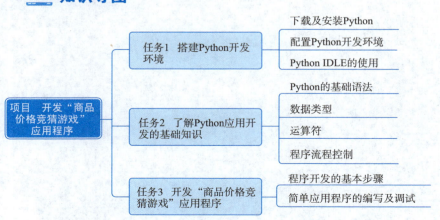

任务1　搭建 Python 开发环境

操作演示

📋 任务引入

小李作为 A 公司信息部的工作人员，经常要完成上级交办的应用程序开发任务，小李需要从 Python 官方网站下载安装包到本地，安装并配置 Python 开发环境，以便完成后续的工作任务。

📋 知识准备

1. 计算机程序

计算机程序就是能够被计算机识别和执行的一组指令，这些指令由某种程序设计语言来编写，用来实现人们信息化应用的需求。

2. 程序设计

以某种程序设计语言为工具，设计和构建可执行程序的过程。

3. Python

一种程序设计语言，目前非常流行，适于新手学习。

📋 任务实施

步骤1：下载 Python 安装程序

使用浏览器打开 Python 的官网，地址是 http://www.python.org，如图 10-1-1-1 所示。目前 Python 的最新版本是 3.11.4，将 Python 安装包下载到本地磁盘。

图 10-1-1-1　Python 官网

步骤2：安装Python

运行Python安装包，勾选"Add python.exe to PATH"选项，将python.exe加入系统路径，方便在任何目录中使用Python，如图10－1－1－2所示。然后单击"Install Now"按钮进行安装。

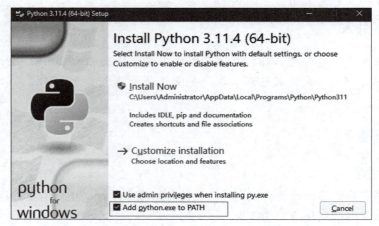

图10－1－1－2　Python安装界面

安装完成后，单击"Close"按钮关闭安装程序。

步骤3：设置IDLE

在"开始"菜单的Python目录下找到IDLE，单击"Options"→"Configure IDLE"，对IDLE进行设置。

①进行字体设置，如图10－1－1－3所示。

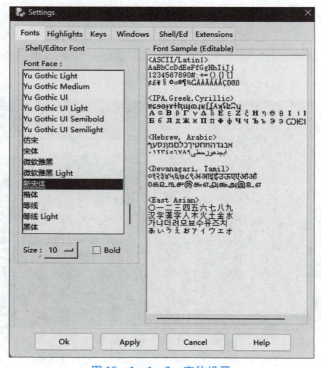

图10－1－1－3　字体设置

· 262 ·

②在"Shell/Ed"选项卡中勾选"Show line numbers in new windows"和"At Start of Run (F5) – No Prompt",如图 10 – 1 – 1 – 4 所示。

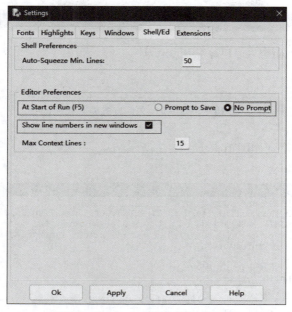

图 10 – 1 – 1 – 4　设置"Shell/Ed"

步骤 4:使用 IDLE 编写第一个程序

第一种:交互方式。当在 IDLE 中输入 print("Hello Python"),并按 Enter 键后,该语句的执行结果即在下一行显示,如图 10 – 1 – 1 – 5 所示。

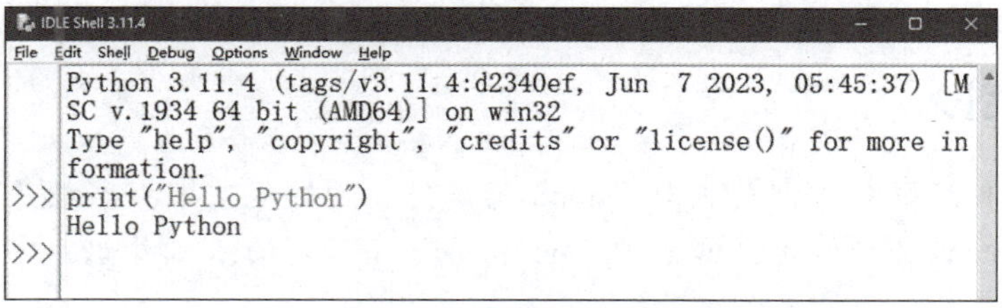

图 10 – 1 – 1 – 5　交互方式编写及运行程序

> **小贴士:**
>
> IDLE 是 Python 自带的轻量集成开发环境,使用它可以方便地进行 Python 程序开发。IDLE 有两种工作方式:一种是直接通过命令行命令交互使用,在 >>> 后面直接输入代码即可,这里适合少量代码;另一种是通过 file 文件来实现,单击菜单栏中的"File",选择"New File",出现一个新的编辑界面,直接在里面输入代码,这种方式适合输入大量代码。

第二种：文件方式。单击"File"菜单下的"New File"，在新界面内输入print("Hello Python")，如图10-1-1-6所示。保存文件到本地磁盘，将文件命名为Hello.py。

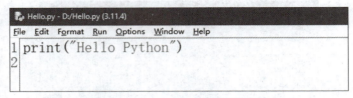

图10-1-1-6 文件方式编写程序

按F5键运行后，得到如图10-1-1-7所示结果。

图10-1-1-7 文件方式运行程序

任务2 了解Python应用开发的基础知识

任务引入

小李在编写程序之前，需要先对Python标识符、关键字、数据类型及流程控制等基础知识进行学习，掌握Python应用程序开发的基础知识，掌握代码书写规范，从而能够完成应用程序的编写工作任务。

操作演示

知识准备

在上一任务中，学习了如何搭建Python开发环境，完成了一个简单的"Hello Python"程序，在下面的任务中，将学习Python应用开发的基础知识。

1. 标识符

标识符是程序开发人员为变量、函数、属性、类、模块等指定的唯一名称，命名时要遵循一定的规则。在Python中，标识符的命名规则通常包括以下几点：

①标识符可以由数字、字母和下划线组成，但首字符不能是数字，并且字母区分大小写，例如name、_class8、Weight。

②不能使用 Python 的内置函数和关键字等作为标识符。

③在命名标识符时，名字通常应具有相关的含义，例如 name、sex，这样既方便他人阅读，又便于后期对于程序的维护。

> 小贴士：
> 在 Python 中，也可以使用中文作为标识符，比如"姓名""体重"等。

2. 关键字

关键字是 Python 本身定义好的具有特殊意义的元素。目前 Python 有 33 个关键字，其中，True、False、None 首字母需要大写。

3. 数据类型

Python 中包含数字、字符串、列表、集合、字典、元组等主要的数据类型。

4. 变量

变量是在程序运行的过程中值可以变化的量。变量名是标识符，变量的赋值就是将数据存入变量的过程，赋值的数据类型就是变量的数据类型，随着赋值数据类型的变化，变量的数据类型也随之变化。

5. 运算符

Python 提供了多种运算符来解决程序设计过程中的各种问题，这些运算符主要包括算术运算符、比较运算符、位运算符、逻辑运算符和赋值运算符。

6. 模块

在 Python 中，模块用于保存和管理代码，一个模块就是一个文件，以 .py 结尾，可以使用导入语句在一个模块中访问另一个模块的代码元素。

三、任务实施

步骤：了解程序流程控制

Python 程序流程控制有三种结构，这也是一般程序设计语言所通用的，分别是顺序结构、选择结构和循环结构。

顺序结构指程序按自上而下的顺序逐条执行，在这种结构里，每一条语句都会被执行，不重复执行，也不会被跳过。

选择结构又叫分支结构，它是指在程序运行的过程中根据条件语句的结果来判断执行哪一部分语句。在 Python 中，有单分支、双分支和多分支三种选择结构，分别对应 if 语句、if – else 语句和 if – elif – else 语句。

循环结构指根据条件让某一部分语句重复多次执行，直到条件为假时结束执行。在 Python 中，有 while 循环语句和 for 循环语句两种，还可以使用 break 关键字和 continue 关键字来控制循环，break 指满足某一条件时跳出循环，即完全终止当前循环，continue 指满足某一条件后终止本次循环开始下一次循环，只会跳过当前循环剩余的语句，而不是结束循环。

任务3　开发"商品价格竞猜游戏"应用程序

📋 任务引入

A 公司年会的游戏环节设置了"商品价格竞猜游戏",张经理将游戏应用程序的开发任务安排给了小李,要求应用程序能够实现随机给出一个价格,参赛者竞猜,当参赛者报出一个价格后,程序提示"价格高了"或者"价格低了",直到参赛者报出正确的价格为止。

操作演示

接到任务后,小李思考使用 Python 来编写此程序,按照程序设计的流程,他先对张经理的要求进行分析,绘制了程序流程图,而后对程序进行了编码和调试等。

📋 知识准备

1. 程序开发的基本步骤

一般的程序开发包括需求分析、设计、编码、调试、部署、维护几个阶段。

2. 流程图

流程图是程序算法的图形化表现,它用统一规定的图形符号来描述程序运行的具体步骤。使用流程图便于程序开发人员理清思路,同时,流程图也具有直观、易于理解的特点。

📋 任务实施

步骤1:对"商品价格竞猜游戏"进行需求分析

按照游戏规则,在游戏过程中,程序需要随机产生一个 1~1 000 之间的价格,而后参赛者出价,程序对两个价格进行比较。当参赛者出价大于商品价格时,程序提示"您的出价高了,请重新出价!",否则,说明参赛者出价可能小于或等于商品价格,这时程序再判断两者是否相等,如相等,则提示"恭喜您猜对了商品的价格!!!",否则,提示"您的出价低了,请重新出价!"。

这只是一次判断,如果参赛者一次出价即成功,那么就不需要进行下一次,但大部分情况下,参赛者都会多次出价。需要设置循环结构来重复验证,直到获得准确价格为止。

步骤2:基于步骤1的分析设计程序流程图

流程图如图 10-1-3-1 所示。图中,圆角矩形表示程序的开始和结束;长方形表示执行的操作,例如赋值或者计算等;菱形表示判断;平行四边形表示输入或输出;箭头表示程序的流向。

步骤3:编写代码

基于分析和设计,在 IDLE 里新建一个文件,保存并命名为"game.py",在文件中录入如图 10-1-3-2 所示的程序代码。

在以上代码中,首先使用 import 语句将 Python 的 random 模块导入当前程序,接着将该模块的 randint 函数的返回值赋给 true_price 变量,以获取一个随机整数。

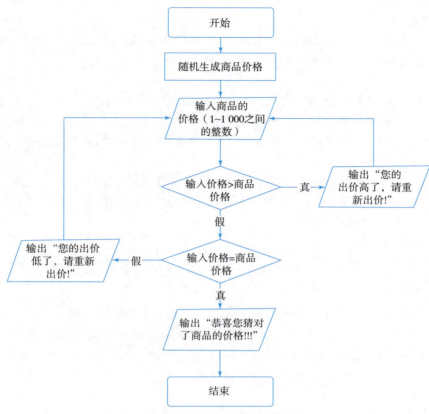

图 10－1－3－1　程序流程图

```
import random

true_price=random.randint(1,1000)

while True:
    price = input("请输入商品的价格（1-1000的整数）:\n")
    price=int(price)
    if price > true_price:
        print('您的出价高了，请重新出价！')
    elif price == true_price:
        print("恭喜您猜对了商品的价格！！！")
        break
    else:
        print('您的出价低了，请重新出价！')
```

图 10－1－3－2　game.py 程序代码

> **小贴士：**
> randint 函数的功能是返回一个值为 a~b 之间的整数，格式为 randint(a,b)，例如 randint(5,100) 返回的是一个 5~100 之间的整数。

接着进入 while 语句，循环的条件是 True，循环体的语句一直重复执行，直到触发某个条件后，使用 break 语句跳出循环。在循环体中，price 是定义的变量，用于接收参赛者的出价，第 6 行使用 input 语句提示参赛者输入竞猜价格，第 7 行使用 int 函数将输入的内容转化为整数类型。

在 Python 中，while 循环用于重复执行一段代码，直到某个条件不满足为止。条件是一个值为 True 或 False 的表达式。只要条件为真，循环体内的语句就会一直执行，如果条件为假，则跳过循环体，继续执行循环语句之后的代码。

while 语句的语法是：

```
while 条件：
    循环体
```

接下来使用选择结构比较商品的价格和输入的价格，如果输入价格大于商品价格，那么输出"您的出价高了，请重新出价！"，否则，判断输入价格是否等于商品价格，如果不相等，那么输出"您的出价低了，请重新出价！"，如果相等，那么输出"恭喜您猜对了商品的价格！！！"，并使用 break 语句跳出循环，程序结束。

if 语句的语法是：

```
if 条件 1：
    代码块 1
elif 条件 2：
    代码块 2
else:
    代码块 3
```

if 结构首先判断条件 1，如果条件 1 的值为 True，那么执行代码块 1；如果条件 1 的值为 False，继续判断条件 2；条件 2 的值为 True，执行代码块 2；如果条件 2 的值为 False，执行代码块 3。

步骤 4：按 F5 键运行程序，测试是否达到需求

运行结果如图 10-1-3-3 所示。

📋 任务单

查看并填写任务单。

📋 项目评价

查看并填写项目评价表。

任务单

项目评价表

主题 10　程序设计基础

图 10-1-3-3　game.py 运行结果

项目总结

本项目以计算机程序设计员典型工作任务、学生技能大赛考点、1 + X 证书及全国计算机等级考试考点为基础，以开发应用程序的学习任务为中心，介绍了程序设计基础知识、程序设计语言和工具、程序设计方法和实践等内容。旨在通过完成这一任务，培养学习者完成相关工作任务的能力，增强他们的法治意识和科技创新意识，使他们具有良好的沟通能力、分析问题、解决问题的能力和严谨认真的工作态度。

项目拓展

1. 下载并安装 Python。
2. 分别使用交互方式和文件方式编写并运行代码，功能是输出"这是我的第一个程序"。
3. 编写程序判断一个年份是否为闰年。（提示：判断闰年的条件是能被 4 整除，但不能被 100 整除，或者能被 400 整除。）
4. 编写程序，计算 1 + 2 + 3 + … + 100 的和。

参考答案
（第 2 题命令方式）

参考答案
（第 2 题文件方式）

参考答案
（第 3 题）

参考答案
（第 4 题）

主题 11

大数据

  大数据是指无法在一定时间范围内用常规软件工具获取、存储、管理和处理的数据集合，具有数据规模大、数据变化快、数据类型多样和价值密度低四大特征。熟悉和掌握大数据相关技能，将会更有力地推动国家数字经济建设。本主题包含大数据基础知识、大数据系统架构、大数据分析算法、大数据应用及发展趋势等内容。

项目
大数据建设数字强国

项目介绍

通过本项目的学习，学习者能够了解大数据的概念与特征，学会虚拟机的配置、Linux 操作系统的安装，能够完成伪分布式 Hadoop 集群的创建，为具体工作过程中遇到的大数据任务提供必要的知识及技能支持，同时培养学习者精益求精的大国工匠精神，为数字强国贡献力量。

项目目标

1. 理解大数据的基本概念、结构类型和核心特征；
2. 了解大数据的时代背景、应用场景和发展趋势；
3. 熟悉大数据在获取、存储和管理方面的技术架构，熟悉大数据系统架构基础知识；
4. 掌握大数据工具与传统数据库工具在应用场景上的区别，初步具备搭建简单大数据环境的能力；
5. 了解大数据分析算法模式，初步建立数据分析概念；
6. 了解基本的数据挖掘算法，熟悉大数据处理的基本流程；
7. 熟悉典型的大数据可视化工具及其基本使用方法；
8. 了解大数据应用中面临的常见安全问题和风险，以及大数据安全防护的基本方法，自觉遵守和维护相关法律法规；
9. 培养精益求精的大国工匠精神；
10. 推进数字强国背景下的文化自信。

知识导图

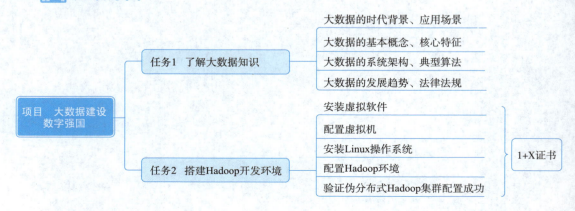

任务1　了解大数据知识

📋 任务引入

学习者通过本任务可以了解大数的据时代背景、应用场景，大数据的概念、特征，大数据的系统架构、典型算法，并且关注大数据的发展趋势、常见安全问题和风险，以及大数据安全防护的基本方法、相关法律法规，充分感受数字强国的力量。

📋 知识准备

1. 大数据的时代背景

2015年十八届五中全会"十三五"规划建议提出实施国家大数据战略，旨在全面推进我国大数据发展和应用，加快建设数据强国，推动数据资源开放共享，释放技术红利、制度红利和创新红利，促进经济转型升级。习近平总书记在十九届中共中央政治局第二次集体学习时的重要讲话中指出，"大数据是信息化发展的新阶段"，并做出了"推动大数据技术产业创新发展、构建以数据为关键要素的数字经济、运用大数据提升国家治理现代化水平、运用大数据促进保障和改善民生、切实保障国家数据安全"的战略部署，为我国构筑大数据时代国家综合竞争新优势指明了方向。

2. 大数据的应用场景

电商行业最早应用大数据，利用大数据进行精准营销。如今，在金融业、医疗行业、农牧渔业、生物技术、智慧城市各方面均有大数据的应用。可以说，大数据的应用已经遍及各个角落。

3. 大数据基本概念与特征

大数据是指无法在一定时间范围内用常规软件工具获取、存储、管理和处理的数据集合。大数据具有数据规模大、数据变化快、数据类型多样和价值密度低四大特征。大数据包括结构化、半结构化和非结构化数据，非结构化数据越来越成为数据的主要部分。据IDC的调查报告显示：企业中80%的数据都是非结构化数据，这些数据每年都按指数增长60%。

> **小贴士：**
> 2016年3月17日，《中华人民共和国国民经济和社会发展第十三个五年规划纲要》发布，其中第二十七章"实施国家大数据战略"中提出：把大数据作为基础性战略资源，全面实施促进大数据发展行动，加快推动数据资源共享开放和开发应用，助力产业转型升级和社会治理创新，具体包括：加快政府数据开放共享、促进大数据产业健康发展。

📋 任务实施

步骤1：了解数据分析理论

数据分析是指用适当的统计分析方法对收集来的大量数据进行分析,将它们加以汇总和理解并消化,以求最大化地开发数据的功能,发挥数据的作用。数据分析是为了提取有用信息和形成结论而对数据加以详细研究和概括总结的过程。数据分析的数学基础在 20 世纪早期就已确立,但直到计算机的出现才使实际操作成为可能,并使数据分析得以推广。数据分析是数学与计算机科学相结合的产物。大数据时代,数据分析真正地发挥了作用。

步骤 2:了解数据挖掘算法

数据挖掘是指从大量的数据中通过算法搜索隐藏于其中信息的过程。数据挖掘通常与计算机科学有关,并通过统计、在线分析处理、情报检索、机器学习、专家系统(依靠过去的经验法则)和模式识别等诸多方法来实现上述目标。数据挖掘算法是根据数据创建数据挖掘模型的一组试探法和计算。为了创建模型,算法将首先分析所提供的数据,并查找特定类型的模式和趋势。算法使用此分析的结果来定义用于创建挖掘模型的最佳参数。然后这些参数应用于整个数据集,以便提取可行模式和详细统计信息。

目前,数据挖掘的算法主要包括神经网络法、决策树法、遗传算法、粗糙集法、模糊集法、关联规则法等。

(1)神经网络法

神经网络法模拟生物神经系统的结构和功能,是一种通过训练来学习的非线性预测模型。它将每一个连接看作一个处理单元,试图模拟人脑神经元的功能,可完成分类、聚类、特征挖掘等多种数据挖掘任务。神经网络的学习方法主要表现在权值的修改上。其优点:具有抗干扰、非线性学习、联想记忆功能,对复杂情况能得到精确的预测结果。缺点:首先,不适合处理高维变量,不能观察中间的学习过程,具有"黑箱"性,输出结果也难以解释;其次,需较长的学习时间。神经网络法主要应用于数据挖掘的聚类技术中。

(2)决策树法

决策树是根据对目标变量产生效用的不同而建构分类的规则,通过一系列的规则对数据进行分类的过程。其表现形式类似于树形结构的流程图。最典型的算法是 Quinlan 于 1986 年提出的 ID3 算法,之后在 ID3 算法的基础上又提出了极其流行的 C4.5 算法。采用决策树法的优点是决策制订的过程是可见的,不需要长时间构造过程,描述简单,易于理解,分类速度快;缺点是很难基于多个变量组合发现规则。决策树法擅长处理非数值型数据,而且特别适合大规模的数据处理。决策树提供了一种展示类似在什么条件下会得到什么值这类规则的方法。比如,在贷款申请中,要对申请的风险大小做出判断。

(3)遗传算法

遗传算法模拟了自然选择和遗传中发生的繁殖、交配和基因突变现象,是一种采用遗传结合、遗传交叉变异及自然选择等操作来生成实现规则的、基于进化理论的机器学习方法。它的基本观点是"适者生存",具有隐含并行性、易于和其他模型结合等性质。主要的优点是可以处理许多数据类型,同时可以并行处理各种数据;缺点是需要的参数太多,编码困难,一般计算量比较大。遗传算法常用于优化神经元网络,能够解决其他技术难以解决的问题。

(4)粗糙集法

粗糙集法也称粗糙集理论,是由波兰数学家 Pawlak 在 20 世纪 80 年代初提出的,是一种新的处理含糊、不精确、不完备问题的数学工具,可以处理数据相关性发现、数据意义的评估等问题。其优点是算法简单，在其处理过程中可以不需要关于数据的先验知识，能够自动找出问题的内在规律；缺点是难以直接处理连续的属性，须先进行属性的离散化。因此，连续属性的离散化问题是制约粗糙集理论实用化的难点。粗糙集理论主要应用于近似推理、数字逻辑分析和化简、建立预测模型等问题。

（5）模糊集法

模糊集法是利用模糊集合理论对问题进行模糊评判、模糊决策、模糊模式识别和模糊聚类分析。模糊集合理论用隶属度来描述模糊事物的属性。系统的复杂性越高，模糊性就越强。

（6）关联规则法

关联规则反映了事物之间的相互依赖性或关联性。其最著名的算法是 Agrawal 等人提出的 Apriori 算法。其算法的思想是：首先找出频繁性至少和预定意义的最小支持度一样的所有频集，然后由频集产生强关联规则。最小支持度和最小可信度是为了发现有意义的关联规则给定的 2 个阈值。在这个意义上，数据挖掘的目的就是从源数据库中挖掘出满足最小支持度和最小可信度的关联规则。

步骤 3：了解大数据处理的基本流程

从大数据的生命周期来看，大数据采集、大数据预处理、大数据存储、大数据分析共同组成了大数据生命周期里最核心的技术。

步骤 4：了解大数据和传统数据的区别

大数据和传统数据的区别表现在：数据规模不同、内容不同、处理方式不同。

（1）数据规模不同

传统数据技术主要用于现有的存在于关系型数据库中的数据，这些数据的规模相对较小，可以利用数据库的分析工具进行处理。大数据的数据量非常大，不可能利用数据库分析工具进行分析。

（2）数据内容不同

传统数据主要在关系型数据库中分析，而大数据可以处理图像、声音、文件等非结构化数据。

（3）处理方式不同

数据规模大、非结构化数据这两个因素导致大数据在分析时不能取全部数据做分析，而是根据一些标签来抽取数据。

步骤 5：了解大数据系统架构

大数据系统架构包含内容涉及数据源、实时消息接收、数据存储、批处理和实时处理的组合、分析数据存储、分析或报告工具等。以 Hadoop 为例，其架构如图 11-1-1-1 所示。

步骤 6：了解大数据可视化工具

有用的数据可视化工具，可以帮助人们从大数据中得出结论。常见的可视化工具有：

Datawrapper：Datawrapper 是一个用于制作交互式图表的在线数据可视化工具。一旦从 CSV 文件上传数据或直接将其粘贴到字段中，Datawrapper 将生成一个条形、线或任何其他相关的可视化文件。许多记者和新闻机构使用 Datawrapper 将实时图表嵌入他们的文章中。

Tableau Public：Tableau Public 是最流行的可视化工具，它支持各种图表、图形、地图和其他图形。这是一个完全免费的工具，用它制作的图表可以很容易地嵌入任何网页中。

图 11-1-1-1 Hadoop 架构

Smartbi：Smartbi 作为成熟的大数据分析平台，具备可复用、动静结合独特的展示效果，使数据可视化，灵活强大，动静皆宜，为广大用户提供了无限的应用能力和想象空间。其支持使用 Excel 作为报表设计器，完美兼容 Excel 的配置项。支持 Excel 所有内置图形、背景图、条件格式等设计复杂的仪表盘样式，同时支持完整的 ECharts 图形库，支持各种各样的图形，包含瀑布图、关系图、雷达图、油量图、热力图、树图等几十种动态交互的图形，借助地理信息技术，还打造了地图分析功能。

Chart.js：Chart.js 是一个 HTML5 图表库，通过 HTML5 Canvas 元素绘制图表。虽然只有几种图表类型，却是爱好者和小型项目开发者钟爱的数据可视化工具。

Raw：Raw 将自己定义为"电子表格和矢量图形之间的缺失链接"。它建立在 D3.js 之上，是开源的，不需要任何注册。

Infogram：Infogram 可以在线创建图表和图标。它有一个有限的免费版本和两个付费选项，其中包括 200 多个地图、私人共享和图标库等功能。

Timeline JS：Timeline JS 可以创建美丽的时间线而无须编写任何代码。它是一个免费的开源工具，被 Time 和 Radiolab 等一些最受欢迎的网站所使用。

Plotly：Plotly 是一个基于 Web 的数据分析和绘图工具。它支持具有内置社交分享功能的图表类型的良好集合。可用的图表类型具有专业的外观和感觉。创建图表时，只需要加载信息并自定义布局、坐标轴、注释和图例。

Visualize Free：Visualize Free 是一个托管工具，允许使用公开可用的数据集，或者上传自己的数据集，并构建交互式可视化来演示数据。可视化远远超出简单的图表，而且服务是完全免费的。其开发工作需要使用 Flash，输出可以通过 HTML5 完成。

步骤 7：了解大数据的发展趋势

大数据在较长时期内仍将保持渐进式发展态势，数据处理能力的提升将远远落后于数据体量增长，"暗数据"现象将长期存在。大数据发展将呈现以下几种趋势：物联网、智慧城市、增强现实与虚拟现实、区块链技术、语音识别技术、人工智能。

步骤 8：了解大数据应用中的常见安全问题和风险

大数据安全虽然继承传统数据安全保密性、完整性和可用性三个特性，但也有其特殊性，因此有以下几个方面的问题和风险：个人隐私保护不够，跨境数据流动不通畅，传统安全措施难以适配当前需求，平台安全机制亟待改进，应用访问控制愈加复杂等。

步骤9：了解大数据安全防护的基本方法

对于大数据的安全防护，大体有如下几种方法：数据分类管理、访问控制、数据备份与恢复、网络安全防护、安全审计、安全培训等。

步骤10：了解相关法律法规

针对大数据安全的法律法规有《中华人民共和国网络安全法》《中华人民共和国数据安全法》《中华人民共和国个人信息保护法》《关键信息基础设施安全保护条例》《网络数据安全管理条例（征求意见稿）》《中华人民共和国电子商务法》以及各地方大数据法律文件。但这些法律法规提高了数据流通的成本，降低了数据综合利用的效率。当前全世界在数据治理中面临的共同课题是：如何在保障安全的前提下，提高大数据的使用效率与质量。面对大数据技术中的各种漏洞，应该既要遵纪守法，又要坚守道德底线，做有美德的公民。

任务 2　搭建 Hadoop 开发环境

任务引入

在大数据环境下遨游，需要有搭建简单大数据环境的能力。本任务从官方网站或者资源链接处下载各项安装包到本地，通过虚拟软件创建虚拟机，安装 Linux 操作系统，搭建伪分布式 Hadoop 集群。在完成任务过程中，培养精益求精的大国工匠精神。

知识准备

1. Hadoop 简介

Hadoop 是一个由 Apache 基金会开发的分布式系统基础架构。用户可以在不了解分布式底层细节的情况下开发分布式程序，充分利用集群的威力进行高速运算和存储。Hadoop 实现了一个分布式文件系统（Distributed File System），其中一个组件是 HDFS（Hadoop Distributed File System）。HDFS 有高容错性的特点，并且设计用来部署在低廉的硬件上；同时，它提供高吞吐量来访问应用程序的数据，适合那些有着超大数据集的应用程序。HDFS 放宽了 POSIX 的要求，能够以流的形式访问文件系统中的数据。Hadoop 框架最核心的设计就是 HDFS 和 MapReduce。HDFS 为海量的数据提供了存储，而 MapReduce 则为海量的数据提供了计算。

2. Hadoop 的优点

Hadoop 是一个能够让用户轻松使用的分布式计算平台。用户可以在 Hadoop 上开发和运行处理海量数据的应用程序。它主要有以下几个优点：

➢ 高可靠性。Hadoop 按位存储和处理数据的能力值得人们信赖。

➢ 高扩展性。Hadoop 是在可用的计算机集簇间分配数据并完成计算任务的，这些集簇可以方便地扩展到数以千计的节点中。

➢ 高效性。Hadoop 能够在节点之间动态地移动数据，并保证各个节点的动态平衡，因此处理速度非常快。
> 高容错性。Hadoop 能够自动保存数据的多个副本，并且能够自动将失败的任务重新分配。
> 低成本。Hadoop 是开源的，项目的软件成本因此会大大降低。Hadoop 带有用 Java 语言编写的框架，因此运行在 Linux 生产平台上是非常理想的。Hadoop 上的应用程序也可以使用其他语言编写，比如 C ++。

任务实施

步骤 1：下载 VMware 虚拟软件工作站播放器。使用浏览器打开 VMware 的官方中文网站，如图 11 − 1 − 2 − 1 所示，地址为 https：//www.vmware.com/cn.html。单击"资源"项，在列表中选择"产品试用"，然后在搜索栏输入"workstation"，选择"VMware Workstation Pro"，单击下载页面中的"选择适用于 Windows 的 Workstation 17 Pro"，单击"立即下载"按钮，打开保存下载任务的文件夹，可以看见"VMware − workstation − full − 17.0.0 − 20800274"文件，表明虚拟软件工作站播放器已保存到本地磁盘。

图 11 − 1 − 2 − 1　VMware 的官方中文网站首页

步骤 2：安装 VMware 虚拟软件工作站播放器。双击下载的安装包，按照安装向导（图 11 − 1 − 2 − 2）进行安装。安装成功后单击"完成"按钮，桌面上出现"VMware Workstation 16 Player"快捷方式图标。

步骤 3：配置虚拟机。双击桌面上的"VMware Workstation 16 Player"快捷方式图标，打开工作站播放器，在工作界面中选择"创建新虚拟机"，如图 11 − 1 − 2 − 3 所示。根据向导提示进行虚拟机配置。

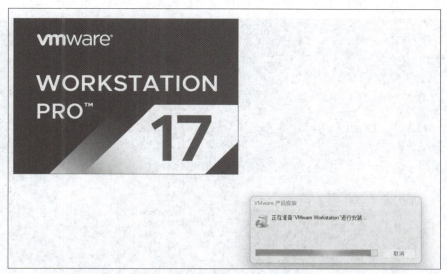

图 11-1-2-2　安装 VMware 虚拟软件工作站播放器

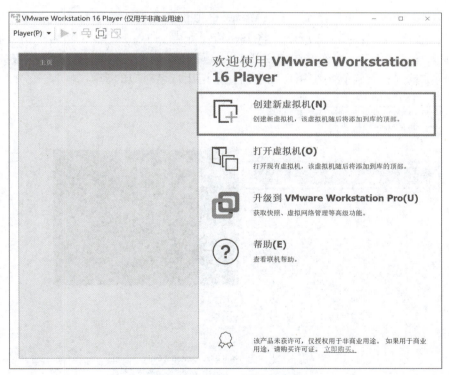

图 11-1-2-3　配置虚拟机

在配置虚拟机的过程中,一定要注意,在"选择客户机操作系统"页中,"版式"项一定要选择 CentOS 7 64 位。

步骤 4:下载 CentOS 安装映像文件。登录 CentOS 官网,网址为 www.centos.org。在官网首页选择翻译服务,然后单击"下载"按钮,如图 11-1-2-4 所示。

图 11-1-2-4　CentOS 官网首页

步骤5：安装 Linux 操作系统。在 VMware 虚拟机播放器中选中虚拟机，单击"编辑虚拟机设置"，如图 11-1-2-5 所示。将 ISO 镜像配置到 DVD 光盘，然后单击"播放虚拟机"。根据向导安装 Linux 操作系统。安装 Linux 操作系统时，选择"带 GUI 的服务器"，并且勾选各附加选项；要设置系统用户和密码，牢记用户名对应的密码。

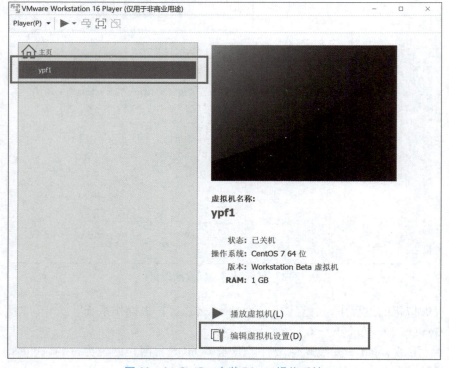

图 11-1-2-5　安装 Linux 操作系统

步骤6：配置 Linux 系统。在 VMware 工作站播放器中，选中安装好的虚拟机，打开终端，如图 11-1-2-6 所示。通过 Shell 终端命令配置环境变量。对系统进行联网，修改主机名和 IP 映射，然后安装 JDK，添加 Hadoop 管理员账户，设置 SSH 免密登录，关闭防火墙，关闭 SELinux，为 Hadoop 的安装做好准备。扫码查看 Linux 系统配置详情。

操作演示

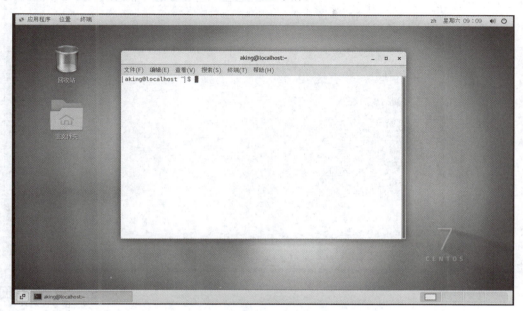

图 11-1-2-6　设置 Hadoop 部署前环境变量

步骤7：下载 Hadoop 映像文件。登录 Hadoop 官网，网址为 https://hadoop.apache.org/，单击"Download"按钮，如图 11-1-2-7 所示。

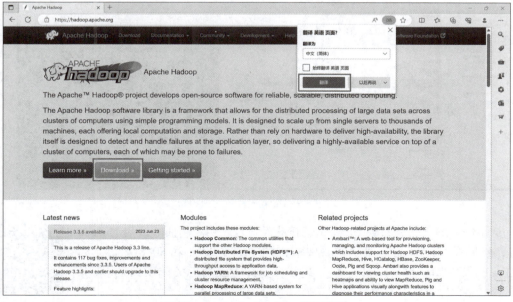

图 11-1-2-7　Hadoop 官网首页

步骤8:安装Hadoop。在本地机中下载WinSCP软件,将Hadoop安装包传到虚拟机的Linux系统中。在虚拟机上打开终端,如图11-1-2-8所示。解压Hadoop压缩包,修改Hadoop目录所有者,配置Hadoop系统环境变量并使之生效。

操作演示

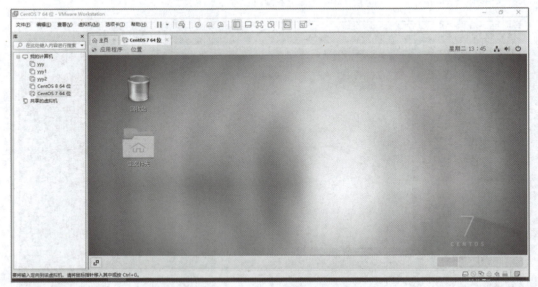

图11-1-2-8 Hadoop单机版配置官网首页

步骤9:部署伪分布式的Hadoop集群。在VMware虚拟软件工作站播放器中,选中安装好的虚拟机,克隆一台新的虚拟机,如图11-1-2-9所示。将其设置成Hadoop的分布式模式。

操作演示

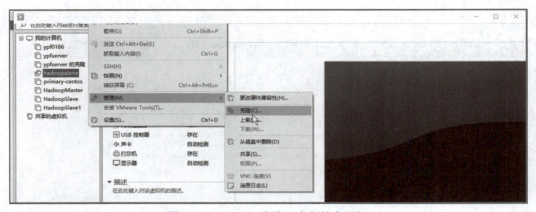

图11-1-2-9 克隆一台新的虚拟机

步骤10:测试伪分布式Hadoop集群是否安装成功。用命令开启Hadoop服务,然后在Firefox浏览器中查看虚拟机的9870、9864和8088端口,如图11-1-2-10~图11-1-2-12所示。验证成功后关闭Hadoop服务进程。

操作演示

图 11−1−2−10　查看虚拟机 9870 端口

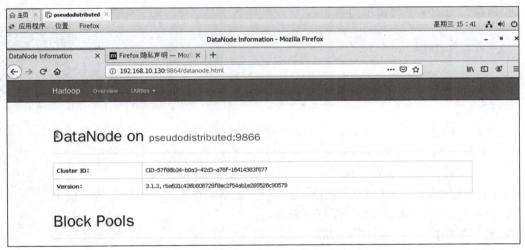

图 11−1−2−11　查看虚拟机 9864 端口

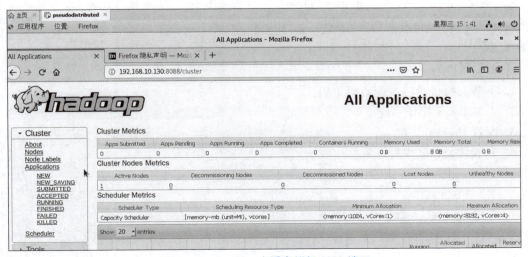

图 11−1−2−12　查看虚拟机 8088 端口

任务单

查看并填写任务单。

任务单

项目评价

查看并填写任务评价表。

任务评价表

项目总结

本项目以 1+X 大数据应用开发证书考点为出发点，以部署伪分布式 Hadoop 集群的学习任务为中心，介绍了大数据的概念、特征、时代背景、应用场景以及数据挖掘算法、大数据的基本流程、大数据基本架构等，使学习者掌握大数据和传统数据的区别。通过部署伪分布式 Hadoop 集群实例，使学习者真正接触到大数据环境。同时，培养学习者精益求精的大国工匠精神，为数字强国贡献力量。

任务拓展

知识拓展

【多选题】

参考答案

1. 大数据是指无法在一定时间范围内用常规软件工具（　　）的数据集合。
   A. 获取   B. 存储   C. 管理   D. 处理

2. 大数据具有（　　）特征。
   A. 数据规模大   B. 数据变化快   C. 数据类型多样   D. 价值密度低

3. 以下（　　）是常用的数据挖掘算法。
   A. 神经网络法   B. 决策树法   C. 遗传算法   D. 模糊集法

4. 以下（　　）是大数据可视化工具。
   A. Datawrapper   B. Tableau Public   C. Smartbi   D. Chart.js

5. 在（　　）各方面均有大数据的应用。
   A. 金融业   B. 医疗行业   C. 生物技术   D. 智慧城市

能力拓展

1. 下载虚拟机软件并配置虚拟机。
2. 安装 Linux 操作系统。
3. 配置 Hadoop 环境。
4. 完成伪分布式集群配置。

主题 12

人工智能

人工智能是研究、开发用于模拟、延伸和扩展人的智能的理论、方法、技术及应用系统的一门新的技术科学。熟悉和掌握人工智能相关技能，是建设未来智能社会的必要条件。本主题包含人工智能基础知识、人工智能核心技术、人工智能技术应用等内容。

项目
人工智能改善国计民生

项目介绍

本项目通过三个任务从了解人工智能基本概念到熟悉人工智能核心技术，最后熟悉一些人工智能的实际应用，从而使学习者对人工智能有所了解，切实感受数字强国环境下人工智能对改善国计民生的重要作用，推进数字强国背景下的文化自信自强。

项目目标

1. 了解人工智能的定义、基本特征和社会价值；
2. 了解人工智能的发展历程，及其在互联网及各传统行业中的典型应用和发展趋势；
3. 熟悉人工智能技术应用的常用开发平台、框架和工具，了解其特点和适用范围；
4. 熟悉人工智能技术应用的基本流程和步骤；
5. 能辨析人工智能在社会应用中面临的伦理、道德和法律问题；
6. 推进数字强国背景下的文化自信。

知识梳理

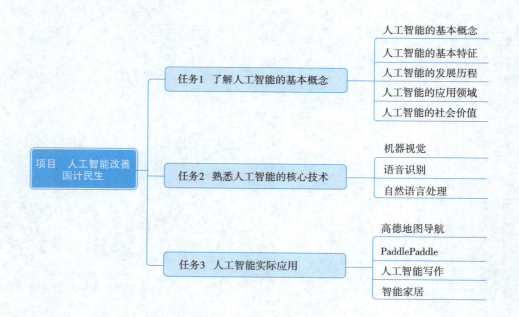

主题 12 人工智能

任务 1　了解人工智能的
基本概念

任务 2　熟悉人工智能的
核心技术

任务 3　人工智能
实际应用

任务单

查看并填写任务单。

项目评价

任务单

任务评价表

查看并填写任务评价表。

项目总结

本项目从了解人工智能基本概念到熟悉人工智能核心技术,最后熟悉一些人工智能的实际应用,介绍了人工智能的基本概念、支撑技术、发展史、实际应用和前景等内容。学习者通过完成任务,了解人工智能的伦理道德,增强法治意识和科技创新意识,推进数字强国背景下的文化自信。

任务拓展

参考答案

知识拓展

【多选题】

1. 人工智能需要（　　）技术支撑。
   A. 大数据　　　　B. 云计算　　　　C. 5G　　　　D. 物联网
2. 人工智能广泛应用于（　　）。
   A. 自然语言处理　B. 智能安防　　　C. 医疗　　　D. 交通
3. 机器视觉的应用主要有（　　）两个方面。
   A. 检测　　　　　B. 机器人视觉　　C. 自然语言处理　D. 语音识别
4. 下面是人工智能应用的是（　　）。
   A. PaddlePaddle　B. 高德地图　　　C. 百度搜索　　　D. 小米音箱
5. 下面活动是人工智能需要实现的是（　　）。
   A. 感知　　　　　B. 判断　　　　　C. 推理　　　　　D. 证明

能力拓展

1. 使用高德地图搜索附近的博物馆。
2. 利用人工智能写作,形成一篇介绍数字强国的文章。

主题 13

云计算

云计算是一种利用互联网实现随时随地、按需、便捷地使用和共享计算设施、存储设备、应用程序等资源的计算模式。熟悉和掌握云计算技术及关键应用，是助力新基建、推动产业数字化升级、构建现代数字社会、实现数字强国的关键技能之一。本主题包含云计算基础知识和模式、技术原理和架构、主流产品和应用等内容。

项目
用云计算解决实际问题

项目介绍

本项目通过介绍云计算基础知识和模式、技术原理和架构、主流产品和应用等内容，走进云计算世界，体验云服务，用云计算解决实际问题。同时，强化学习者的信息素养，为数字强国贡献力量。

项目目标

1. 理解云计算的基本概念，了解云计算的主要应用行业和典型场景；
2. 熟悉云计算的服务交付模式；
3. 熟悉云计算的部署模式；
4. 了解分布式计算的原理，熟悉云计算的技术架构；
5. 了解云计算的关键技术；
6. 了解主流云服务商的业务情况，熟悉主流云产品及解决方案；
7. 能合理选择云服务，熟悉典型云服务的配置、操作和运维。

知识导图

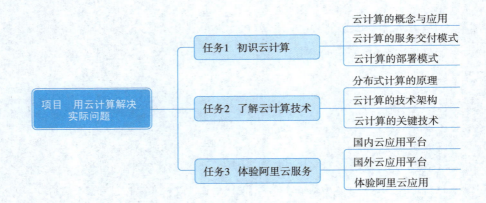

主题13 云计算

任务1　初识云计算

任务2　了解云计算技术

任务3　体验阿里云服务

📺 任务单

查看并填写任务单。

📺 任务评价

任务单

任务评价表

查看并填写任务评价表。

📺 任务总结

本项目通过介绍云计算基础知识和模式、技术原理和架构、主流产品和应用等内容，走进云计算世界，体验云服务，用云计算解决实际问题。同时强化学习者的信息素养，为数字强国贡献力量。

📺 任务拓展

知识拓展

【多选题】

知识拓展答案

1. 我国云计算的领域有（　　　）。
   A. 医疗　　　　　B. 金融　　　　　C. 教育　　　　　D. 农业
2. 云计算服务交付模式有（　　　）。
   A. 基础设施即服务　B. 平台即服务　　C. 软件即服务　　D. 云即服务
3. 云计算的部署模式有（　　　）。
   A. 公有云　　　　B. 私有云　　　　C. 混合云　　　　D. 整体云
4. 一般来说，公认的云架构划分为（　　　）三个层次。
   A. 基础设施层　　B. 平台层　　　　C. 软件服务层　　D. 安全层
5. （　　　）是中国的云服务商。
   A. 百度云　　　　B. 阿里云　　　　C. 谷歌云平台　　D. 西部数码

📺 任务拓展

1. 在搜索引擎上查找更多云服务平台。
2. 在搜索引擎上查看农业云、工业云等云计算在各行业的应用。畅想一下，未来的云世界会是什么样？

主题 14

现代通信技术

　　现代通信技术是信息技术的重要组成部分，为信息技术的发展提供着重要支撑。它不仅在数据通信网络中得到广泛应用，互联网、物联网、智能移动终端、高清数字媒体、VR/AR 等，也都是借助现代通信技术才得以兴起。现代通信技术的发展改变了人们的生活方式和工作方式，未来的通信网络将以更灵活、更可靠、智能化的方式为用户提供信息通信服务。

　　《河北省国民经济和社会发展第十四个五年规划和二〇三五年远景目标纲要》中明确提出，"要加快新型信息基础设施建设，提升信息通信网络的支撑能力和融合服务能力"，现代通信技术作为现代产业体系的重要组成部分，对提升河北省的产业水平具有至关重要的作用。现代通信技术的发展是推动河北省产业升级和转型的重要力量，只有不断加强通信基础设施建设和新一代信息技术的研发与应用，才能更好地适应信息化社会的发展需求，实现经济社会的可持续发展。

　　本主题包括"认识通信技术""了解 5G 技术"两个项目，可以帮助学习者深入了解通信技术，了解 5G 的发展与应用，培养学习者的创新意识，激发创新思维，树立科技报国的职业理想。

项目 1
认识通信技术

项目介绍

通信技术是实现信息传递的一门科学技术。通信技术的发展与社会生活息息相关，与政治、经济、文化等领域的发展都有着密不可分的联系。通过与计算机技术相结合，通信技术的发展已经进入一个新的阶段。现代通信技术的发展不仅有助于提高通信网络的质量，加快信息传播的速度，扩大通信网络的规模，以5G为代表的现代通信技术更是中国新基建的重要助力者。

本项目包括通信技术的相关概念、现代通信技术的发展和移动通信技术等内容。

项目目标

1. 掌握通信的概念；
2. 掌握信号的概念及分类；
3. 掌握通信技术的概念；
4. 了解现代通信技术；
5. 了解现代通信技术的特点；
6. 了解现代通信技术的发展趋势；
7. 了解现代通信技术与其他信息技术的融合；
8. 掌握移动通信的概念；
9. 了解移动通信的特点；
10. 了解移动通信的发展历程；
11. 培养创新意识，激发创新思维；
12. 增强科技兴国的使命感和责任感。

知识导图

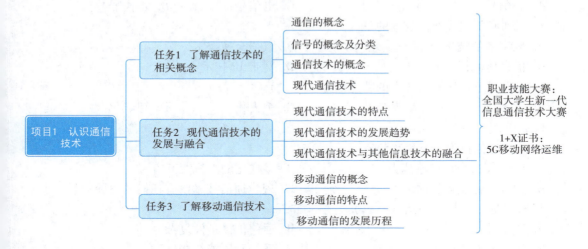

任务1 了解通信技术的
相关概念

任务2 现代通信技术的
发展与融合

任务3 了解移动
通信技术

任务单

查看并填写任务单。

任务单

项目评价表

项目评价

查看并填写项目评价表。

项目总结

通过本项目的学习,学习者掌握了通信技术的相关概念,了解了现代通信技术的发展以及移动通信技术等相关内容,在激发学习者创新思维的同时,增强其科技兴国的使命感和责任感。

移动通信技术

任务拓展

知识拓展

完成题目,加深知识理解和记忆。

知识拓展答案

【多选题】

1. 从广义上讲，信号包含（　　）。
   A. 光信号　　　　　B. 声信号　　　　　C. 电信号　　　　　D. 水信号
2. 下列属于现代通信技术的是（　　）。
   A. 数字通信技术　　　　　　　　　B. 数据交换技术
   B. 信息传输技术　　　　　　　　　D. 宽带 IP 技术
3. 下列属于现代通信技术的特点的是（　　）。
   A. 宽带化　　　　　B. 数字化　　　　　C. 个人化　　　　　D. 智能化
   E. 全球化
4. 现代通信技术的发展趋势有（　　）。
   A. 更强大的信息传输能力　　　　　B. 多样化的人机交互方式
   B. 融合多种业务和网络　　　　　　D. 现代通信技术没有任何的发展前景
5. 移动通信的特点包括（　　）。
   A. 移动性　　　　　　　　　　　　B. 通信传播条件复杂
   B. 噪声和干扰严重　　　　　　　　D. 系统和网络结构复杂
   E. 技术设备要求高

能力拓展

1. 深入了解通信技术的发展历程；
2. 了解 1G 至 4G 使用的各种核心技术。

项目 2
了解 5G 技术

一、项目介绍

随着移动互联网的不断发展，用户对高清视频、虚拟现实等网络体验的需求不断提升，信息传输速度的提升成为新一轮科技革命的关键。为满足"万物互联"的发展需求，同时降低网络时延，提升吞吐量，5G 移动通信技术应运而生。

早在 2013 年，中国就开始布局 5G 研究，2019 年，工信部正式向中国电信、中国移动、中国联通、中国广电发放 5G 商用牌照，标志着中国正式进入 5G 商用时代。

本项目包括 5G 的概念及特点、5G 的应用场景、5G 的关键技术等内容。

二、项目目标

1. 掌握 5G 的概念；
2. 了解 5G 的特点；
3. 了解我国 5G 的发展现状；
4. 了解 5G 的应用场景；
5. 了解 5G 的关键技术；
6. 培养学生的创新能力；
7. 树立科技报国的职业理想。

三、知识导图

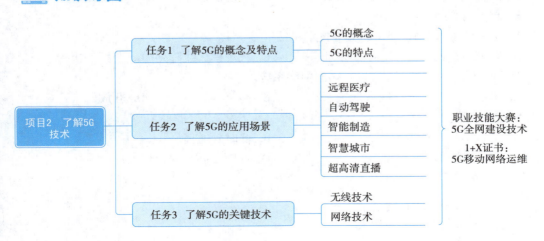

任务1 了解5G的概念及特点　　任务2 了解5G的应用场景　　任务3 了解5G的关键技术

任务单

查看并填写任务单。

项目评价

任务单　　项目评价表

查看并填写项目评价表。

项目总结

通过本项目的学习,学习者了解了我国世界领先的5G技术及常见的5G应用场景,在激发学生爱国热情和民自豪感的同时,培养学生的创新意识,树立科技报国的职业理想。

5G 技术

任务拓展

知识拓展答案

知识拓展

完成题目,加深知识理解和记忆。

【多选题】

1. 5G 具有（　　）的特点。
   A. 高速率　　　　　　B. 低时延　　　　　　C. 大容量　　　　　　D. 低功耗
2. 目前,5G 的应用场景包括（　　）。
   A. 远程医疗　　　　　B. 自动驾驶　　　　　B. 智能制造　　　　　D. 智慧城市
   E. 超高清直播
3. 在无线技术领域,5G 的关键技术包括（　　）。
   A. 超密集组网　　　　B. 新型多址　　　　　C. 大规模天线阵列　D. 全频谱接入
4. 5G 网络是一种更加（　　）的网络系统。
   A. 灵活　　　　　　　B. 智能　　　　　　　C. 高效　　　　　　　D. 开放
5. 全频谱接入技术具有（　　）的特点。
   A. 增强型移动宽带　　　　　　　　　　　　B. 低时延通信
   B. 高效新波形　　　　　　　　　　　　　　D. 低频和高频混合接入

能力拓展

1. 深入了解 5G 在日常生活中的应用;
2. 深入了解 5G 的关键技术。

主题 15

物联网

　　随着社会的发展和科技的进步,物联网已经成为日常生活和工作中不可或缺的一部分。物联网是将各种信息传感设备与网络结合起来而形成的一个巨大网络,以实现在任何时间、任何地点,人、机、物的相互连通。物联网综合运用多种新兴技术,突破了互联网中人与人通信的限制,使通信能力扩展到人与物、物与物。物联网的发展不仅改变了与物体的交互方式,还为各行各业带来了前所未有的机遇与挑战。加快发展物联网,建设高效顺畅的流通体系,降低物流成本,已经成为建设现代化产业体系中的重要一环。

　　《河北省国民经济和社会发展第十四个五年规划和二〇三五年远景目标纲要》中明确指出,"要推动物联网技术创新和应用,促进物联网与制造业、服务业的深度融合,提升物联网产业的核心竞争力"。此外,规划中还提到,"要推动物联网技术在智慧城市、智能制造、智慧物流、智慧交通、智能医疗等领域的应用,打造一批具有示范效应的物联网应用项目",为今后物联网及其相关产业的发展指明了方向。

　　本主题包括"初识物联网"和"物联网的体系架构及关键技术"两个项目,可以帮助学习者认识物联网,了解物联网的体系架构和关键技术,培养学习者的创新意识,让学习者体会数字强国背景下的文化自信自强,培养学习者科技强国、强国有我的责任感和使命感。

项目 1　初识物联网

项目介绍

随着通信技术、计算机技术和互联网的不断发展，移动通信正在从人与人（H2H）向人与物（H2M）、物与物（M2M）的方向发展，万物互联成为移动通信发展的必然趋势。物联网正是在此背景下应运而生的，其被认为是继计算机、互联网之后，世界信息产业的第三次浪潮。

物联网作为新一代信息技术的重要组成部分，垂直赋能传统行业从生产到产品再到服务的整体转型升级，以技术改变生产关系，提升经济发展质量。物联网的发展促进了社会的进步，改变了人们的生活和工作方式。"十二五""十三五"建设期间，各级政府和科研单位便开始携手探索和构建物联网产业生态链，并将物联网技术作为支撑"网络强国"等国家战略的重要基础。在《中华人民共和国国民经济和社会发展第十四个五年规划和2035年远景目标纲要》中，更是多次提到对物联网及其相关产业的发展要求，明确了发展方向，国家对发展物联网的重视程度由此可见一斑。

本项目包括物联网的概念及特点、物联网的应用领域以及物联网的发展前景等内容。

项目目标

1. 掌握物联网的概念；
2. 了解物联网的特征；
3. 了解物联网的应用领域；
4. 了解物联网的发展前景；
5. 培养创新意识，激发创新思维；
6. 增强科技强国、强国有我的信念。

知识导图

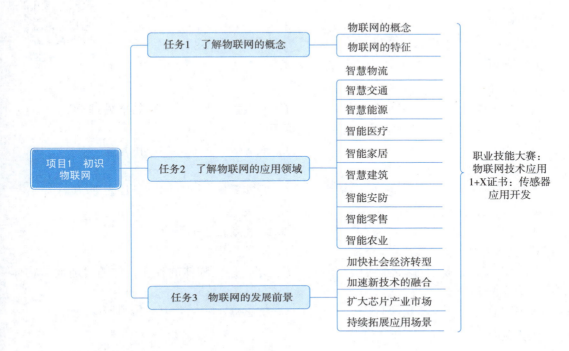

任务1 了解物联网的概念

任务2 了解物联网的应用领域

任务3 物联网的发展前景

任务单

查看并填写任务单。

项目评价

查看并填写项目评价表。

任务单

项目评价表

项目总结

通过本项目的学习,学习者掌握了物联网的相关概念,了解了物联网的特征及主要应用领域,使学习者在体会科技让生活更加美好的同时,激发学习者科技报国的爱国情怀,培养学习者努力学习、不断创新、勇担重任、强国有我的责任感和使命感。

认识物联网

任务拓展

知识拓展

完成题目,加深知识理解和记忆。

知识拓展答案

【多选题】

1. 物联网具有（   ）的特征。
   A. 全面感知　　　　B. 可靠传输　　　　C. 制造加工　　　　D. 智能处理
2. 目前,物联网被广泛应用在（   ）等领域。
   A. 物流　　　　　　B. 交通　　　　　　C. 能源　　　　　　D. 医疗
3. 通过物联网,可以实现（   ）。
   A. 智能家居　　　　B. 智能安防　　　　C. 智能零售　　　　D. 智能农业
4. 物联网的发展前景有（   ）。
   A. 加快社会经济转型　　　　　　　　　B. 加速新技术的融合
   C. 扩大芯片产业市场　　　　　　　　　D. 持续拓展应用场景
5. 全面感知,是通过综合应用（   ）等技术,感知物体的存在,并随时随地对物体进行信息采集和获取。
   A. RFID　　　　　　B. GPS　　　　　　C. 传感器　　　　　D. 传感器网络

能力拓展

1. 深入了解物联网的起源与发展;
2. 深入了解物联网与其他网络之间的关系。

项目 2
物联网的体系架构及关键技术

📋 项目介绍

随着物联网应用需求的不断发展,各种新技术将逐渐融入物联网体系,构建科学、合理的体系架构是物联网持续健康发展的重要基础和支撑。

本项目包括物联网的体系架构和物联网的关键技术等内容。

📋 项目目标

1. 了解物联网的感知层;
2. 了解物联网的网络层;
3. 了解物联网的应用层;
4. 了解物联网感知层的关键技术;
5. 了解物联网网络层的关键技术;
6. 了解物联网应用层的关键技术;
7. 培养学习者的创新意识;
8. 增强学习者科技兴国的使命感和责任感。

📋 知识导图

任务1　了解物联网的体系架构

任务2　了解物联网的关键技术

📋 任务单

查看并填写任务单。

📋 项目评价

任务单　　项目评价表

查看并填写项目评价表。

📋 项目总结

通过本项目的学习,学习者了解了物联网的体系架构和物联网的关键技术,培养了学习者的创新精神,提高了学习者的科技创新能力,教育引导学习者树立科技强国的信念。

📋 任务拓展

知识拓展

完成题目,加深知识理解和记忆。

知识拓展答案

【单选题】

下列不是物联网应用层的关键技术的是（　　）。

A. 海量信息存储　　B. 自动识别技术　　C. 数据挖掘技术　　D. 数据库技术

【多选题】

1. 物联网的体系架构由（　　）组成。

   A. 传输层　　　　B. 感知层　　　　C. 网络层　　　　D. 应用层

2. （　　）是基于感知层技术的物联网应用。

   A. 高速公路不停车收费系统　　　　B. 超市仓储管理系统
   C. 煤矿环境监测系统　　　　　　　D. 汽车报警器

3. 网络层负责把感知层获取到的数据（　　）地传输给应用层。

   A. 高效　　　　　B. 稳定　　　　　C. 及时　　　　　D. 安全

4. 物联网网络层的关键技术包括（　　）。

   A. 局域网技术　　　　　　　　　　B. 广域网技术
   C. 移动通信技术　　　　　　　　　D. 短距离无线通信技术
   E. 无线局域网技术

能力拓展

深入了解物联网体系架构各层的关键技术。

主题 16

数字媒体

　　随着信息技术的快速发展，人们接收到的信息在呈现方式上发生了巨大的变化，逐渐由单一媒体到多媒体融合发展，在这一过程中，数字媒体被广泛应用到各个领域，数字媒体技术也成为数字经济发展的重要驱动。本主题以介绍如何制作企业宣传片为例，使学习者理解数字媒体的概念，掌握数字媒体技术。

项目
制作秦东志升科技有限公司宣传片

项目介绍

本项目介绍如何使用剪映软件制作企业宣传片，并通过 HTML5 技术在网页上发布，使学习者能够了解数字媒体和数字媒体技术的概念，掌握数字文本、数字图像、数字音频和视频的处理技术，掌握 HTML5 应用的制作和发布方法，能够制作简单数字媒体作品并发布，为具体工作过程中遇到的相关任务提供必要的知识及技术技能支持，同时提高学习者的人文素质、道德意识、科技创新精神及社会责任感等，为数字强国贡献力量。

本项目的学习内容能够对后期剪辑师岗位、数字媒体相关职业技能大赛及 1+X 证书提供有力的支撑。

项目目标

1. 理解数字媒体和数字媒体技术的概念；
2. 了解 HTML5 应用的新特性；
3. 熟练掌握剪映的下载及安装方法；
4. 熟练掌握剪映的基本操作；
5. 掌握数字文本、声音、图像、视频的编辑方法；
6. 掌握 HTML5 应用的制作和发布方法；
7. 培养学习者法治意识和知识产权保护意识，使用正版软件；
8. 培养学习者良好的沟通能力和团队精神；
9. 培养学习者分析问题、解决问题的能力和严谨认真的工作态度。

知识导图

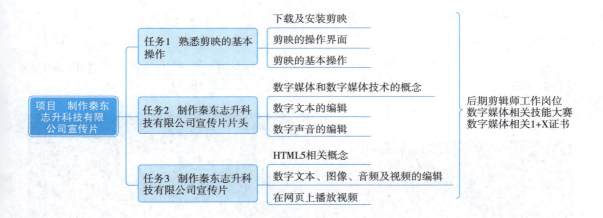

任务1 熟悉剪映的基本操作

任务引入

操作演示

在 B 公司技术部工作的小赵团队接到一个新的项目，即制作秦东志升科技有限公司宣传片并发布到该公司网站。

这是一个系统工程，团队需要首先与该公司进行沟通，明确制作需求，而后撰写文稿编写脚本、进行场景策划及布置，再根据文稿所要表达的主题及具体内容来拍摄、搜集素材，如背景音乐、图片及视频等，最后进行后期编辑、制作及发布。制作流程如图 16-1-1-1 所示。

图 16-1-1-1 宣传短片制作流程图

小赵在团队中负责素材编辑、后期制作及发布等工作，工作要求如下：
1. 宣传片要内容健康，主题突出，视听效果良好；
2. 内容要包括片头、视频主体和片尾，每个部分又包括图片、视频、字幕、配音和配乐等。

公司为小赵配备了新的电脑，他需要先从剪映官方网站下载安装包，将其安装到本地，以便完成后续工作。

知识准备

剪映是一款全能易用的剪辑软件，支持在手机移动端、Pad 端、Mac 电脑、Windows 电脑全终端使用。在本项目中,主要介绍剪映在 Windows 电脑端的使用方法,需要注意的是,剪映仅支持 Win7 及以上系统。

任务实施

步骤 1:安装剪映专业版。

使用浏览器打开剪映的官网,地址是 http://www.capcut.cn,将安装包下载到本地磁盘。运行剪映专业版,安装到"我的电脑"。下载安装示意图如图 16-1-1-2 所示。

图 16-1-1-2　剪映下载安装示意图

步骤 2:熟悉剪映的操作界面。

在音视频编辑界面中,分为素材面板、播放器面板、时间线面板和功能面板四个区域,如图 16-1-1-3 所示。

图 16-1-1-3　剪映音视频编辑界面

①素材面板区主要放置本地素材及剪映自带的海量线上素材;

②播放器面板可以预览素材;

③时间线面板可以对素材进行基础的编辑操作,如导入素材到时间轴、裁剪素材、调整素材位置及轨道等;

④功能面板可以对素材进行等更高阶的设置和操作。

步骤3:熟悉剪映的基本操作。

(1)创建草稿

打开剪映,首先进入的是欢迎界面,单击"开始创作"按钮创建草稿,同时进入音视频编辑界面。当关闭音视频编辑界面后,剪映会把草稿自动保存到剪辑草稿区。

(2)导入素材

在素材面板中单击"导入素材"按钮即可导入本地素材,方便后续剪辑。

(3)编辑素材

素材面板中的素材可以拖曳到时间轴上,然后在时间轴上对素材进行排列、修剪等基础操作,也可以在功能面板上对素材进行编辑操作。

(4)添加效果

在素材面板中为视频片段添加贴纸、特效及转场等效果。

(5)色彩调节

在滤镜库中选择滤镜对图像进行调节,增加画面的美感,同时可以通过调节功能对视频色彩进行基础参数调节,以实现最优色彩风格。

(6)添加字幕

单击素材面板中的"文本"按钮,可以看到新建文本、智能字幕、识别歌词等,能为视频添加不同类型的字幕。

(7)导出视频

视频剪辑完成后,单击右上角的"导出"按钮,导出的视频文件默认会保存在电脑剪映的导出目录下,用户也可以自定义导出路径,设置完成后即可导出视频。

> **小贴士:**
> 剪映专业版除了有强大的编辑功能外,还设置了很多快捷键,让剪辑更加高效,具体的快捷键可以通过单击编辑界面右上角的"快捷键"图标详细查看。

任务2 制作秦东志升科技有限公司宣传片片头

📖 任务引入

根据企业的要求,小赵团队前期已经完成了脚本的编写、素材的拍摄和搜集等工作,现在由小赵负责进行后期编辑。宣传片结构包括片头、视频主体和片尾,素材内容包括企业海报、录制的视频、拍摄的照片、宣传文字等,在本任务中,小赵要制作宣传片片头部分。

操作演示

知识准备

数字媒体：数字媒体是指以二进制数的形式记录、处理、传播、获取过程的信息载体，这些载体包括数字化的文字、图形、图像、声音、视频影像和动画等感觉媒体及其表示媒体等，以及存储、传输、显示逻辑媒体的实物媒体。

数字媒体技术：数字媒体技术是指利用现代计算机和通信手段，综合处理文字、图像、图形、音频和视频等信息，将它们处理为可感知、可管理和可交互的数字媒体信息的技术。

任务实施

步骤1：制作片头动画

打开剪映，单击"开始创作"按钮，新建一个草稿。在素材库中，可以根据需要选择软件自带的片头，这里选择"炫酷粒子光线转场"，如图16-1-2-1所示。

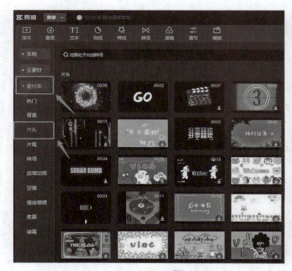 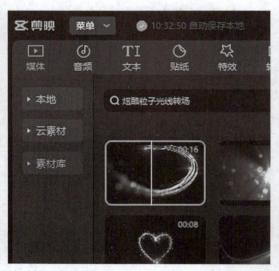

图16-1-2-1　素材"炫酷粒子光线转场"

将其拖曳到时间轴上后，可以看到现有视频是16秒，根据需要，使用"分割"按钮在时间轴上将视频进行分割，将不需要的部分删除，最后剪辑成8秒，如图16-1-2-2所示。

步骤2：编辑宣传片标题

在素材面板中单击"文本"按钮 TI ，可以看到"新建文本"及"花字"，选择"花字"，将选中的样式拖曳到时间轴上片头之后，剪映会将文本添加到一个新的轨道。

在功能面板中，可以对其进行编辑，将文本内容修改为"秦东志升科技有限公司宣传片"，并对其字号、颜色、位置等进行适当的设置，如图16-1-2-3所示。

为了后续设置转场效果，再将素材库中的"黑场"素材添加到主时间轴上，并调整"黑场"和文本的播放时间相同，这里将其调整为3秒，如图16-1-2-4所示。

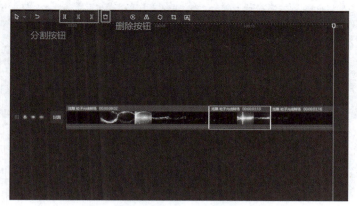

图 16－1－2－2 分割视频

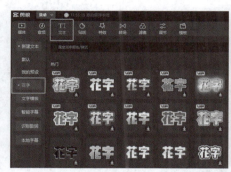

图 16－1－2－3 宣传片标题文本设置

图 16－1－2－4 设置"黑场"效果

单击素材面板中的"转场"按钮,将"翻页"效果拖动到片头动画和"黑场"之间,设置其时长为 1 秒,形成翻页的转场效果。

步骤 3:为片头配乐

在素材面板中单击"音频"按钮,在"音效素材"中选择"大气企业开场 BGM"并拖曳到时间轴,将其播放时间调整为与开场动画及标题相同,在功能面板中设置淡出时长为 4 秒,如图 16－1－2－5 所示。

操作演示

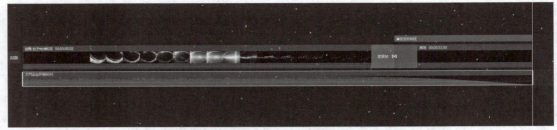

图 16-1-2-5 设置音效

任务 3　制作秦东志升科技有限公司宣传片

任务引入

在完成片头后，小赵开始制作宣传片主体和片尾部分，企业要求内容包括企业概况、经营理念、业务范围、技术优势及项目成果等，宣传片整体节奏欢快，内容积极向上，便于企业进行形象宣传，最终的宣传片在企业网站上发布。

操作演示

知识准备

1. HTML5

HTML 是一种超文本标记语言，英文全称是 Hyper Text Markup Language，是编写网页的一种语言，它包含一系列标签，这些标签可以描述和显示网页内容。HTML5 是最新的 HTML 版本，是互联网的下一代标准。

2. HTML 文档的基本结构

通常包括文档类型声明、HTML 标签对、head 标签对和 body 标签对四部分组成。

任务实施

步骤 1：录制宣传片音频

在本任务中，先朗读宣传片文稿为宣传片配音，而后将素材与配音一一对应，形成宣传片主体视频。

在时间线面板右上角单击"录音"按钮，在录音界面录制音频，录制后的音频会同时显示在素材面板和时间轴上。在这里，将录制后的音频拖曳到开场音频"大气企业开场 BGM"之后，如图 16-1-3-1 所示。

步骤 2：导入素材

图 16-1-3-1 录制音频

在素材面板中单击"导入素材",将图片和视频文件导入,而后根据宣传片脚本和录制的配音将图片和视频对应拖曳到主时间轴上。

> 小贴士:
> 为方便编辑,在导入素材前,可以把素材按脚本进行序化编号。

步骤3:编辑素材

在时间轴上选中素材,鼠标在边缘左右拖动,可以改变其显示的时间长短,素材之间可以设置转场效果。

对于图片素材,选中后,可在功能面板中对其进行位置大小、画质及动画等的设置。

对于视频素材,选中后,可在功能面板中对其进行位置大小、音频、播放速度、动画及画质等的设置。

步骤4:为宣传片添加字幕,并设置字幕样式

单击素材面板中的"文本"按钮,在"智能字幕"中显示"识别字幕"和"文稿匹配"两个选项。"识别字幕"指剪映自动识别视频中的人声并在相应的时间轴上生成字幕,"文稿匹配"指将提前写好的文稿直接添加成字幕,这样准确率更高,如图16-1-3-2所示。

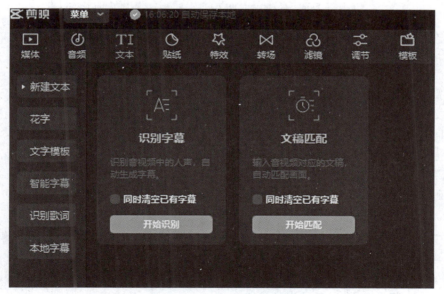

图16-1-3-2 添加字幕

无论采用哪种方法添加的字幕,都可以对其进行编辑。在功能面板中修改内容,调整字体、颜色、样式、大小和位置,更改文本的排列方式,添加气泡字幕或者"花字"效果等。

> 小贴士:
> 剪映还可以将国语音乐中的人声自动识别成歌词字幕并自动添加到时间轴上。

步骤5：制作宣传片的片尾

在素材库中有很多剪映自带的片尾，在实际工作中，可以选择合适的进行添加和编辑。在本任务中，小赵使用企业海报图片作为片尾。

步骤6：测试并导出宣传片

在宣传片编辑完成后，可以在播放器面板中反复播放，并在其他面板中进行调整，直到用户满意为止。

视频剪辑完成后，单击音视频编辑界面右上角的"导出"按钮，设置文件标题、位置、分辨率、格式等将其导出。

步骤7：在公司网站上发布宣传片

前面讲到了HTML文档的基本结构通常包括文档类型声明、HTML标签对、head标签对和body标签对四部分，如图16-1-3-3所示。

操作演示

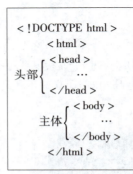

✓ DOCTYPE是document type的缩写，翻译成中文是文档类型，<!DOCTYPE html>是HTML文档的声明，放在文档的第一行，位于<html>标签之前。

✓ <html></html>是HTML标签对，分别表示HTML文档的开始和结束，这两个标签要成对出现。

✓ <head></head>是head标签对，分别表示头部信息的开始和结尾，要成对出现。头部中一般包括页面的标题和说明等内容，本身不是网页的内容，但影响网页的显示效果。

✓ <body></body>是body标签对，分别表示主体的开始和结尾，要成对出现，网页中要显示的内容都包含在它们之间。

图16-1-3-3　HTML文档的基本结构

现在要做的是将前面制作的宣传片视频使用HTML5技术在网页上播放，由于HTML文件是文本文件，可以使用任意文本编辑器打开和编辑，这里使用Windows自带的记事本来编辑，HTML文件以.html为扩展名，可以在浏览器中打开并显示其中的内容。

打开记事本，新建一个文件，将其命名为宣传片.html，在其中录入代码并保存，如图16-1-3-4所示。

在代码中，用到了<title>标签和<video>标签，它们都要成对使用，分别以</title>和</video>作为结尾。

<title>标签定义文档的标题，是所有HTML文档必需的，在这里，定义标题为"秦东志升科技有限公司宣传片"，如图16-1-3-5所示。

<video>标签定义视频播放器的高度、宽度、文件路径和类型等，它是HTML5的新标签，支持MP4、WebM、Ogg三种视频格式。

src属性用来描述播放视频的地址，这里将宣传片视频与HTML文档放在同一目录下，视频命名为"movie.mp4"，代码为src="./movie.mp4"。

controls属性用来控制是否显示视频播放器的控制条。

width属性设置视频播放器的宽度，height属性设置视频播放器的高度，这里设置它们分别为width="1280px"和height="800px"。

双击运行宣传片.html文件，浏览器中显示的效果如图16-1-3-6所示。

图 16－1－3－4　HTML 代码

图 16－1－3－5　网页标题效果

图 16－1－3－6　浏览器显示效果

任务单

查看并填写任务单。

任务单

项目评价表

项目评价

查看并填写项目评价表。

项目总结

本项目以后期剪辑师岗位典型工作任务、数字媒体相关学生技能大赛考点及 1+X 证书考点为基础，以制作公司宣传片的学习任务为中心，介绍了数字媒体的基础知识、数字文本、数字图像、数字声音、数字视频及 HTML5 应用制作和发布等内容，旨在通过完成这一任务，培养学习者完成相关工作任务的能力，增强他们的法治意识，培养良好的沟通能力和团队合作精神，提高分析问题和解决问题的能力。

项目拓展

选择一首自己喜欢的歌曲，为其制作 MV。

主题 17

虚拟现实

《中长期国家发展规划纲要》中指出,在二〇三五年我国发展的总体目标中,在"加快构建新发展格局,着力推动高质量发展"部分,坚持把发展经济的着力点放在实体经济上,推进新型工业化,加快建设制造强国、质量强国、航天强国、交通强国、网络强国、数字中国。实施产业基础再造工程和重大技术装备攻关工程,支持"专精特"新企业发展,推动制造业高端化、智能化、绿色化发展。推动战略性新兴产业融合集群发展,构建新一代信息技术、人工智能、生物技术、新能源、新材料、高端装备、绿色环保等一批新的增长引擎。加快发展数字经济,促进数字经济和实体经济深度融合,打造具有国际竞争力的数字产业集群。

本主题着重培养学习者发现问题、分析问题、解决问题的能力,帮助学习者学会思考、善于分析、正确抉择,做到稳重自持、从容自信、坚定自励。

项目
认识虚拟现实

📖 项目介绍

所谓虚拟现实，顾名思义，就是虚拟和现实相互结合。从理论上来讲，虚拟现实（Virtual Reality，VR）技术是一种可以创建和体验虚拟世界的计算机仿真系统，它利用计算机生成一种模拟环境，使用户沉浸到该环境中。虚拟现实技术就是利用现实生活中的数据，通过计算机技术产生的电子信号，将其与各种输出设备结合，使其转化为能够让人们感受到的现象，这些现象可以是现实中真真切切的物体，也可以是肉眼所看不到的物质，通过三维模型表现出来。因为这些现象不是直接所能看到的，而是通过计算机技术模拟出来的现实中的世界，故称为虚拟现实。

📖 项目目标

本项目就是让大家认识虚拟现实，了解虚拟现实，并且可以通过软件实现虚拟现实相关操作。具体目标如下：

1. 了解虚拟现实的概念；
2. 了解虚拟现实和增强现实的区别；
3. 能够简述虚拟现实的特征；
4. 概括虚拟现实的系统组成；
5. 熟练掌握虚拟现实的关键技术；
6. 了解虚拟现实的系统分类；
7. 分清虚拟现实的研究对象；
8. 知道虚拟现实的应用场所；
9. 了解虚拟现实技术的发展和现状；
10. 充分了解虚拟现实技术的局限性。

了解虚拟现实

主题17　虚拟现实

知识导图

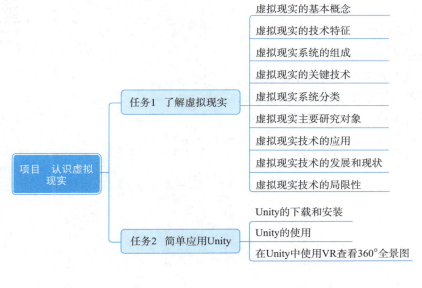

任务1　了解虚拟现实

任务2　简单应用 Unity

任务单

查看并填写任务单。

项目评价

查看并填写项目评价表。

任务单　　项目评价表

项目总结

虚拟现实技术受到了越来越多人的认可，用户可以在虚拟现实世界中体验到最真实的感受，其模拟环境的真实性与现实世界难辨真假，让人有种身临其境的感觉；同时，虚拟现实具有人类所拥有的一切感知功能，比如听觉、视觉、触觉、味觉、嗅觉等感知系统；最后，它具有超强的仿真系统，真正实现了人机交互，使人在操作过程中可以随意操作，并且得到环境最真实的反馈。正是虚拟现实技术的存在性、多感知性、交互性等特征，使它受到了许多人的喜爱。5G时代的到来，注定将成就虚拟现实技术。未来的生活将会更多地在虚拟与现实之间切换。

任务拓展

知识拓展

完成题目，加深知识理解和记忆。

【简答题】

1. 虚拟现实的实现原理是什么？
2. 虚拟现实和增强现实的区别是什么？
3. 虚拟现实的技术特征和四要素是什么？
4. 虚拟现实由什么组成？组成部分的功能是什么？
5. 虚拟现实系统的分类是什么？

知识拓展答案

主题 18

区块链

党的二十大报告指出,要加快网络强国、数字中国等方面的建设,习近平总书记深刻指出,加快数字中国建设,就是要适应我国发展新的历史方位,全面贯彻新发展理念,以信息化培育新动能,用新动能推动新发展,以新发展创造新辉煌。建设数字中国是数字时代推进中国式现代化的重要引擎,是构筑国家竞争新优势的有力支撑。要切实把思想和行动统一到以习近平同志为核心的党中央决策部署上来,深入贯彻落实党的二十大精神,在全面建设社会主义现代化国家新征程中奋力谱写数字中国建设新篇章。

本主题通过介绍什么是区块链以及区块链的发展历程和现实中的实际应用,使学习者能够了解到区块链的组成、特性以及使用方法,为个人提供新的就业机会,提高技术能力,保护个人数据隐私,赋予个人金融自主权,以便促进商业创新和为建设可信的社会环境做贡献。

项目 认识区块链

项目介绍

本项目通过介绍区块链技术的概念以及应用方法,使学习者可以掌握区块链技术并将其运用到实际。需要注意的是,金融经济领域比特币不被包括我国在内的大多数国家认可,读者应防范金融风险,本书仅将其作为知识点进行介绍。

1. 区块链是分布式数据存储、点对点传输、共识机制、加密算法等计算机技术的新型应用模型。

2. 整个区块链由多个单独的区块组成,以链条式相连,每个区块都与前一个区块有所关联,任何一个区块中的数据不可篡改。

项目目标

1. 了解区块链技术;
2. 掌握区块链在当下社会的两个应用实例;
3. 熟练掌握区块链技术并能在现实社会中运用。

了解区块链

知识导图

```
                                                    ┌─ 区块链1.0的特点
                                                    ├─ 区块链1.0中特点的实现方法
                        ┌─ 任务1 认识区块链1.0(比特币系统)─┼─ 区块链1.0系统容易出现的问题及解决方法
                        │                           ├─ 区块链1.0中的算法
                        │                           └─ 区块链1.0的运作规律
  项目 认识区块链 ──────┤
                        │                           ┌─ 区块链2.0的优点
                        │                           ├─ 区块链2.0优点的实现方法
                        │                           ├─ 区块链2.0出现的问题及解决方法
                        └─ 任务2 认识区块链2.0(以太坊系统)─┼─ 区块链2.0中的算法
                                                    ├─ 区块链2.0的运作规律
                                                    └─ 区块链2.0的平台安装及基本使用方法
```

任务1　认识区块链1.0
（比特币系统）

任务2　认识区块链2.0
（以太坊系统）

📋 任务单

查看并填写任务单。

📋 项目评价

任务单　　　项目评价表

查看并填写项目评价表。

📋 项目总结

介绍区块链系统仅仅是为了更好地学习和认识区块链技术。学习了本项目，要能够分辨两代区块链之间的区别。

区块链1.0比特币系统：
1. 区块小，出块速度慢，处理交易慢。
2. 采用POW算法，很耗能源。
3. 仅采用POW算法挖矿，有可能被拥有大型计算机的黑客攻击。
4. 仅仅完成了货币的去中心化。

区块链2.0以太坊系统：
1. 区块较大，出块速度也很快。
2. POW＋POS算法，逐步向POS算法过渡，很省能源。
3. 采用POS算法，从外部避免了被攻击。
4. 不仅完成了去中心化，还添加了智能合约，使系统更加安全、更加方便使用。

要了解当下社会环境的需求。

例1：大家在红十字会上进行了捐款，如果这个红十字会采用了区块链技术，虽然不能看到具体的人员信息，但是能看到自己捐献的那一笔钱具体买了什么东西，捐献给了哪个地方，以及红十字会的总体捐款和钱款走向，这样可以让人们放心捐款，从而提高他们的捐款热情。

例2：如果牛奶行业也采用了区块链技术，那么当大家买一瓶牛奶后，可以在网络上查询到这瓶牛奶的产地，甚至可以精确到哪一头牛，以及它在路上经过的中转站的具体信息，使消费者买得更加放心。

还要了解区块链在当下社会的发展方向。

区块链技术具有广泛的应用领域，以下是一些主要的应用领域。
1. 金融服务：区块链技术可以用于支付和汇款服务、智能合约、数字货币和稳定币、借贷和融资等金融交易，提高交易的安全性、透明度和效率。

2. 物联网（IoT）：区块链可以用于物联网设备之间的安全通信和数据交换，确保数据的真实性和隐私保护。

3. 供应链管理：区块链可以跟踪和记录产品的供应链信息，提供更好的透明度、追溯性和防伪功能，从而增加消费者的信任。

4. 健康医疗：区块链可以用于个人健康记录、电子病历共享、医药供应链追溯，并优化医疗保险索赔处理等方面，提高医疗数据的安全性和可用性。

5. 社会公益与慈善事业：区块链可以提供透明的捐赠追踪和管理，确保善款使用的透明性，增加公众对慈善组织的信任。

任务拓展

知识拓展

完成题目，加深知识理解和记忆。

知识拓展答案

【选择题】

1. 区块链目前发展到第（　　）代。
   A. 一　　　　　B. 二　　　　　C. 三　　　　　D. 四

2. 区块链 1.0 又称为（　　），区块链 2.0 又称为（　　）。
   A. 以太坊系统，比特币系统　　　　B. 比特币系统，以太坊系统
   C. 区块链系统，以太坊系统　　　　D. 以太坊系统，区块链系统

3. 区块链 1.0 采用（　　）权益验证法，区块链 2.0 采用（　　）权益验证法。
   A. POW，POS　　B. Casper，POS　　C. POS，POW　　D. 哈希算法，Validator

4. 当自己参与区块链 2.0 的"挖矿"活动时，由于自己的计算机出块较慢，从而产生了软分支，现在被下一个区块合并了，目前自己会受到（　　）个出块奖励。
   A. N　　　　　B. 7/8N　　　　C. 6/8N　　　　D. 5/8N

5. 以太坊系统到现在一共产生了（　　）个无法合并的硬分支。
   A. 1　　　　　B. 2　　　　　C. 3　　　　　D. 4